双色图解

电动机控制电路与维修

黄北刚　黄义峰　编著

SHUANGSE TUJIE
DIANDONGJI KONGZHI DIANLU YU WEIXIU

U0246564

中国电力出版社
CHINA ELECTRIC POWER PRESS

内 容 提 要

本书采用电动机控制电路实物接线的方式，讲述常用电动机送电、停电的操作过程，循序渐进地讲述每一个控制电路的工作原理，阅读本书的过程，实际上就是学习识图的过程。识图是电工进行接线，处理故障的基本功，在短时间内快速提高识读电动机控制电路图的能力，可为电工以后看懂复杂、多层次的控制电路打下良好的基础，看懂电路图，再结合自身的实践技能，就可以轻松解决在工作中遇到的实际问题。

本书由浅入深，通俗易懂，可供具有初中以上文化水平的厂矿初级电工以及电工技术业余爱好者学习，也可作为电工岗位技能培训教材。

图书在版编目（CIP）数据

双色图解电动机控制电路与维修 / 黄北刚，黄义峰编著 . —北京：中国电力出版社，2019.1
ISBN 978-7-5198-2462-4

Ⅰ．①双… Ⅱ．①黄… ②黄… Ⅲ．①电动机－控制电路－图解 Ⅳ．① TM320.12-64

中国版本图书馆 CIP 数据核字（2018）第 224138 号

出版发行：中国电力出版社
地　　址：北京市东城区北京站西街 19 号（邮政编码 100005）
网　　址：http://www.cepp.sgcc.com.cn
责任编辑：杨　扬（y-y@sgcc.com.cn）
责任校对：黄　蓓　李　楠
装帧设计：郝晓燕
责任印制：杨晓东

印　　刷：三河市航远印刷有限公司
版　　次：2019 年 1 月第一版
印　　次：2019 年 1 月北京第一次印刷
开　　本：787 毫米 ×1092 毫米　16 开本
印　　张：14.5
字　　数：380 千字
印　　数：0001—2000 册
定　　价：59.00 元

前　言

随着社会文明的高速发展和科学技术的不断进步，电工行业也得到不断发展。为了让广大有志于进入电工行业的初学者、初级电工能在较短时间内，学会识图和掌握电动机回路的故障处理技能，编者结合实际情况，编写了本书。

本书采用实物图片与图形符号混排的画图方法，将电路中所用开关设备的实物照片用线条进行连接，形成电动机控制电路的实物接线图，这种用图形符号与实物共同表达电动机回路接线的新形式，是编者独创的电路图画法。这种控制电路图使初学者先得到感性认识，通过立体、直观的实物对照和图文并茂的电路原理表述，使读者在认识一些开关设备的同时，熟悉代表这些开关设备的文字符号和图形符号。有助于读者逐步学会识读电工电路图，这是本书的最大亮点。

阅读本书的过程，实际上就是学习识图的过程，识图是电工进行接线，处理故障的基本功，在短时间内提高识读电动机控制电路图的能力，可为以后看懂复杂、多层次的控制电路打下良好基础。看懂电路图，再结合自身的实践技能，就可以轻松解决在工作中遇到的实际问题。

同时，本书在看懂电动机控制电路图的基础上，从刚走上电工岗位的新手的角度出发，讲述电动机回路在安装接线以及正常运行中，常见的主电路、控制电路、信号电路的故障现象和原因，针对实际情况给出排除故障的方法，如使用万用表、绝缘电阻表检测出故障点的技巧和窍门等。通过阅读本书，可了解三相交流异步电动机的工作原理，故障现象、原因，对故障性质分析、判断、处理的全过程，使读者在短时间内提高分析、判断、处理电动机电路故障的能力。

本书在编写过程中，获得许多同行的热情支持与帮助，刘洁、刘涛、李忠仁、李辉、刘世红、李庆海、黄义峰、祝传海、杜敏、黄义曼等人进行了部分文字的录入工作。

由于编者水平有限，书中难免存在不足之处，诚恳希望读者给予批评指正。

编　者

目　　录

第一章　常用电动机控制电路原理与故障处理

电气设备、元器件在使用环境中受到酸、碱、瓦斯、油类、气体、液体的腐蚀导致生锈、转轴锈死，腐烂、磨损，错接、错用、绝缘导线浸泡油水中，或长时间处在超电流运行中引起发热、绝缘老化、破裂、导致相间短路，崩烧、接地，断线等。此外，电工违章作业、误拉、误合、带负荷拉刀闸、带接地线合闸等人为因素，也会造成电气设备的故障或事故。

电气故障或事故不仅损坏电气设备，严重时还会使整个变电所停电，生产装置停产，造成重大经济损失以至危及设备人身安全。故障发生时，运行维护电工要根据生产设备操作人员反映的各种异常现象，异常声音、振动、气味、温度、变色、转速或继电保护装置动作等情况分析、判断故障发生的原因。某些不明显表面看不出来的故障，应当使用检测仪器，从测到的数据中进行分析判断，找出原因，查出故障点，予以排除，尽快恢复电气设备的备用或运行状态，保证生产的顺利进行。

例1　以电动机最常用的控制电路为例进行故障分析处理

1. 电动机 380V 控制电路原理〔见图 1-1（a）〕

（1）图 1-1（a）的电路送电操作。合上主电源隔离开关 QS，合上断路器 QF，主电路带电，合上控制电路熔断器 FU1、FU2 后，控制电路带电，如图 1-2 所示。红色线条表示控制电路带电状态的部分。

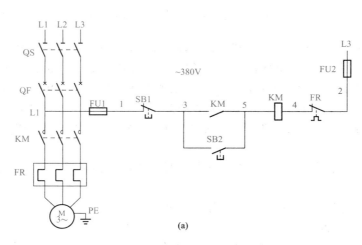

(a)

图 1-1　电动机最常用的控制电路（一）

（a）380V 控制电路

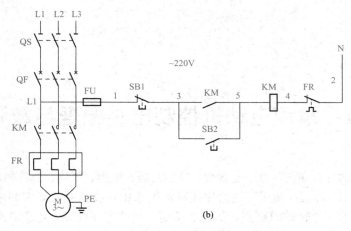

(b)

图 1-1　电动机最常用的控制电路（二）

（b）220V 控制电路

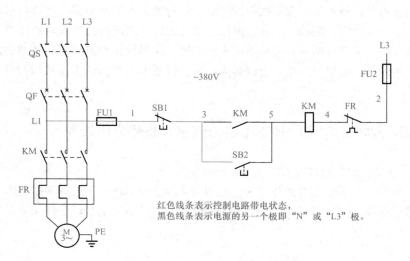

红色线条表示控制电路带电状态，
黑色线条表示电源的另一个极即"N"或"L3"极。

图 1-2　红色线条表示控制电路带电状态

（2）启动电动机。按下启动按钮 SB2 动合触点闭合，如图 1-3 所示。电源 L1→控制熔断器 FU1→1 号线→停止按钮 SB1 动断触点→3 号线→启动按钮 SB2 动合触点（按下时闭合）→5 号线→接触器 KM 线圈→4 号线→热继电器 FR 动断触点→2 号线→控制熔断器 FU2→电源 L3 相，线圈两端形成 380V 的工作电压，接触器 KM 线圈得到 380V 的电压动作，主电路中的接触器 KM 三个主触点同时闭合，电动机 M 绕组获得三相 380V 交流电源，电动机运转驱动机械设备工作。

（3）自保（锁）电路工作原理。3 号线与 5 号线之间的接触器 KM 动合触点闭合如图 1-4 所示。

电源 L1→控制熔断器 FU1→1 号线→停止按钮 SB1 动断触点→3 号线→闭合的接触器 KM 动合触点→5 号线→接触器 KM 线圈→4 号线→热继电器 FR 动断触点→2 号线→控制熔断器 FU2→电源 L3 相，线圈两端形成 380V 的工作电压，通过这个闭合的动合触点将接触器 KM 维持在吸合的工作状态。

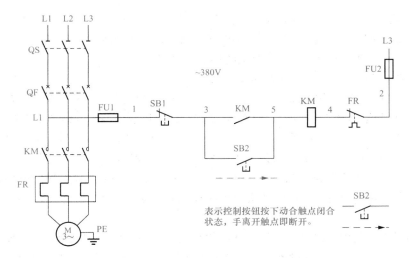

图 1-3　红色线条表示按下启动按钮 SB2 控制电路电流的流向

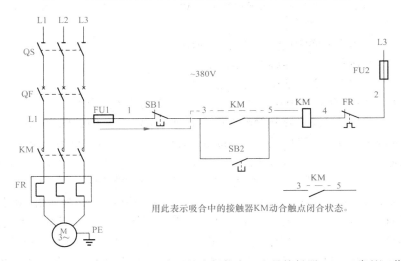

图 1-4　红色线条表示接触器 KM 吸合后的自保状态（也是接触器 KM 正常的工作状态）

（4）正常停机。按下停止按钮 SB1 动断触点断开，切断接触器 KM 线圈电路，KM 断电释放，KM 的三个主触点同时断开，电动机绕组脱离三相 380V 交流电源停止转动，机械设备停止工作。

（5）电动机过负荷。电动机发生过负荷时故障，主回路中的热继电器 FR 动作，热继电器 FR 的动断触点断开，切断接触器 KM 线圈控制电路，接触器 KM 断电并释放，三个主触点同时断开，电动机绕组脱离三相 380V 交流电源，停止转动，拖动的机械设备停止运行。

2. 电动机 220V 控制电路原理 [见图 1-1（b）]

（1）回路送电操作。

1）合上主电源隔离开关 QS。

2）合上断路器 QF，主电路带电。

3）合上控制电路熔断器 FU 后，控制电路带电。

（2）启动电动机。按下启动按钮 SB2 动合触点闭合。电源 L1→控制熔断器 FU→1 号线→停止按钮 SB1 动断触点→3 号线→启动按钮 SB2 动合触点（按下时闭合）→5 号线→接触器 KM 线圈→4 号线→热继电器 FR 动断触点→2 号线→电源 N 极，线圈两端形成 220V 的工作电压，接触器 KM 线圈得到 220V 的电压动作，主电路中的接触器 KM 三个主触点同时闭合，电动机绕组获得三相 380V 交流电源，电动机运转驱动机械设备工作。

（3）自保（锁）电路工作原理。3 号线与 5 号线之间的接触器 KM 动合触点闭合如图 1-4 所示。

电源 L1→控制熔断器 FU→1 号线→停止按钮 SB1 动断触点→3 号线→闭合的接触器 KM 动合触点→5 号线→接触器 KM 线圈→4 号线→热继电器 FR 动断触点→2 号线→电源 N 极，线圈两端形成 220V 的工作电压，通过这个闭合的动合触点将接触器 KM 维持在吸合的工作状态。

（4）正常停机。按下停止按钮 SB1 动断触点断开，切断接触器 KM 线圈电路，KM 断电释放，KM 的三个主触点同时断开，电动机绕组脱离三相 380V 交流电源停止转动，机械设备停止工作。

（5）电动机过负荷停机。电动机发生过负荷时故障，主回路中的热继电器 FR 动作，热继电器 FR 的动断触点断开，切断接触器 KM 线圈控制电路，接触器 KM 断电并释放，三个主触点同时断开，电动机绕组脱离三相 380V 交流电源，停止转动，拖动的机械设备停止运行。

3. 实物接线图

根据图 1-1（a）画出的实物接线图如图 1-5 所示。

根据图 1-1（b）画出的实物接线图如图 1-6 所示。

4. 图 1-1（b）控制电路常见故障现象及原因

（1）电动机 220V 控制电路中 3 号线错接到 1 号线上的故障如图 1-7 所示。

故障现象： 按下启动按钮 SB2 接触器动作。电动机运转，按下停止按钮 SB1 动断触点断开，电动机不停。原因是在处理故障中或在安装接线过程中，把 3 号线错接到 1 号线上。

即使接错线，电动机照样能够启动运转。电路工作过程是这样的：按下启动按钮 SB2 动合触点闭合，电源 L1→控制熔断器 FU→1 号线→停止按钮 SB1 动断触点→3 号线→启动按钮 SB2 动合触点（按下时闭合）→5 号线→接触器 KM 线圈→4 号线→热继电器 FR 动断触点→2 号线→电源 N 极，线圈两端形成 220V 的工作电压，接触器 KM 线圈得电动作吸合，主电路中的接触器 KM 三个主触点同时闭合，电动机绕组获得三相 380V 交流电源，电动机运转驱动机械设备工作。

按下停止按钮 SB1 动断触点虽然断开，但闭合的接触器 KM 动合触点，已经将停止按钮 SB1 和启动按钮 SB2 短接（并联）。接触器 KM 有了维持接触器工作的电流通道，因此，按下停止按钮 SB1 没有作用，电动机仍在运转中。

故障处理： 发现电动机不能停机，值班电工不要直接拉开隔离开关 QS，直接拉开就是带负荷拉刀闸，电动机容量大时，将发生弧光短路事故。

1）正确的处理方法如下。

a）可以取下控制回路熔断器 FU 切断控制电源，接触器 KM 线圈断电，接触器 KM 释放，电动机停止工作。然后断开断路器 QF。

b）出现这种现象，肯定是接线错误，停电后，使用万用表查线路，红表笔接触接触器 KM 的动合触点上的 3 号线，黑表笔接触 1 号线，按下停止按钮 SB1，万用表指示为零（0），通过这样的检测，证实 3 号线接到 1 号线上了。把 3 号按电路图重新接好，送电后开车正常，故障排除。

2）控制按钮到端子排上的 3 号线与 5 号线接反出现的故障。

a）故障现象：图 1-8 中的 3 号线、5 号线接反，接通电源即合上电源开关 QF，不用按下启动按钮 SB2，电动机直接启动运转。

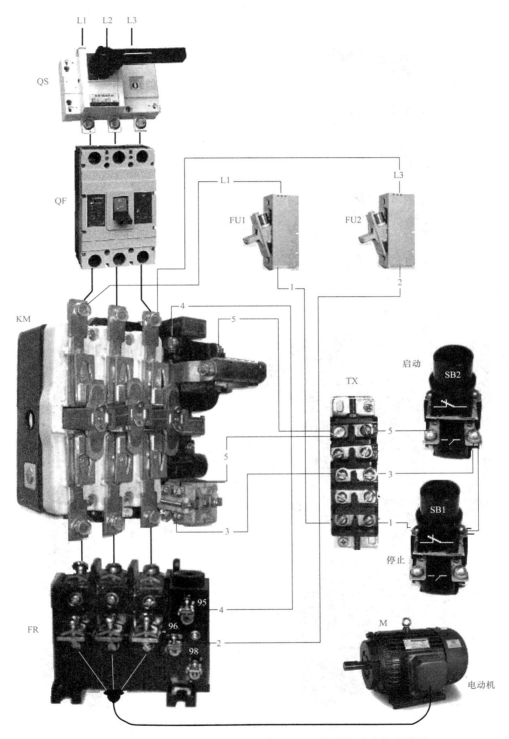

图 1-5 根据图 1-1（a）画出的电动机 380V 控制电路实物接线图

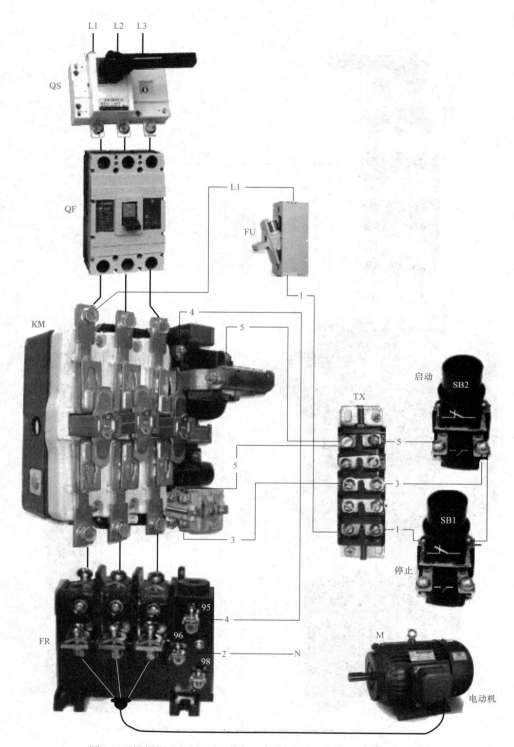

图 1-6 根据图 1-1（b）画出的电动机 220V 控制电路实物接线图

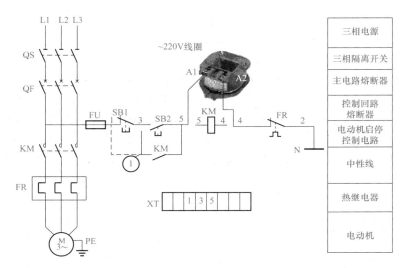

图 1-7　自保的 3 号线错接到 1 号线上的电路图

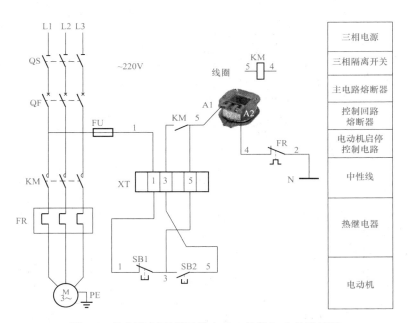

图 1-8　控制按钮到端子排上的 3 号线与 5 号线接反

3 号线、5 号线接反（接错线）时，电源 L1 相→控制回路熔断器 FU→端子排 1 号线→停止按钮 SB1 动断触点→3 号线→端子排上 5 号线→接触器 KM 线圈→4 号线→热继电器 FR 的常闭触点→2 号线→电源 N 极，构成 220V 电路。

接触器 KM 线圈获电动作，接触器 KM 的三个主触点同时闭合，电动机绕组获得三相 380V 交流电源，电动机启动运转。按下停止按钮 SB1 动断触点断开，接触器 KM 断电释放，电动机断电停止运转，松手电动机 M 又启动运转。

b）正常的处理方法。发现电动机直接启动运转，不要直接拉开闸刀 QS 开关，这样是带负荷拉刀闸，电动机容量大时，将发生弧光短路事故，可直接断开断路器 QF。

7

取下控制回路熔断器 FU，切断控制电源，接触器 KM 线圈断电，接触器 KM 释放，电动机停止，看到接触器 KM 释放（断开）后，拉开隔离开关 QS。拉开隔离开关 QS 后，将端子排上到接触器上的 3 号线与 5 号线对调。

3）控制回路中的 1 号线与 5 号线接反故障。1 号线与 5 号线接反，控制电路的顺序发生了变化，如图 1-9（a）所示。但能够正常启停电动机。按下启动按钮 SB2 动合触点闭合。电源 L1 相→控制回路熔断器 FU→1 号线→端子排上 1 号线→5 号线→启动按钮 SB2 动合触点→3 号线→停止按钮 SB1 动断触点→1 号线→端子排上 5 号线→5 号线→接触器 KM 线圈→4 号线→热继电器 FR 的动断触点→2 号线→电源 N 极，构成 220V 电路，接触器 KM 线圈获电动作，KM 动合触点闭合自保。

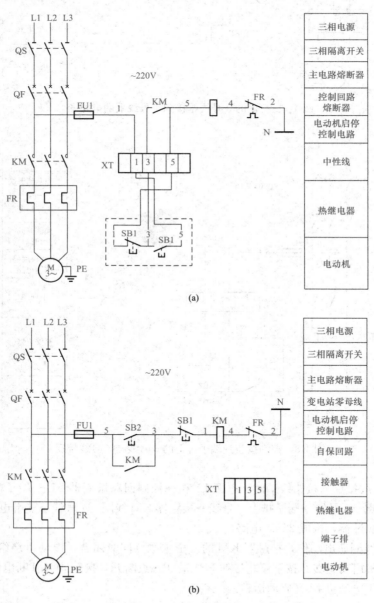

图 1-9　控制回路中的 1 号线与 5 号线接反

（a）示意图；（b）电路图

接触器 KM 的三个主触点同时闭合，电动机 M 绕组获得三相 380V 交流电源，电动机启动运转。

按下停止按钮 SB1 其动断触点断开，接触器 KM 断电释放，电动机停止运转。按此图接线，控制按钮内只有一点带电。接反后画出的电路图，如图 1-9（b）所示。

4）控制按钮到配电盘端子排上的 3 号线断线故障与应急处理。按下启动按钮 SB2 时，电动机 M 运转。手离开按钮 SB2 时，电动机 M 停止。出现这种故障情况时，经过检查确定是控制按钮到配电盘端子排 XT 上的 3 号线断，若生产急需可用一只气密式转换开关应急处理。从原控制按钮盒内引出的 1 号线和 5 号线之间，或从控制按钮盒内引出的 3 号线和 5 号线之间，连接到气密式转换开关 SA 的两端接线端子上。连接方法如图 1-10、图 1-11 所示，实物接线图如图 1-12、图 1-13 所示。

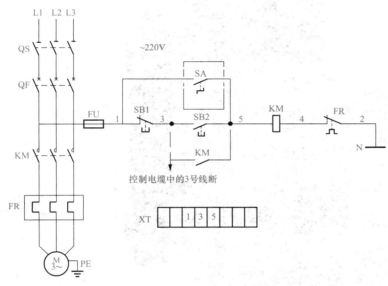

图 1-10　控制按钮到接触器的 3 号线断线 220V 应急处理

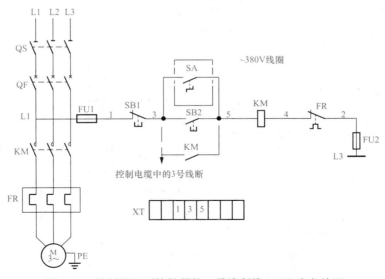

图 1-11　控制按钮到接触器的 3 号线断线 380V 应急处理

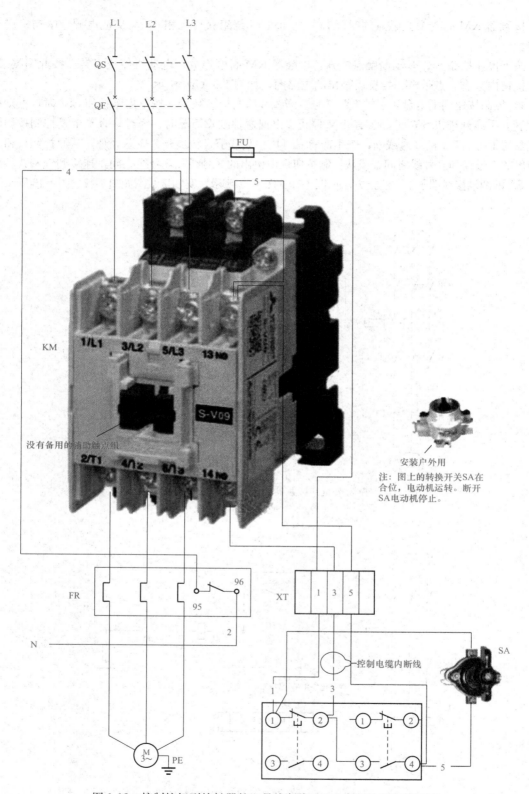

图 1-12　控制按钮到接触器的 3 号线断线 220V 应急处理实物接线

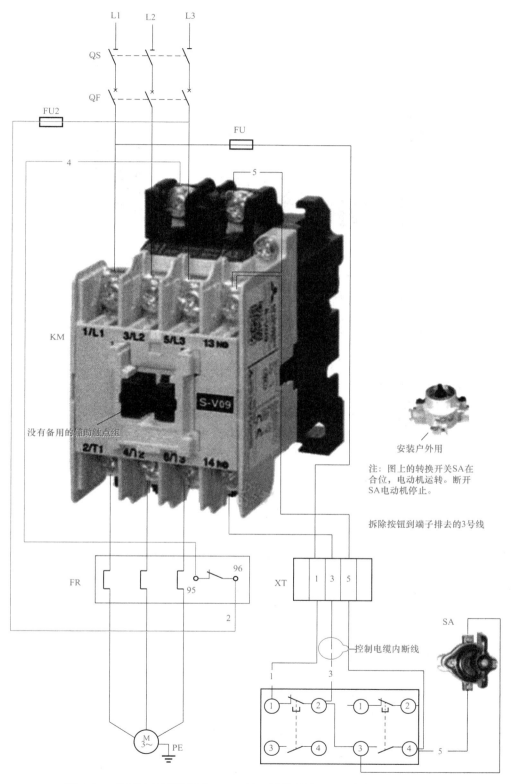

图 1-13　控制按钮到端子排 XT 上的 3 号线断线 380V 应急处理实物接线

控制电路中的按钮开关

控制按钮又称按钮开关，简称按钮。其外形、结构及在电路图中的图形符号与文字符号如下图所示。

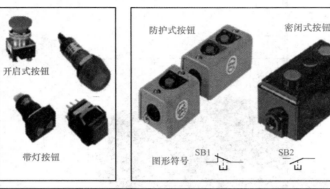

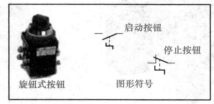

几种常用的控制按钮

控制按钮是一种短时接通或分断小电流的电器，它在控制电路中只发出"指令"控制一些小电流的电器，如继电器、接触器、时间继电器的线圈，再由它们去控制主电路。

为了满足各种环境，场所的需要，分一般开启式、防护式、密闭式、隔爆式等，要根据现场的实际要求进行选择。

控制按钮主要用于50Hz，交流电压为380V，直流电压440V及以下，额定电流一般不超过5A的控制电路中，供远距离接通或分断电磁开关，继电器和信号装置，交流接触器、继电器及其他电气线路遥控之用。

一般控制按钮结构是一个动合触点、一个动断触点及带有公用的桥式动触点，当按下时动断触点先断开，动合触点后接通，当松手后，靠复位弹簧的作用复归原始位置。

5）控制按钮到配电盘端子排上的5号线断线故障与应急处理。

a）故障现象。按下启动按钮 SB2 电动机不启动，接触器不动作，故障点如图1-14所示。

b）检测方法。值班电工在配电盘该回路上，用验电笔检测控制熔断器 FU1 没有熔断（验电笔亮灯），检测端子排上1、3线有电正常，5号线没有电，因为是220V的工作电源，从图上看是对的。让另一工友到机前按下启动按钮，测端子排上的5号线没有电，说明控制电缆中的5号线断线。确定断线后，可按图1-14中（b）接线。

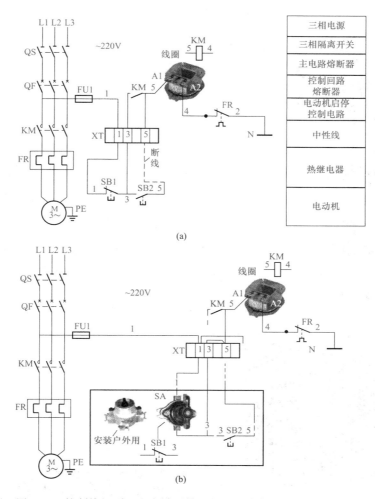

图 1-14　控制按钮到配电盘端子排上的 5 号线断线故障与应急接线

（a）断线前的控制电路；（b）处理后画出的电路图

c）处理后的电路工作原理。合上控制开关电源 L1 相→控制回路熔断器 FU1→端子排上的 1 号线→转换开关 SA 接通的触点→端子排上的 3 号线→跨线→原 5 号线→接触器 KM 线圈→4 号线→热继电器 FR 的动断触点→2 号线→电源 N 极。

接触器 KM 线圈获电动作，接触器 KM 的三个主触点同时闭合，电动机绕组获得三相 380V 交流电源，电动机启动运转。

断开转换开关 SA 接通中的触点断开，切断接触器 KM 线圈电路，接触器 KM 线圈断电释放，三个主触点同时断开，电动机绕组脱离三相 380V 交流电源，停止转动，机械设备停止工作。

6）按启动按钮 SB2 动合触点闭合，接触器 KM 得电动作，动合触点不自保的故障。

a）故障现象。按下启动按钮 SB2 动合触点闭合，接触器动作，电动机运转，手离开启动按钮 SB2，电动机停。再按启动按钮 SB2，接触器动作，电动机运转，手离开启动按钮 SB2，电动机停。

b）检测方法。在配电盘该回路上，用验电笔检测控制熔断器 FU1 没有熔断（验电笔亮灯），检测端子排上 1、3、5 号线有电正常，外观检查控制回路的线，没有掉线的，且接触良好。最后检测确定自保触点损坏，接触器 KM 动作后不能自保，处理方法如图 1-15 所示。

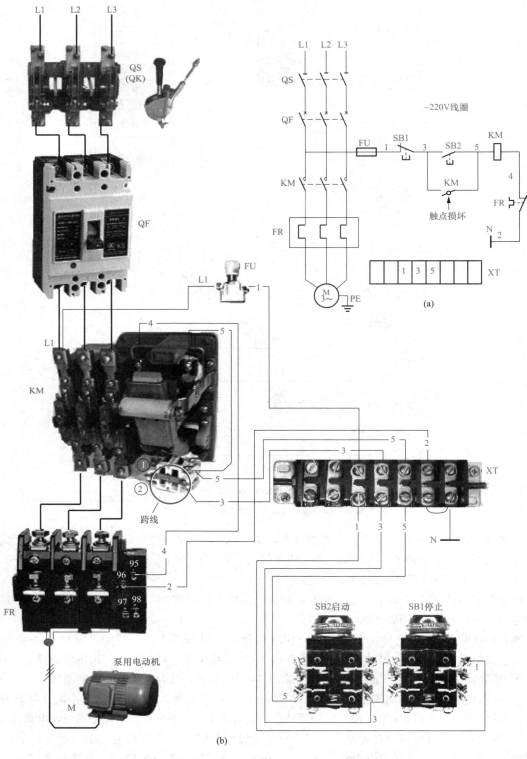

图 1-15　一次保护的电动机 220V 控制回路中动合触点不自保的故障处理方法示意
（a）控制电路图；（b）实物接线图

知识链接　交流接触器

　　交流接触器属于一种有记忆功能的低压开关设备。它的主触点用来接通或断开各种用电设备的主电路。例如用于电动机线路中，主触点闭合电动机得电运转，主触点断开，电动机断电停止运转，LC1-D6511 交流接触器外形及组成元件名称如下图所示。

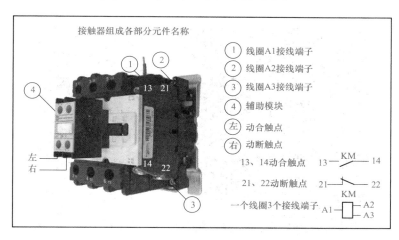

LC1-D6511 交流接触器外形及组成元件名称

　　7）更换接触器线圈发生的故障。380V 的线圈接入 220V 控制电路中，3 号原料泵电动机自停，看到线圈颜色没有异常，断开 QS 后，用万用表检测线圈不通，确定线圈内部断线。需要更换线圈，线圈更换后的电路图（220V 控制电路 380V 线圈）如图 1-16 所示，合上隔离开关 QS，主回路熔断器 FU 在合上位置，按下启动按钮 SB2 动合触点闭合，电源 L1 相→控制回路熔断器 FU→1 号线→端子排 XT 上的 1 号（红色的线）线→停止按钮 SB1 动断触点→3 号线→启动按钮 SB2 动合触点→5 号线→端子排 XT 上的 5 号→5 号线→接触器 KM 线圈→4 号线→热继电器 FR 动断触点→2 号线→电源 N 极。

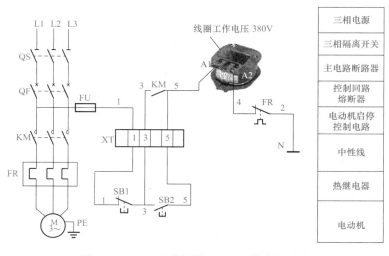

图 1-16　380V 的线圈接入 220V 控制电路中

接触器线圈电路接通，接触器 KM 没有动作，电动机没有启动。按下启动 SB2 时。接触器只有磁铁的嗡嗡响声，接触线圈表面有热感，看线圈的铭牌～380V。看控制回路只有一只熔断器这是～220V 控制电路，是把～380V 的线圈接入了～220V 控制电路中。重新更换了 220V 的线圈，故障排除。

知识链接 隔离开关（盘上刀闸）操作

隔离开关的操作方法示意图
1—操作把手；2—传动杠传动杠杆；3—刀闸

把隔离开关的操作把手向（↑）上推，传动杠杆向 2→ 的方向运动，带着刀闸向箭头方向运动，当操作把手靠近盘面时，隔离开关开关合闸。拉开刀闸的方向与合闸的方向相反。

（2）接触器自保接点不自保的故障。图 1-17 是输转车间 P201 号柴油泵控制电路图，主电路在左侧，右侧是控制电路。加有端子排 XT 的控制电路如图 1-18 所示。

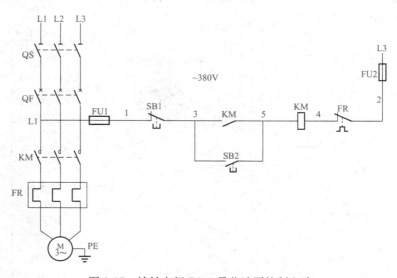

图 1-17　输转车间 P201 号柴油泵控制电路

1）启动电动机，电路工作原理如图 1-17 所示。按下启动 SB2 动合触点接通。电源 L1 相为＋半波时，电流由电源 L1 相→控制熔断器 FU1→1 号线→停止按钮 SB1 动断触点→3 号线→启动按钮 SB2 动合触点（按下时接通）→5 号线→接触器 KM 线圈→4 号线→热继电器 FR 动断触点→2 号线→控制熔断器 FU2→电源 L3 相。接触器 KM 线圈两端形成 380V 的工作电压，接触器 KM 线圈得电动作，KM 的动合触点闭合自保。主电路中的接触器 KM 三个主触点同时闭合，电动机绕组获得三相 380V 交流电源，电动机运转驱动 P201 号柴油泵工作。

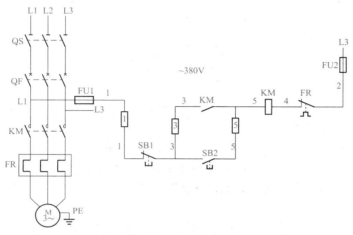

图 1-18　加有端子排的输转车间 P201 号柴油泵控制电路

2）自保电路工作原理。手离开启动按钮时，SB2 的动合触点断开。但在按下启动按钮 SB2 的瞬间，与启动按钮 SB2 动合触点并联的接触器 KM 动合触点闭合。

电源 L1 相→控制回路中熔断器 FU1→1 号线→端子排 XT 上（1）→1 号线→停止按钮 SB1 动断触点→3 号线→端子排 XT 上（3）→3 号线→闭合的接触器 KM 动合触点→5 号线→接触器 KM 线圈→4 号线→热继电器 FR 动断触点→2 号线→控制回路中熔断器 FU2→电源 L3 相。KM 线圈两端仍然形成 380V 的工作电压，将接触器 KM 维持在工作状态，启动时线圈工作电流走向，如图 1-19 所示。线圈工作电流经过 KM 动合触点形成自锁电路，如图 1-20 所示。

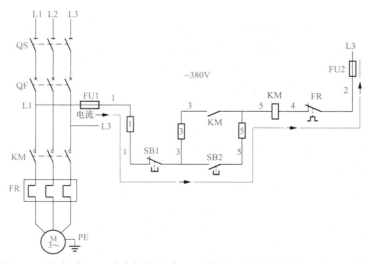

图 1-19　按启动 SB2 动合触点闭合 KM 线圈工作电流形成回路的示意图

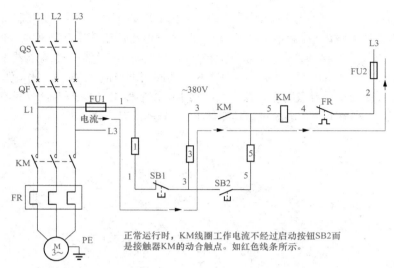

正常运行时，KM线圈工作电流不经过启动按钮SB2而是接触器KM的动合触点。如红色线条所示。

图 1-20　线圈工作电流经过 KM 动合触点形成自锁电路的示意图

3）正常停机。按下停止按钮 SB1 动断触点断开，切断接触器 KM 线圈控制电路，接触器 KM 断电释放，三个主触点同时断开，电动机绕组脱离三相 380V 交流电源停止运转，P201 号柴油泵停止工作。

4）过负荷停机。过负荷停机电动机过负荷时，主电路中的热继电 FR 动作，动断触点 FR 断开，切断接触器 KM 线圈电路，KM 断电释放，KM 的三个主触点同时断开。电动机断电停止转动，P201 号柴油泵停止工作。

5）电路不自保（自锁）故障。故障现象：按下启动按钮 SB2 时，电动机运转。手离开按钮 SB2 时，电动机停止。这种故障称为电路不自保（不自锁）故障。

故障原因：

1）用于回路自锁的动合触点片脱落，动触点电弧烧伤，触点（虚连）接触不良。

2）自锁的动合触点上的 3 号线断线、脱落、松动。

3）启动按钮 SB2 动合触点到接触器自锁触点的 3 号线断线。

故障处理：

1）交流接触器只有一对辅助的动合触点。确认是接触器辅助触点损坏，不能自锁（自保），交流接触器只有一对辅助的动合触点出现这种故障情况时，辅助触点损坏，暂时无法修复又着急使用时，可以将接触器的一个主触点兼作自锁触点使用。

接触器线圈额定电压为 380V 时，按图 1-21（a）接线，接触器线圈额定电压为 220V 时，按图 1-21（b）接线，实物接线示意如图 1-22 所示。当合上电源开关，按下启动按钮 SB2 时，接触器线圈得电动作，主触点闭合并自锁，电动机运转。

需要注意，图 1-21 所示的控制电路在电动机停机后，电动机绕组通过控制电路仍然带电，维修不安全，因此，这种电路只作应急使用。

2）交流接触器有两对辅助的动合触点。经过检查确定是接触器 KM 自保触点（动合触点）损坏，当接触器上有空闲的动合触点时，有如下两种处理方法。

a）跨接的方法如图 1-22 所示。用两根短线，一根作为 5 号线与备用的动合触点 4 连接。另一根作为为 3 号线与备用的动合触点 3 连接，备用的动合触点替代损坏的动合触点，从而满足接触器电路自锁要求。

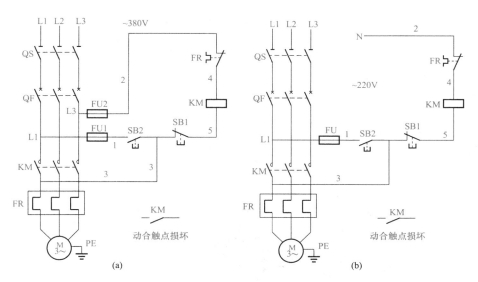

图 1-21　交流接触器辅助触点损坏后应急接线

（a）380V；（b）220V

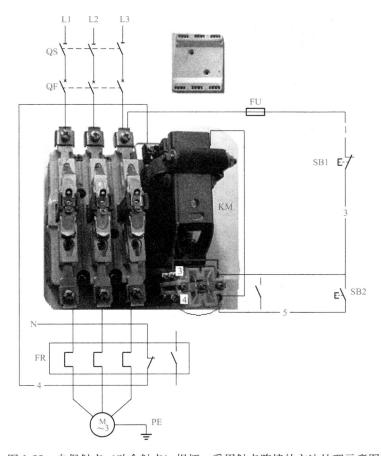

图 1-22　自保触点（动合触点）损坏，采用触点跨接的方法处理示意图

b）移接的方法。检测确定是自保触点（动合触点）损坏，看到接触器 KM 上有空闲的动合触点（备用）。把 3、5 号线从原来的动合触点上拆下，移接到备用的动合触点，如图 1-23 所示。

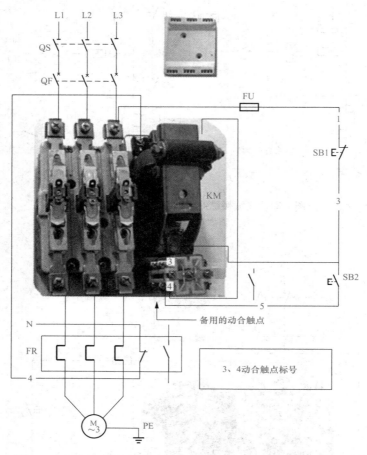

图 1-23　自保触点（动合触点）损坏，把 3、5 号线移接到备用的
动合触点示意图

知识链接　电动机过负荷故障处理

热继电器 FR 动作后，一般按下列顺序检查处理。

用 500V 的绝缘电阻表在接触器 KM 下侧，分别检测去电动机的三相电缆 L1 相→L2 相为 0、L1 相→L3 相间为无穷大，L2 相→L3 相间为无穷大，说明电缆或电动机绕组 L3 相断线。这时应打开电动机接线盒进行检查，电动机出线接头良好时，500V 的绝缘电阻表进行检测，如下图所示，三相为 0 值，说明电动机 M 绕组是好的，否则为电动机绕组中断线。

如果电动机绕组是好的，就要检测三相电缆中有无断线，方法是将接触器 KM 下侧三相用 1A 的熔断器短接，将电动机接线盒内的电缆拆下来，用绝缘电阻表进行检测两相为 0 值，一相为无穷大，说明电缆内有一断线（中间接头处断时接上），没有接头的应更换电缆。

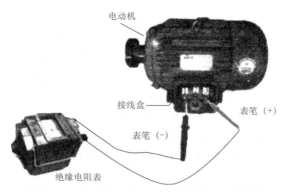

使用 500V 的绝缘电阻表对电动机绕组进行检测

例2　一启两停止的电动机控制电路故障现象、原因、处理

一启两停止的电动机 380V 控制电路接线方式，它是将两个停止按钮（动断触点）串联后，构成一处启动两处停止的电动机 380V 控制电路，如图 1-24、图 1-25 所示。

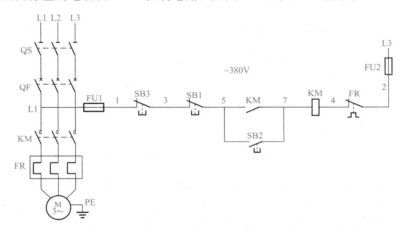

图 1-24　一启两停止的电动机 380V 控制电路

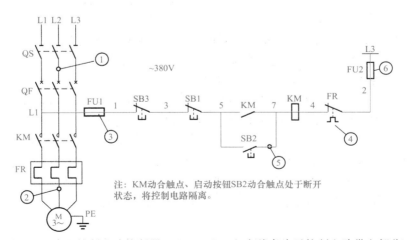

注：KM动合触点、启动按钮SB2动合触点处于断开状态，将控制电路隔离。

图 1-25　合上控制电路熔断器 FU1、FU2（红色线条表示控制电路带电部分）

1. 一启两停止的电动机 380V 控制电路

（1）合上主电源隔离开关 QS，断路器 QF 主电路带电，合上控制电路熔断器 FU1、FU2 后。控制电路带电，如图 1-25 所示，红色线条表示控制电路带电状态的部分。

（2）启动电动机。按下启动按钮 SB2 动合触点闭合，电源 L1→控制熔断器 FU1→1 号线→停止按钮 SB3 动断触点→3 号线→停止按钮 SB1 动断触点→5 号线→启动按钮 SB2 动合触点（按下时闭合）→7 号线→接触器 KM 线圈→4 号线→热继电器 FR 动断触点→2 号线→控制熔断器 FU2→电源 L3 相，线圈两端形成 380V 的工作电压，接触器 KM 线圈得到 380V 的电压动作，主电路中的接触器 KM 三个主触点同时闭合，电动机绕组获得三相 380V 交流电源，电动机运转驱动机械设备工作。

按下启动按钮 SB2 动合触点闭合，启动时的控制电路中的电流走向，如图 1-26 中的断续线箭头所示。

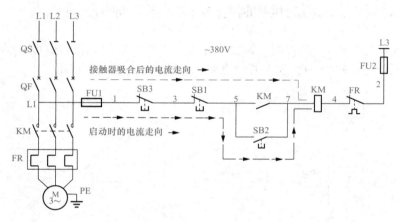

图 1-26　电动机启动过程中和正常运转中的工作电流走向

（3）自保（锁）电路工作原理。5 号线与 7 号线之间的接触器 KM 动合触点闭合，电源 L1→控制熔断器 FU1→1 号线→停止按钮 SB3 动断触点→3 号线→停止按钮 SB1 动断触点→5 号线→闭合的接触器 KM 动合触点→7 号线→接触器 KM 线圈→4 号线→热继电器 FR 动断触点→2 号线→控制熔断器 FU2→电源 L3 相，线圈两端形成 380V 的工作电压，通过这个闭合的动合触点将接触器 KM 维持在吸合的工作状态。

接触器 KM 得电吸合动作，动合触点 KM 的闭合→接触器 KM 线圈的工作电流→从电源 L1 相→通过闭合的 KM 的动合触点→流向电源的 L3 相，维持接触器 KM 的吸合工作状态。控制电路中的电流走向，如图 1-26 中的红色的断续线箭头所示。

（4）正常停机。按下停止按钮 SB1 动断触点断开，切断接触器 KM 线圈电路，KM 断电释放，KM 的三个主触点同时断开，电动机绕组脱离三相 380V 交流电源停止转动，机械设备停止工作。

（5）紧急停机。紧急停机按钮 SB3，一般安装在机械设备附近方便操作的位置。当操作人员遇到需要紧急停机的时候，按下紧急停机按钮 SB3 动断触点断开，切断接触器 KM 线圈电路，KM 断电释放，KM 的三个主触点同时断开，电动机绕组脱离三相 380V 交流电源停止转动，机械设备停止工作。

（6）过负荷停机。电动机发生过负荷时故障，主回路中的热继电器 FR 动作，热继电器 FR

的动断触点断开，切断接触器 KM 线圈控制电路，接触器 KM 断电并释放，三个主触点同时断开，电动机绕组脱离三相 380V 交流电源，停止转动，拖动的机械设备停止运行。

（7）故障处理。图 1-25 中圆圈内数字所指向的位置就是故障点。

1）电动机运行时，主电路中的断路器电源侧 L2 相过热、松动（图 1-25 中①→所指向的位置或图 1-25 中②→所指向的位置），热继电器 FR 的 L2 相负荷侧端子与电缆接线端子处过热烧断，电动机缺相运转，热继电器 FR 的整定电流太大时，热继电器不会动作，而使电动机烧毁。发现电动机转动慢时，应该立即按下停止按钮，电动机停止，避免电动机绕组烧毁。热继电器 FR 的整定电流与电动机额定电流相同时，热继电器 FR 动作，其 FR 的动断触点将电动机控制电路切断，接触器 KM 断电释放，电动机停止运转。

2）图 1-25 中③→所指向的位置，控制回路熔断器 FU1 熔断，控制电路缺一相电源，按下启动按钮 SB2，接触器 KM 线圈因少一相电源，接触器 KM 不能动作，电动机不能启动。

3）如果电动机过负荷，热继电器 FR 动作后未按复位，热继电器 FR 动断触点（图 1-25 中④→所指向的位置）处于断开状态，按下启动按钮 SB2，接触器 KM 不动作。

4）启动按钮 SB2 动合触点上的 7 号线到接触器 KM 线圈接线端子的 7 号线断线，图 1-25 中⑤→所指向的位置，按启动按钮 SB2 动合触点虽然闭合，但 7 号线断线，接触器 KM 线圈电路不接通，线圈得不到电源，接触器 KM 不能得电动作。

5）图 1-25 中⑥→所指向的位置，控制回路熔断器 FU2 熔断，控制电路没有电源，按下启动按钮 SB2，接触器 KM 线圈没有电源，接触器 KM 不能动作，电动机不能启动。

2. 一启两停止的电动机 220V 控制电路

（1）送电操作顺序。

1）合上主电源隔离开关 QS。

2）合上断路器 QF，主电路带电。

3）合上控制电路熔断器 FU 后，控制电路带电，如图 1-27、图 1-28 所示。红色线条表示控制电路带电状态的部分。

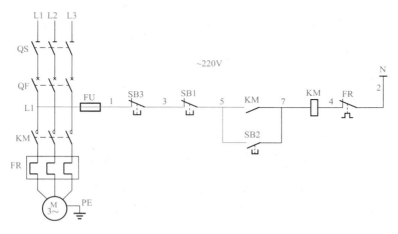

图 1-27　一启两停止的电动机 220V 控制电路

（2）启动电动机。按下启动按钮 SB2 动合触点闭合，电源 L1→控制熔断器 FU→1 号线→停止按钮 SB3 动断触点→3 号线→停止按钮 SB1 动断触点→5 号线→启动按钮 SB2 动合触点（按下时闭合）→7 号线→接触器 KM 线圈→4 号线→热继电器 FR 动断触点→2 号线→电源 N 极，线圈两端形成 220V 的工作电压，接触器 KM 线圈得到 220V 的电压动作，主电路中的接触器 KM 三个主触点同时闭合，电动机 M 绕组获得三相 380V 交流电源，电动机运转驱动机械设备工作。

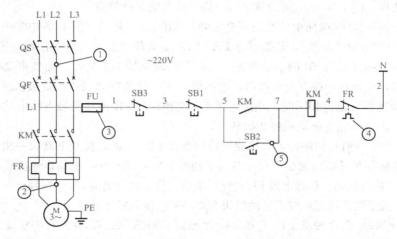

图 1-28 一启两停止的电动机 220V 控制电路，合上控制回路熔断器的电路状态

（3）自保（锁）电路工作原理。接触器 KM 动合触点闭合，电源 L1→控制熔断器 FU→1 号线→停止按钮 SB3 动断触点→3 号线→停止按钮 SB1 动断触点→5 号线→闭合的接触器 KM 动合触点→7 号线→接触器 KM 线圈→4 号线→热继电器 FR 动断触点→2 号线→电源 N 极，接触器 KM 线圈两端形成 220V 的工作电压，通过这个闭合的动合触点将接触器 KM 维持在吸合的工作状态。电动机启动过程中和正常运转中的工作电流走向示意如图 1-29 所示。

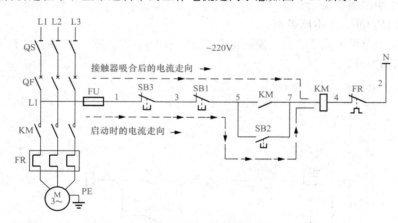

图 1-29 电动机启动过程中和正常运转中的工作电流走向示意

（4）正常停机。按下停止按钮 SB1 动断触点断开，切断接触器 KM 线圈电路，KM 断电释放，KM 的三个主触点同时断开，电动机绕组脱离三相 380V 交流电源停止转动，机械设备停止工作。

（5）紧急停机。紧急停机按钮 SB3 一般安装在机械设备附近方便操作的位置。当操作人员遇到需要紧急停机的时候，按下紧急停机按钮 SB3，动断触点断开，切断接触器 KM 线圈电路，KM 断电释放，KM 的三个主触点同时断开，电动机绕组脱离三相 380V 交流电源停止转动，机械设备停止工作。

（6）过负荷停机。电动机发生过负荷时故障，主回路中的热继电器 FR 动作，热继电器 FR 的动断触点断开，切断接触器 KM 线圈控制电路，接触器 KM 断电并释放，三个主触点同时断开，电动机绕组脱离三相 380V 交流电源，停止转动，拖动的机械设备停止运行。

（7）故障现象与故障点位置。图 1-28 中圆圈内数字所指向的位置就是故障点。

1）电动机运行时，主电路中的断路器电源侧 L2 相过热、松动（图 1-28 中①→所指向的位置或图 1-28 中②→所指向的位置），热继电器 FR 的 L2 相负荷侧端子与电缆接线端子处过热烧断，电动机缺相运转，热继电器 FR 的整定电流太大时，热继电器不会动作，而使电动机烧毁。发现电动机转动慢时，应该立即按下停止按钮，电动机停止，避免电动机绕组烧毁。热继电器 FR 的整定电流与电动机额定电流相同时，热继电器 FR 动作，其 FR 的动断触点将电动机控制电路切断，接触器 KM 断电释放，电动机停止运转。

2）图 1-28 中③→所指向的位置，控制回路熔断器 FU 熔断，控制电路没有电源，按下启动按钮 SB2，接触器 KM 线圈没有电源，接触器 KM 不能动作，电动机不能启动。

3）如果电动机过负荷，热继电器 FR 动作后未按复位，热继电器 FR 动断触点（图 1-28 中④→所指向的位置）处于断开状态，按下启动按钮 SB2，接触器 KM 不动作。

4）启动按钮 SB2 动合触点上的 7 号线到接触器 KM 线圈接线端子的 7 号线断线，图 1-28 中⑤→所指向的位置，按启动按钮 SB2 动合触点虽然闭合，但 7 号线断线，接触器 KM 线圈电路不接通，线圈得不到电源，接触器 KM 不能得电动作。

例3　两地可以操作的两启两停的电动机控制电路故障现象、原因、处理

两处启动两处停止的控制电路接线方式是将两个停止按钮（动断触点）串联后，两个启动按钮（动合触点）并联后，再与两个停止按钮（动断触点）串联，构成两处启动两处停止的控制电路，控制电路如图 1-30～图 1-33 所示。

1. 启动电动机

按下启动按钮 SB2 或启动按钮 SB4 动合触点闭合，电源 L1→控制熔断器 FU1→1 号线→停止按钮 SB3 动断触点→3 号线→停止按钮 SB1 动断触点→5 号线→启动按钮 SB2 或启动按钮 SB4 动合触点（按下时闭合）→7 号线→接触器 KM 线圈→4 号线→热继电器 FR 动断触点→2 号线→控制熔断器 FU2→电源 L3 相，线圈两端形成 380V 的工作电压，接触器 KM 线圈得到 380V 的电压

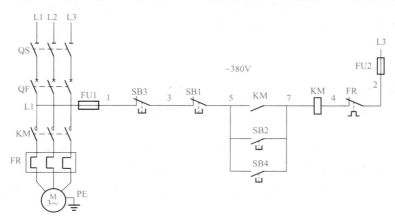

图 1-30　两地可以操作的两启两停的电动机 380V 控制电路

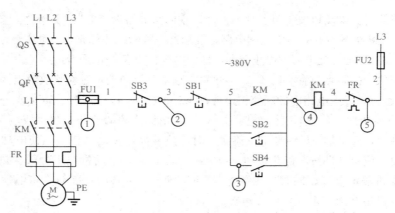

图 1-31　控制电路常见的故障点位置示意

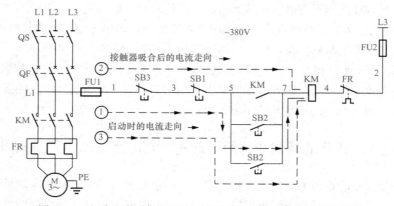

图 1-32　电动机启动过程中和正常运转中的工作电流走向示意

动作，主电路中的接触器 KM 三个主触点同时闭合，电动机绕组获得三相 380V 交流电源，电动机运转驱动机械设备工作。

2. 自保电路原理

接触器 KM 得电动作，与启动按钮 SB2、SB4 动合触点并联的 KM 动合触点闭合，电源 L1→控制熔断器 FU1→1 号线→停止按钮 SB3 动断触点→3 号线→停止按钮 SB1 动断触点→5 号线→闭合的接触器 KM 动合触点→7 号线→接触器 KM 线圈→4 号线→热继电器 FR 动断触点→2 号线→控制熔断器 FU2→电源 L3 相，线圈两端仍然保持 380V 的工作电压，将接触器 KM 维持在工作状态。

3. 正常停机

按下停止按钮 SB1 动断触点断开，切断接触器 KM 线圈电路，KM 断电释放，KM 的三个主触点同时断开，电动机绕组脱离三相 380V 交流电源停止转动，机械设备停止工作。

4. 紧急停机

紧急停机按钮 SB3 一般安装在机械设备附近方便操作的位置。当操作人员遇到需要紧急停机的时候，按下紧急停机按钮 SB3，动断触点断开，切断接触器 KM 线圈电路，KM 断电释放，KM 的三个主触点同时断开，电动机绕组脱离三相 380V 交流电源停止转动，机械设备停止工作。

5. 过负荷停机

电动机发生过负荷时故障，主回路中的热继电器 FR 动作，热继电器 FR 的动断触点断开，切断接触器 KM 线圈控制电路，接触器 KM 断电并释放，三个主触点同时断开，电动机绕组脱离三相 380V 交流电源，停止转动，拖动的机械设备停止运行。

6. 电路常见故障点

（1）图 1-31 中的④→所指向的接触器 KM 线圈上 7 号线断线。按下启动按钮 SB2，因 7 号线断线，接触器 KM 控制电路少一相电源不能得电动作。

（2）图 1-31 中的②→所指向的停止按钮 SB3 动断触点接触不良，按下启动按钮 SB2 动合触点接通，由于停止按钮 SB3 动断触点接触不良，接触器 KM 线圈只得到一相电源，接触器 KM 不能动作。

（3）图 1-31 中的③→所指向的启动按钮 SB4 动合触点上的 5 号线脱落。按下启动按钮 SB4 动合触点接通，由于启动按钮 SB4 动合触点上的 5 号线断线，接触器 KM 线圈得不到 380V 电源，只得到一相电源，接触器 KM 不能动作。

（4）图 1-31 中的①→所指向的控制电路熔断器 FU1 熔断，控制电路缺一相电源，按下启动按钮 SB2 动合触点闭合，接触器 KM 控制电路少一相电源不能得电动作。

（5）图 1-31 中的⑤→所指向的热继电器 FR 动断触点断开或 2 号线从 FR 接线端子脱落，按下启动按钮 SB2 动合触点闭合，控制电路少一相电源不能得电动作。

例4　一次保护、单电流表、有启停信号、按钮操作的电动机 220V 控制电路

一次保护、单电流表、有启停信号、按钮操作的电动机 220V 控制电路如图 1-33 所示。

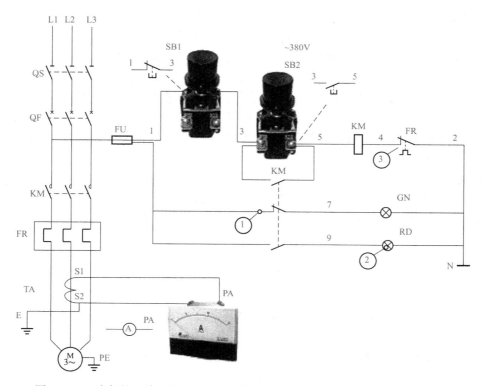

图 1-33　一次保护、单电流表、有启停信号、按钮操作的电动机 220V 控制电路

1. 回路送电操作顺序

（1）合上主回路中的隔离开 QS。

（2）合上主回路中的断路器 QF。

（3）合上控制回路中的熔断器 FU。

电源 L1 相→控制回路熔断器 FU→1 号线→接触器 KM 动断触点→7 号线→绿色信号灯 GN→2 号线→电源 N 极。绿色信号灯 GN 得电，亮灯表示电动机热备用状态，随时可以启停电动机。

2. 启停电动机

按下启动按钮 SB2，电源 L1 相→控制回路熔断器 FU→1 号线→停止按钮 SB1 动断触点→3 号线→启动按钮 SB2 动合触点（按下时闭合）→5 号线→接触器 KM 线圈→4 号线→热继电器 FR 动断触点→2 号线→电源 N 极。接触器 KM 线圈得电动作，主电路中的接触器 KM 三个主触点同时闭合，电动机绕组获得三相 380V 交流电源，电动机运转驱动机械设备工作。

3. 自保电路工作原理

与启动按钮 SB2 动合触点并联的 KM 动合触点闭合，电源 L1→控制熔断器 FU→1 号线→停止按钮 SB3 动断触点→3 号线→闭合的接触器 KM 动合触点→5 号线→接触器 KM 线圈→4 号线→热继电器 FR 动断触点→2 号线→电源 N 极。线圈两端仍然保持 220V 的工作电压，将接触器 KM 维持在吸合的工作状态中。

4. 运行信号灯

动合触点 KM 闭合

电源 L1 相→控制回路熔断器 FU→1 号线→闭合的接触器 KM 动合触点→9 号线→红色信号灯 RD→2 号线→电源 N 极。红色信号灯 RD 得电，亮灯表示电动机运转工作状态。

5. 电动机停机

按下停止按钮 SB1 动断触点断开，切断接触器 KM 线圈控制电路，接触器 KM 断电释放，三个主触点同时断开，电动机 M 绕组脱离三相 380V 交流电源，电动机停止转动，机械设备停止工作。

6. 负荷监视

为了监视电动机的运行负荷，主电路中安装一只电流互感器 TA，将电流表 PA 串入电流互感器 TA 二次线圈回路中，通过电流互感器的感应作用，电动机的工作电流，流过电流互感器二次回路中的电流表 PA 线圈，电流表的表针会随电流的大小摆动，表针指向的数字，就是电动机驱动的机械设备的负荷电流。

7. 过负荷停机

电动机发生过负荷时故障，主回路中的热继电器 FR 动作，热继电器 FR 的动断触点断开，切断接触器 KM 线圈控制电路，接触器 KM 断电并释放，三个主触点同时断开，电动机绕组脱离三相 380V 交流电源，停止转动，拖动的机械设备停止运行。

8. 故障现象原因与处理

（1）图 1-33 中①→指向的位置，接触器 KM 动断触点上的 1 号线断线。合上控制回路熔断器 FU1，信号灯 GN 不亮。查明断线处重接或更换新线。

（2）图 1-33 中②→指向的位置，电动机运行信号灯 RD 不亮，原因可能有如下几点。

1）信号灯 GN 的灯丝断。

2）接触器 KM 的动合触点接触不良。

（3）图 1-33 中③→指向的位置，热继电器 FR 动作，电动机停止运转，一般是电动机机械设备过负荷。

知识链接　矿用隔爆型控制按钮

　　BZA1（原型号 LA81-3、LA810-3）系列矿用隔爆型控制按钮如下图所示。适用于煤矿井下及其周围介质中有甲烷、煤尘等爆炸性混合物气体的环境中，在交流50Hz，电压至127V的供电线路中，对电磁启动接触器和信号装置进行控制。

单钮（停止）　　　双钮（启、停）　　　三钮（正、反、停）

矿用隔爆型控制按钮

例5　过载保护、有电源信号灯、点动运转的 220V 控制电路

　　过载保护、有电源信号灯、点动运转的220V控制电路原理图如图1-34（a）所示，实物接线图如图1-34（b）所示。

1. 送电操作

（1）合上主回路隔离开关 QS。

（2）合上主回路断路器 FU。

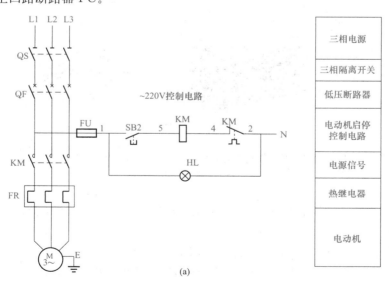

(a)

图1-34　过载保护、有电源信号灯、点动运转的220V控制电路（一）

（a）原理图

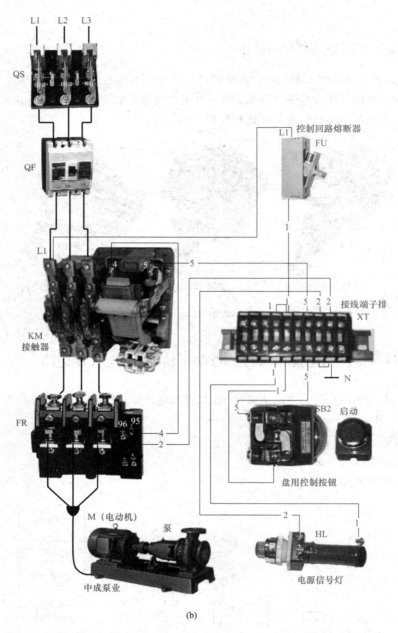

图 1-34 过载保护、有电源信号灯、点动运转的 220V 控制电路（二）

（b）实物接线图

（3）合上器 FU，信号灯 HL 得电亮灯，表示回路已送电。

2. 启动电动机

按下启动按钮 SB2，电源 L1 相→控制回路熔断器 FU→1 号线→启动按钮 SB2 动合触点（按下时闭合）→5 号线→接触器 KM 线圈→4 号线→热继电器 FR 动断触点→2 号线→电源 N 极，形成 220V 的工作电压，接触器 KM 线圈得到 220V 的工作电压动作，主电路中的接触器 KM 三个主触点同时闭合，电动机 M 绕组获得三相 380V 交流电源，电动机运转驱动机械设备工作。

手离开启动按钮 SB2 动合触点断开,切断接触器 KM 线圈控制电路,接触器 KM 断电释放,三个主触点同时断开,电动机绕组脱离三相 380V 交流电源停止运转,机械设备停止工作。

3. 电动机过负荷停机

电动机发生过负荷运行时,主电路中的热继电器 FR 动作,串接于接触器 KM 线圈控制回路中的热继电器 FR 动断触点断开,接触器 KM 线圈电路断电,接触器 KM 三个主触点同时断开,电动机断电停转,机械设备停止工作。

> **知识链接**　热继电器 FR 的额定电流的确定

电路中的热继电器 FR 的发热元件是串入主电路中的,电动机的启动时间在 6S 内的机械设备,选择的热继电器 FR 额定电流,应按电动机额定电流的 0.95～1.05 倍确定,即

$$热继电器 FR 额定电流＝电动机额定电流×(0.95～1.05)$$

例如:电动机额定电流为 36A,热继电器 FR 额定电流可选择 36A。如果热继电器 FR 电流是可调节式的,如下图所示。可以根据热继电器的电流调节范围进行选择,热继电器电流调节范围中有接近 36A 的就可以,如调节范围:28～36～45A。

可调节式热继电器外形

例6　无过载保护、按钮启停的电动机 220V 控制电路

无过载保护、按钮启停的电动机 220V 控制电路原理图如图 1-35(a)所示,实物接线图如图 1-35(b)所示,应用比较多,也是常见的电动机控制电路,但电路过负荷时,非常容易造成电动机绕组的烧毁。

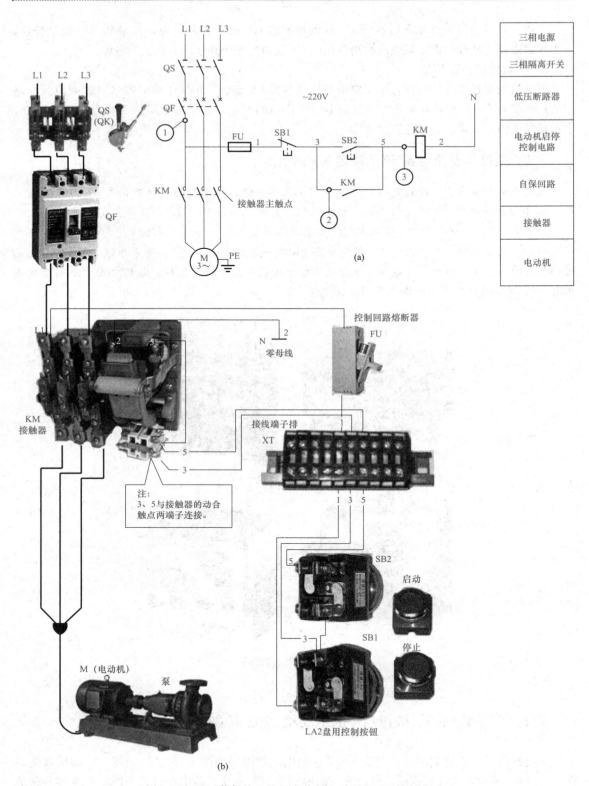

三相电源

三相隔离开关

低压断路器

电动机启停
控制电路

自保回路

接触器

电动机

(a)

控制回路熔断器

FU

零母线

接线端子排

XT

注：
3、5与接触器的动合
触点两端子连接。

KM
接触器

M（电动机）

泵

SB2

启动

SB1

停止

LA2盘用控制按钮

(b)

图 1-35 无过载保护、按钮启停的电动机 220V 控制电路
(a) 原理图；(b) 实物接线图

1. 回路送电操作

（1）合上图 1-35（a）主回路中的隔离开关 QS。

（2）合上主回路中的断路器 QF。

（3）合上控制回路中的熔断器 FU。

2. 启动电动机

按下启动按钮 SB2 动合触点闭合，电源 L1 相→控制回路熔断器 FU→1 号线→停止按钮 SB1 动断触点→3 号线→启动按钮 SB2 动合触点（按下时闭合）→5 号线→接触器 KM 线圈→2 号线→电源 N 极。形成 220V 的工作电压，接触器 KM 线圈得到 220V 的电压动作，KM 的动合触点闭合自保。主电路中的接触器 KM 三个主触点同时闭合，电动机 M 绕组获得三相 380V 交流电源，电动机运转驱动机械设备工作。

3. 停机操作

按下停止按钮 SB1 动断触点断开，切断接触器 KM 线圈控制电路，接触器 KM 断电释放，三个主触点同时断开，电动机绕组脱离三相 380V 交流电源停止运转，机械设备停止工作。

4. 常见故障现象原因与处理

（1）图 1-35（a）中的①所指向的主电路中断路器 QF 负荷侧小母线连接处过热氧化，接触不良，控制电路没有电或虚连接触，按下启动按钮 SB2 动合触点闭合，由于控制电路没有电，接触器 KM 没有反应。

（2）图 1-35（a）中的③所指的位置，接触器 KM 线圈上的 5 号线脱落，按下启动按钮 SB2，接触器 KM 线圈不会得电动作，电动机不启动，也没有响声。

（3）图 1-35（a）中②所指的位置，接触器 KM 动合触点上的 3 号线断线，按下启动按钮 SB2，接触器 KM 得电动作。手离开启动按钮 SB2 动合触点断开，接触器 KM 线圈释放，电动机停止。接触器 KM 动合触点上的 3 号线断线，而使用接触器 KM 没有自锁回路。

例 7　过载保护、按钮启停、有电源信号灯的电动机 220V 控制电路

过载保护、按钮启停、有电源信号灯的电动机 220V 控制电路原理图如图 1-36（a）所示，实物接线图如图 1-36（b）所示。这个电路图中的控制按钮 SB1、SB2 接线顺序改变，回路的线号随之变化。

1. 电路工作原理

（1）合上主回路中的隔离开关 QS。

（2）合上主回路中的断路器 QF。

（3）合上控制回路中的熔断器 FU，信号灯 HL 亮灯，表示电动机处于热备用状态。

2. 启动电动机

按下启动按钮 SB2，电源 L1 相→控制回路熔断器 FU→1 号线→启动按钮 SB2 动合触点（按下时闭合）→3 号线→停止按钮 SB1 动断触点→5 号线→接触器 KM 线圈→4 号线→热继电器 FR 动断触点→2 号线→电源 N 极。形成 220V 的工作电压，接触器 KM 线圈得到 220V 的电压动作，KM 的动合触点闭合自保。

主电路中的接触器 KM 三个主触点同时闭合，电动机 M 绕组获得三相 380V 交流电源，电动机运转驱动机械设备工作。

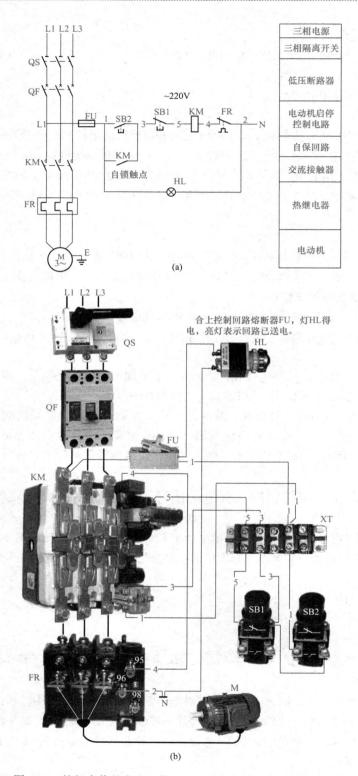

图 1-36　按钮启停的有电源信号灯的 220V 控制电路实物接线图

（a）原理图；（b）实物接线图

3. 停机

按下停止按钮 SB1，其动断触点断开，切断接触器 KM 线圈控制电路，接触器 KM 断电释放，三个主触点同时断开，电动机绕组脱离三相 380V 交流电源停止运转，机械设备停止工作。

4. 过负荷停机

电动机发生过负荷运行时，主电路中的热继电器 FR 动作，串接于接触器 KM 线圈控制回路中的热继电器 FR 动断触点断开，接触器 KM 线圈电路断电，接触器 KM 三个主触点同时断开，电动机断电停转，机械设备停止工作。

例 8　按钮启停、有电源信号灯的电动机 220V 控制电路

按钮启停、有电源信号灯的电动机 220V 控制电路原理图如图 1-37（a）所示，实物接线图如图 1-37（b）所示。这个电路图与图 1-36（a）相比较，不同的是热继电器 FR 动断触点的接线顺序改变，回路的线号随之变化。

1. 电路工作原理

电路图如图 1-37（a）所示，合上主回路中的隔离开关 QS，合上主回路中的断路器 QF，合上控制回路中的熔断器 FU。

2. 启动电动机

按下启动按钮 SB2 动合触点闭合。电源 L1 相→控制回路熔断器 FU→1 号线→热继电器 FR 动断触点→3 号线→启动按钮 SB2 动合触点（按下时闭合）→5 号线→停止按钮 SB1 动断触点→7 号线→接触器 KM 线圈→2 号线→电源 N 极。形成 220V 的工作电压，接触器 KM 线圈得到 220V 的电压动作，KM 的动合触点闭合自保。主电路中的接触器 KM 三个主触点同时闭合，电动机 M 绕组获得三相 380V 交流电源，电动机运转驱动机械设备工作。

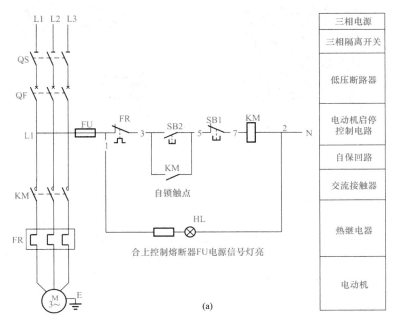

图 1-37　按钮启停、有电源信号灯的电动机 220V 控制电路（一）

（a）原理图

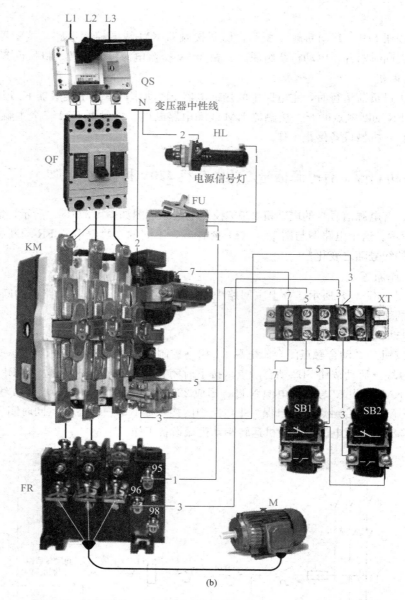

图 1-37 按钮启停、有电源信号灯的电动机 220V 控制电路（二）

（b）实物接线图

3. 电路自保工作原理

KM 的动合触点闭合，电源 L1 相→控制回路熔断器 FU→1 号线→热继电器 FR 动断触点→3 号线→启动按钮 SB2 动合触点（按下时闭合）→5 号线→停止按钮 SB1 动断触点→7 号线→接触器 KM 线圈→2 号线→电源 N 极。形成 220V 的工作电压，维持接触器 KM 线圈的工作电压，这是依靠接触器 KM 自身的动合触点维持吸合状态，这个触点称之自保触点。

4. 停机

按下停止按钮 SB1 动断触点断开，切断接触器 KM 线圈控制电路，接触器 KM 断电释放，三个主触点同时断开，电动机绕组脱离三相 380V 交流电源停止运转，机械设备停止工作。

5. 过负荷停机

电动机发生过负荷运行时，主电路中的热继电器 FR 动作，串接于接触器 KM 线圈控制回路中的热继电器 FR 动断触点断开，接触器 KM 线圈电路断电，接触器 KM 三个主触点同时断开，电动机断电停转，机械设备停止工作。

例9　过载保护、有启停状态信号灯、按钮启停的 220V 控制电路

过载保护、有启停状态信号灯、按钮启停的 220V 控制电路原理图如图 1-38（a）所示，实物接线图如图 1-38（b）所示。为了显示出电动机是停止状态还是运转的工作状态，增加了两只信号灯，用红色信号灯 HL2，亮灯表示电动机运转状态。绿色信号灯 HL1，亮灯表示电动机停机状态，合上控制回路熔断器 FU 时，绿色信号灯 HL1 亮灯。

1. 电路送电操作

（1）合上主回路中的隔离开关 QS。

（2）合上主回路中的断路器 QF。

（3）合上控制回路中的熔断器 FU。

电源 L1 相→控制回路熔断器 FU→1 号线→接触器 KM 动断触点→7 号线→信号灯 HL1→2 号线→电源 N 极，信号灯 HL1 得电，亮灯表示电动机热备用状态。

2. 启动电动机

按下启动按钮 SB2 动合触点。电源 L1 相→控制回路熔断器 FU→1 号线→停止按钮 SB1 动断触点→3 号线→启动按钮 SB2 动合触点（按下时闭合）→5 号线→接触器 KM 线圈→4 号线→热继电器 FR 动断触点→2 号线→电源 N 极。形成 220V 的工作电压，接触器 KM 线圈得到 220V 的

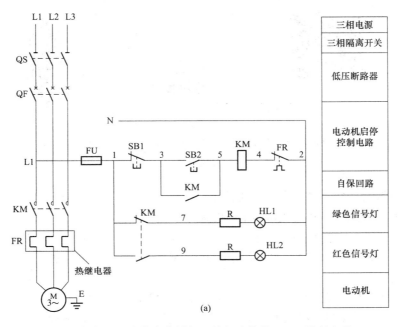

图 1-38　过载保护、有状态信号灯、按钮启停的 220V 控制电路（一）

（a）原理图

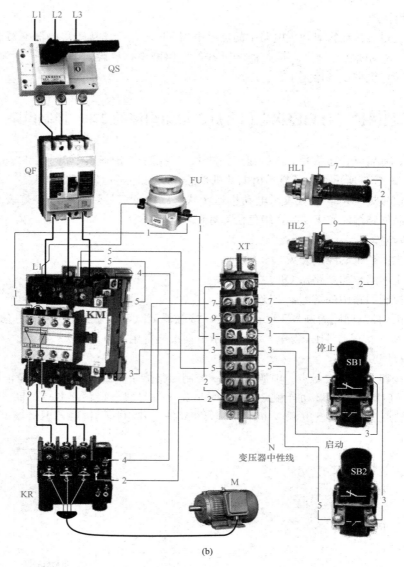

图 1-38　过载保护、有状态信号灯、按钮启停的 220V 控制电路（二）

（b）实物接线图

电压动作，KM 的动合触点闭合自保。主电路中的接触器 KM 三个主触点同时闭合，电动机 M 绕组获得三相 380V 交流电源，电动机运转驱动机械设备工作。

KM 动合触点闭合，电源 L1 相→控制回路熔断器 FU→1 号线→接触器 KM 动合触点→9 号线→信号灯 HL2→2 号线→电源 N 极。信号灯 HL2 得电，亮灯表示电动机运转状态。

3. 正常停机

按下停止按钮 SB1 动断触点断开，切断接触器 KM 线圈控制电路，接触器 KM 断电释放，三个主触点同时断开，电动机绕组脱离三相 380V 交流电源停止运转，机械设备停止工作。

4. 电动机过负荷停机

电动机发生过负荷运行时，主电路中的热继电器 FR 动作，串接于接触器 KM 线圈控制回路中的热继电器 FR 动断触点断开，接触器 KM 线圈电路断电，接触器 KM 三个主触点同时断开，电动机断电停转，机械设备停止工作。

例 10　一次保护、有启停状态信号灯、按钮启停的 380V 控制电路

一次保护、有启停状态信号灯、按钮启停的 380V 控制电路原理图如图 1-39（a）所示，实物接线图如图 1-39（b）所示。

1. 电路送电操作

（1）合上主回路中的隔离开关 QS。

（2）合上主回路中的断路器 QF。

（3）合上控制回路中的熔断器 FU1、FU2。

电源 L1 相→控制回路熔断器 FU1→1 号线→接触器 KM 动断触点→7 号线→信号灯 HL1→2 号线→控制回路熔断器 FU2→电源 L3 相。信号灯 HL1 得电，亮灯表示电动机热备用状态。

2. 启动电动机

按下启动按钮 SB2，电源 L1 相→控制回路熔断器 FU1→1 号线→停止按钮 SB1 动断触点→3 号线→启动按钮 SB2 动合触点（按下时闭合）→5 号线→接触器 KM 线圈→4 号线→热继电器 FR 动断触点→2 号线→控制回路熔断器 FU2→电源 L3 相。线圈两端形成 380V 的工作电压，接触器 KM 线圈得到 380V 的电压动作，KM 的动合触点闭合自保。主电路中的接触器 KM 三个主触点同时闭合，电动机 M 绕组获得三相 380V 交流电源，电动机运转驱动机械设备工作。

KM 动合触点闭合，电源 L1 相→控制回路熔断器 FU1→1 号线→接触器 KM 动合触点→9 号线→信号灯 HL2→2 号线→控制回路熔断器 FU2→电源 L3 相。信号灯 HL2 得电，亮灯表示电动机运转状态。

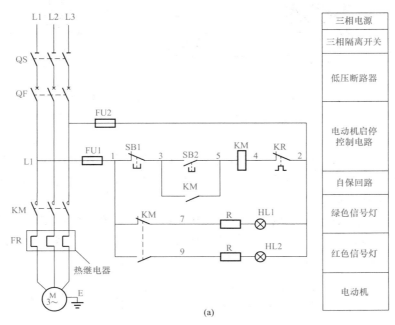

图 1-39　一次保护、无信号灯、按钮启停的 380V 控制电路（一）

（a）原理图

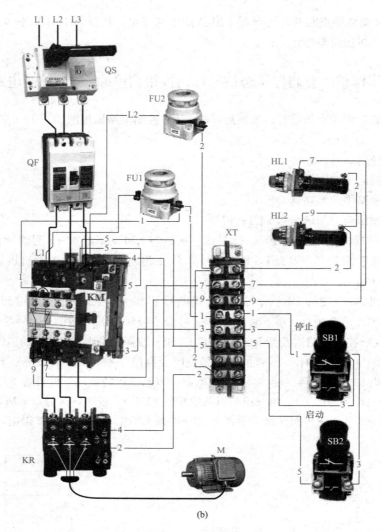

图 1-39　一次保护、无信号灯、按钮启停的 380V 控制电路（二）

（b）实物接线图

3. 正常停机

　　按下停止按钮 SB1 动断触点断开，切断接触器 KM 线圈控制电路，接触器 KM 断电释放，三个主触点同时断开，电动机绕组脱离三相 380V 交流电源停止运转，机械设备停止工作。

4. 电动机过负荷停机

　　电动机发生过负荷运行时，主电路中的热继电器 FR 动作，串接于接触器 KM 线圈控制回路中的热继电器 FR 动断触点断开，接触器 KM 线圈电路断电，接触器 KM 三个主触点同时断开，电动机断电停转，机械设备停止工作。

例 11　一次保护、无信号灯、有电压表、按钮启停的电动机 380V 控制电路

　　一次保护、无信号灯、有电压表、按钮启停的电动机 380V 控制电路原理图如图 1-40（a）所示，实物接线图如图 1-40（b）所示。

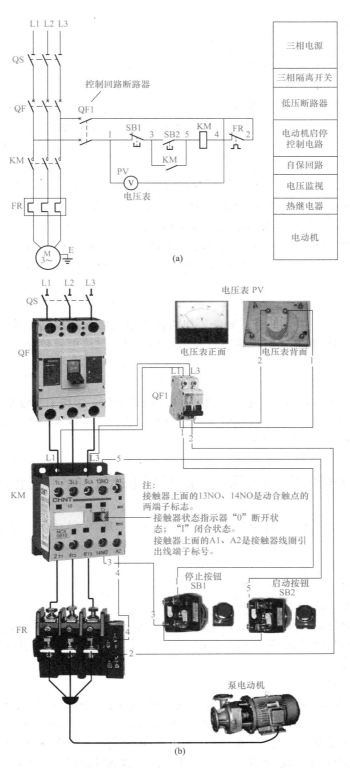

图 1-40　一次保护、无信号灯、有电压表、按钮启停的电动机 380V 控制电路

（a）原理图；（b）实物接线图

1. 送电操作顺序

（1）合上主回路中的隔离开关 QS。

（2）合上主回路中的断路器 QF。

（3）合上控制回路中断路器 QF1。

电源 L1 相→控制回路断路器 QF1（L1 相）触点→1 号线→电压表 PV 线圈→2 号线→控制回路断路器 QF1（L3 相）触点。电压表 PV 显示出电源 380V，表示电动机回路送电，处于热备用状态。

2. 启动电动机

按下启动按钮 SB2，电源 L1 相→控制回路断路器 QF1（L1 相）触点→1 号线→停止按钮 SB1 动断触点→3 号线→启动按钮 SB2 动合触点（按下时闭合）→5 号线→接触器 KM 线圈→4 号线→热继电器 FR 动断触点→2 号线→控制回路断路器 QF1（L3 相）触点→电源 L3 相。形成 380V 的工作电压，接触器 KM 线圈得到 380V 的电压动作，KM 的动合触点闭合自保。主电路中的接触器 KM 三个主触点同时闭合，电动机 M 绕组获得三相 380V 交流电源，电动机运转驱动机械设备工作。

3. 正常停机

按下停止按钮 SB1，其动断触点断开，切断接触器 KM 线圈控制电路，接触器 KM 断电释放，三个主触点同时断开，电动机绕组脱离三相 380V 交流电源停止运转，机械设备停止工作。

4. 电动机过负荷停机

电动机发生过负荷运行时，主电路中的热继电器 FR 动作，串接于接触器 KM 线圈控制回路中的热继电器 FR 动断触点断开，接触器 KM 线圈电路断电，接触器 KM 三个主触点同时断开，电动机断电停转，机械设备停止工作。

例12　既能长期连续运行又能点动运转的电动机 380V 控制电路（一）

既能长期连续运行又能点动运转的电动机 380V 控制电路（一）原理图如图 1-41（a）所示，实物接线图如图 1-41（b）所示。

1. 电路送电操作

（1）合上主回路中的隔离开关 QS。

（2）合上主回路中的断路器 QF。

（3）合上控制回路中熔断器 FU1、FU2。电源 L1 相→控制回路熔断器 FU1→1 号线→电源信号灯 HL→2 号线→控制回路熔断器 FU2→电源 L3 相。信号灯 HL 得电，亮灯表示电动机回路送电，处于热备用状态。

2. 电动机连续运转

按下启动按钮 SB2 动合触点闭合。电源 L1 相→控制回路中熔断器 FU1→1 号线→停止按钮 SB1 动断触点→3 号线→启动按钮 SB2 动合触点（按下时闭合）→5 号线→点动按钮 SB0 动断触点→7 号线→接触器 KM 线圈→4 号线→热继电器 FR 动断触点→2 号线→控制回路熔断器 FU2→电源 L3 相。KM 线圈两端形成 380V 的工作电压，接触器 KM 线圈得到 380V 的电压动作，KM 的动合触点闭合自保。主电路中的接触器 KM 三个主触点同时闭合，电动机 M 绕组获得三相 380V 交流电源，电动机运转驱动机械设备工作。

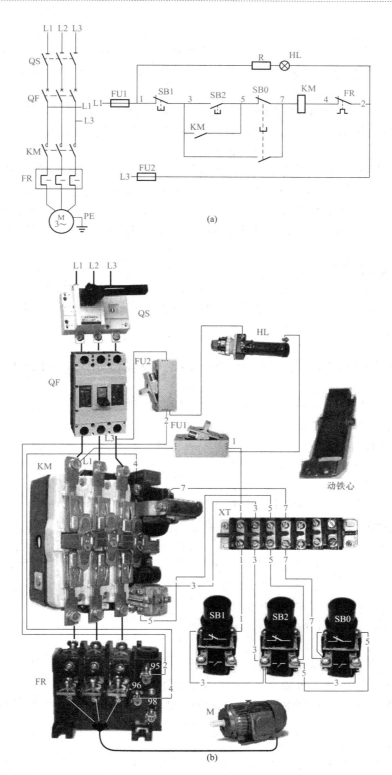

图 1-41 既能长期连续运行又能点动运转的 380V 控制电路

（a）原理图；（b）实物接线图

3. 停机操作

按下停止按钮 SB1，其动断触点断开，切断接触器 KM 线圈控制电路，接触器 KM 断电释放，三个主触点同时断开，电动机绕组脱离三相 380V 交流电源停止运转，机械设备停止工作。

4. 断续运转

按下点动按钮 SB0，其动断触点先断开，切断连续运转回路。按到 SB0 动合触点闭合，电源 L1 相→控制回路中熔断器 FU1→1 号线→停止按钮 SB1 动断触点→3 号线→断续按钮 SB0 动合触点（按下时闭合）→7 号线→接触器 KM 线圈→4 号线→热继电器 FR 动断触点→2 号线→控制回路熔断器 FU2→电源 L3 相。形成 380V 的工作电压，接触器 KM 线圈得到 380V 的电压动作。主电路中的接触器 KM 三个主触点同时闭合，电动机 M 绕组获得三相 380V 交流电源，电动机运转驱动机械设备工作。手离开断续按钮 SB0，其动合触点断开，切断接触器 KM 线圈控制电路，接触器 KM 断电释放，三个主触点同时断开，电动机绕组脱离三相 380V 交流电源停止运转，机械设备停止工作。

5. 电动机过负荷停机

电动机发生过负荷运行时，主电路中的热继电器 FR 动作，串接于接触器 KM 线圈控制回路中的热继电器 FR 动断触点断开，接触器 KM 线圈电路断电，接触器 KM 三个主触点同时断开，电动机断电停转，机械设备停止工作。

例 13　既能长期连续运行又能点动运转的电动机 380V 控制电路（二）

既能长期连续运行又能点动运转的电动机 380V 控制电路（二）原理图如图 1-42（a）所示，实物接线图如图 1-42（b）所示。

1. 回路送电操作

（1）合上主电路中的隔离开关 QS。

（2）合上断路器 QF。

（3）主电路送电后，合上控制回路熔断器 FU1、FU2。

2. 启动电动机

按下启动按钮 SB2 动合触点闭合，电源 L1 相→控制回路熔断器 FU1→1 号线→停止按钮 SB1 动断触点→3 号线→启动按钮 SB2 动合触点（按下时闭合）→5 号线→接触器 KM 线圈→4 号线→热继电器 FR 动断触点→2 号线→控制回路熔断器 FU2→电源 L3 相。线圈两端形成 380V 的工作电压，接触器 KM 线圈得到 380V 的电压动作，KM 的动合触点闭合自保。主电路中的接触器 KM 三个主触点同时闭合，电动机 M 绕组获得三相 380V 交流电源，电动机运转驱动机械设备工作。

3. 正常停机

按下停止按钮 SB1，其动断触点断开，切断接触器 KM 线圈控制电路，接触器 KM 线圈断电释放，接触器 KM 的三个主触点同时断开，电动机 M 绕组脱离三相 380V 交流电源，停止转动，机械设备停止工作。

4. 点动操作

按下停止按钮 SB1 其动断触点断开，切断正常启动回路电源。按到停止按钮 SB1 的动合触点闭合时，电源 L1 相→控制回路熔断器 FU1→1 号线→停止按钮 SB1 下的动合触点（按下时接通）→5 号线→接触器 KM 线圈→4 号线→热继电器 FR 的动断触点→2 号线→控制回路熔断器 FU2→电

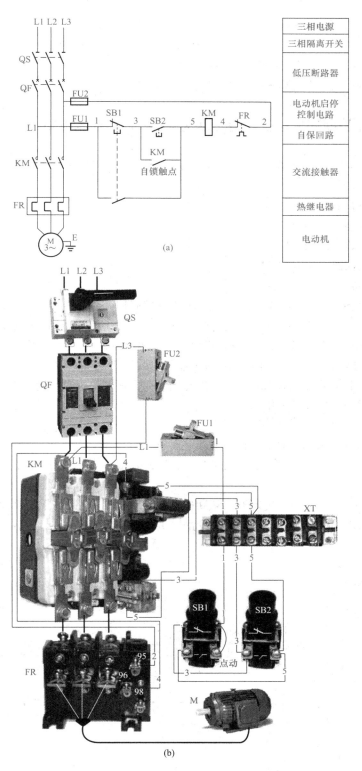

(a)

(b)

图 1-42　既能长期连续运行又能点动运转的 380V 控制电路

(a) 原理图；(b) 实物接线图

源 L3 相。接触器 KM 线圈得到交流 380V 的工作电压动作，接触器 KM 三个主触点同时闭合，电动机 M 绕组获得三相 380V 交流电源，电动机启动运转，驱动机械设备工作。手离开停止按钮 SB1，其动合触点断开，接触器 KM 线圈断电释放，接触器 KM 的三个主触点同时断开，电动机 M 绕组脱离三相 380V 交流电源停止转动，机械设备停止工作。

例 14　既能长期连续运行又能点动运转的 220V 控制电路（一）

既能长期连续运行又能点动运转的 220V 控制电路（一）原理图如图 1-43（a）所示，实物接线图如图 1-43（b）所示。

1. 回路送电操作

（1）合上主回路中的隔离开关 QS。

（2）合上主回路中的断路器 QF。

（3）合上控制回路中熔断器 FU。

2. 启动电动机

按下启动按钮 SB2 动合触点闭合。电源 L1 相→控制回路中熔断器 FU→1 号线→停止按钮 SB1 动断触点→3 号线→启动按钮 SB2 动合触点（按下时闭合）→5 号线→点动按钮 SB0 动断触点→7 号线→接触器 KM 线圈→4 号线→热继电器 FR 动断触点→2 号线→电源 N 极。

KM 线圈两端形成 220V 的工作电压，接触器 KM 线圈得到 220V 的电压动作，KM 的动合触点闭合自保。主电路中的接触器 KM 三个主触点同时闭合，电动机 M 绕组获得三相 380V 交流电源，电动机运转驱动机械设备工作。

3. 正常停机

按下停止按钮 SB1 其动断触点断开，切断接触器 KM 线圈控制电路，接触器 KM 断电释放，三个主触点同时断开，电动机绕组脱离三相 380V 交流电源停止运转，机械设备停止工作。

4. 点动操作

按下点动按钮 SB0 动断触点先断开，切断接触器 KM 自锁回路。按到 SB0 动合触点闭合，电源 L1 相→控制回路中熔断器 FU→1 号线→停止按钮 SB1 动断触点→3 号线→点动按钮 SB0 动合

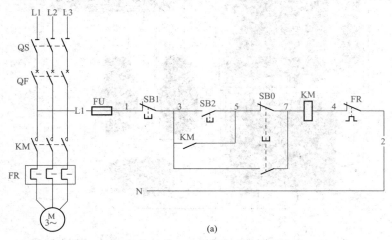

(a)

图 1-43　既能长期连续运行又能点动运转的 220V 控制电路一（一）

（a）原理图

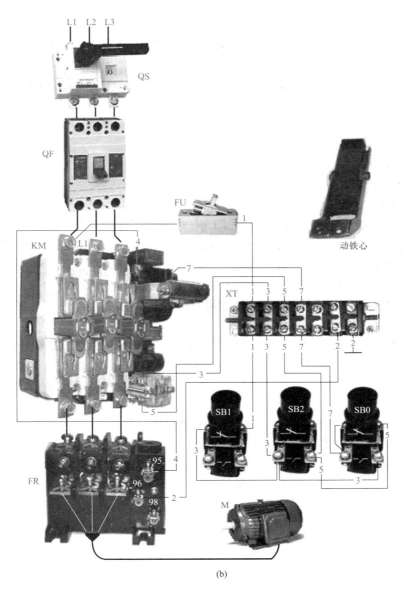

图 1-43　既能长期连续运行又能点动运转的 220V 控制电路一（二）

（b）实物接线图

触点（按下时闭合）→7 号线→接触器 KM 线圈→4 号线→热继电器 FR 动断触点→2 号线→电源 N 极。形成 220V 的工作电压，接触器 KM 线圈得到 220V 的电压动作。主电路中的接触器 KM 三个主触点同时闭合，电动机 M 绕组获得三相 380V 交流电源，电动机运转驱动机械设备工作。手离开点动按钮 SB0 动合触点断开，切断接触器 KM 线圈控制电路，接触器 KM 断电释放，三个主触点同时断开，电动机绕组脱离三相 380V 交流电源停止运转，机械设备停止工作。

5. 电动机过负荷停机

电动机发生过负荷运行时，主电路中的热继电器 FR 动作，串接于接触器 KM 线圈控制回路中的热继电器 FR 动断触点断开，接触器 KM 线圈电路断电，接触器 KM 三个主触点同时断开，电动机断电停转，机械设备停止工作。

例15 既能长期连续运行又能点动运转的220V控制电路（二）

既能长期连续运行又能点动运转的220V控制电路实物接线图（二）原理图如图1-44（a）所示，实物接线图如图1-44（b）所示。

1. 回路送电操作

（1）合上三相刀开关QS。

（2）合上断路器QF。

（3）合上控制回路熔断器FU。

2. 启动电动机

按下启动按钮SB2动合触点闭合，电源L1相→控制回路熔断器FU→1号线→停止按钮SB1动断触点→3号线→启动按钮SB2动合触点（按下时闭合）→5号线→接触器KM线圈→4号线→热继电器FR动断触点→2号线→电源N极。线圈两端形成220V的工作电压，接触器KM线圈得到220V的电压动作，KM的动合触点闭合自保。主电路中的接触器KM三个主触点同时闭合，电动机M绕组获得三相380V交流电源，电动机运转驱动机械设备工作。

3. 停机操作

按下停止按钮SB1动断触点断开，切断接触器KM线圈控制电路，接触器KM线圈断电释放，接触器KM的三个主触点同时断开，电动机M绕组脱离三相380V交流电源，停止转动，机械设备停止工作。

4. 点动操作

按下停止按钮SB1动断触点断开，切断正常启动回路电源。按到停止按钮SB1动断触点下的动合触点闭合时，电源L1相→控制回路熔断器FU→1号线→停止按钮SB1下的动合触点（按下

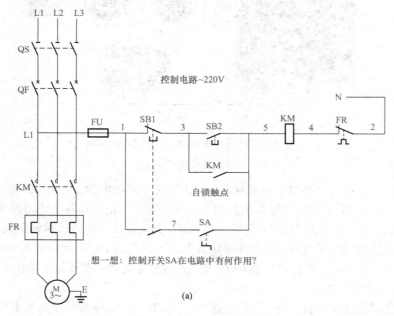

图1-44 既能长期连续运行又能点动运转的220V控制电路二（一）

（a）原理图

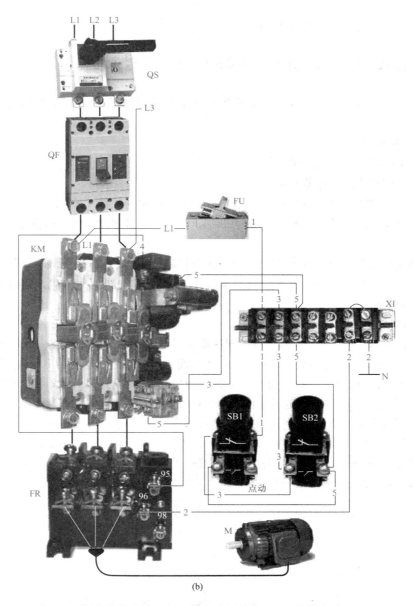

图1-44 既能长期连续运行又能点动运转的220V控制电路二（二）

（b）实物接线图

时接通）→7号线→控制开关SA触点→5号线→接触器KM线圈→4号线→热继电器FR的动断触点→2号线→电源N极。接触器KM线圈得到交流220V的工作电压动作，接触器KM三个主触点同时闭合，电动机M绕组获得三相380V交流电源，电动机启动运转，驱动机械设备工作。

手离开停止按钮SB1动合触点断开，接触器KM线圈断电释放，接触器KM的三个主触点同时断开，电动机M绕组脱离三相380V交流电源，停止转动，机械设备停止工作。

5. 电动机过负荷停机

电动机发生过负荷运行时，主电路中的热继电器FR动作，串接于接触器KM线圈控制回路中的热继电器FR动断触点断开，接触器KM线圈电路断电，接触器KM三个主触点同时断开，电动机断电停转，机械设备停止工作。

例16　有状态信号灯、按钮启停的电动机36V控制电路

有状态信号灯、按钮启停的电动机36V控制电路原理图如图1-45（a）所示，实物接线图如图1-45（b）所示。

1. 电路工作原理

（1）合上主回路中的隔离开关QS。

（2）合上主回路中的断路器QF。

（3）合上控制变压器T一次回路中的熔断器FU1，控制变压器T有电。

（4）合上控制变压器T二次回路中的熔断器FU2，T二次向电动机控制回路提供36V的工作电源。

（5）控制变压器T二次36V绕组的一端→控制回路熔断器FU2→1号线→接触器KM动断触点→7号线→信号灯HL1→2号线→控制变压器T二次36V绕组的另一端。信号灯HL1得电，亮灯表示电动机热备用状态。

2. 启动电动机

按下启动按钮SB2动合触点闭合，控制变压器T二次36V绕组的一端→1号线→停止按钮SB1动断触点→3号线→启动按钮SB2动合触点（按下时闭合）→5号线→接触器KM线圈→4号线→热继电器FR动断触点→2号线→控制变压器T绕组的另一端，接触器KM线圈形成36V的工作电压，接触器KM线圈得到36V的电压动作，KM的动合触点闭合自保。主电路中的接触器KM三个主触点同时闭合，电动机M绕组获得三相380V交流电源，电动机运转驱动机械设备工作。

KM动合触点闭合，控制变压器T二次36V绕组的一端→控制回路熔断器FU2→1号线→接触器KM动合触点→9号线→信号灯HL2→2号线→控制变压器T二次36V绕组的另一端。信号灯HL2得电，亮灯表示电动机运转状态。

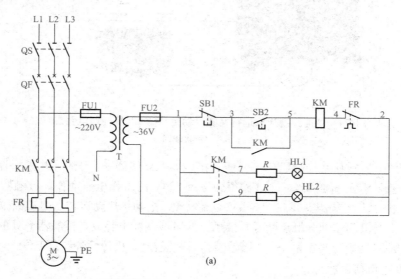

图1-45　有状态信号灯、按钮启停的36V控制电路（一）

（a）原理图

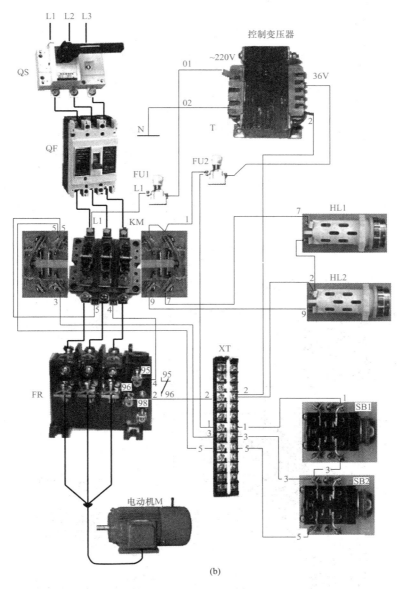

(b)

图 1-45　有状态信号灯、按钮启停的 36V 控制电路（二）

（b）实物接线图

3. 停机操作

按下停止按钮 SB1，其动断触点断开，切断接触器 KM 线圈控制电路，接触器 KM 断电释放，三个主触点同时断开，电动机绕组脱离三相 380V 交流电源停止运转，机械设备停止工作。

例 17　单电流表、有启停信号灯、一启两停的电动机 380V 控制电路

单电流表、有启停信号灯、一启两停的电动机 380V 控制电路原理图如图 1-46（a）所示，实物接线图如图 1-46（b）所示。

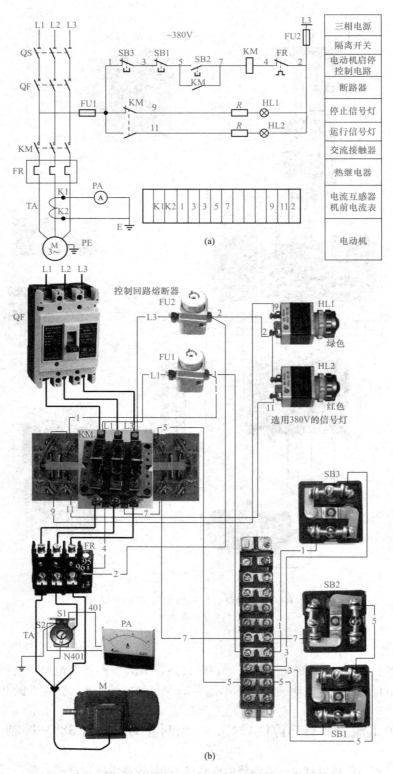

图 1-46　单电流表、有电源信号灯、一启两停的电动机 380V 控制电路
（a）原理图；（b）实物接线图（隔离开关 QS 本图未画）

1. 回路送电

合上主回路断路器 QF；合上控制回路熔断器 FU1、FU2。电源 L1 相→控制回路熔断器 FU1→1 号线→接触器 KM 的动断触点→9 号线→绿色信号灯 HL1→2 号线→控制回路熔断器 FU2→电源 L3 相。绿色信号灯 HL1 得电灯亮，表示电动机停运状态，同时表示电动机处于热备用状态，可随时启动电动机。

2. 启动电动机

按下启动按钮 SB2，电源 L1 相→控制回路熔断器 FU1→1 号线→停止按钮 SB3 动断触点→3 号线→停止按钮 SB1 动断触点→5 号线→启动按钮 SB2 动合触点（按下时闭合）→7 号线→接触器 KM 线圈→4 号线→热继电器 FR 的动断触点→2 号线→控制回路熔断器 FU2→电源 L3 相，构成 380V 电路，接触器 KM 线圈得到交流 380V 的工作电压动作，接触器 KM 动合触点闭合（将启动按钮 SB2 动合触点短接）自保，维持接触器 KM 的工作状态。接触器 KM 三个主触点同时闭合，电动机绕组获得三相 380V 交流电源，电动机 M 启动运转，驱动机械设备工作。

动合触点闭合，电源 L1 相→控制回路熔断器 FU1→1 号线→接触器 KM 的动断触点→11 号线→红色信号灯 HL2→2 号线→控制回路熔断器 FU2→电源 L3 相。红色信号灯 HL2 得电灯亮，表示电动机运转状态。

3. 正常停机

按下停止按钮 SB1 或停止按钮 SB3 动断触点断开，切断接触器 KM 线圈电路，接触器 KM 线圈断电，接触器 KM 释放，接触器 KM 的三个主触点同时断开，电动机 M 绕组脱离三相 380V 交流电源，停止转动，驱动的机械设备停止运行。

例 18　单电流表、有启停状态信号灯、一启两停的电动机 220V 控制电路

单电流表、有启停状态信号灯、一启两停的电动机 220V 控制电路原理图如图 1-47（a）所示，画出其实物接线图，如图 1-47（b）所示。

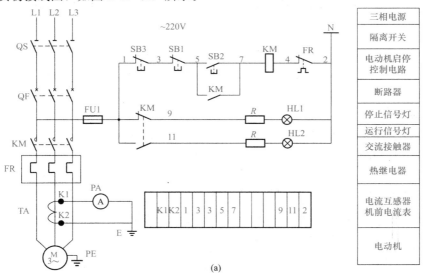

(a)

图 1-47　单电流表、有电源信号灯、一启两停的电动机 220V 控制电路（一）

（a）原理图

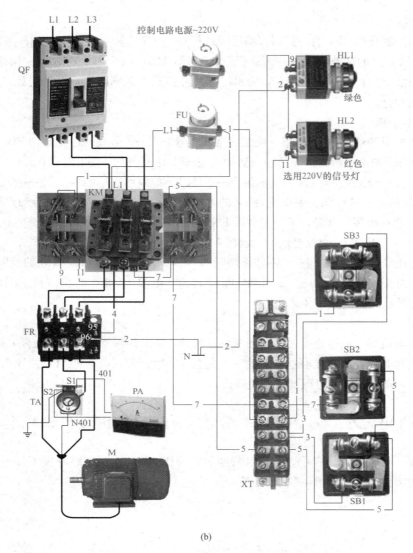

(b)

图 1-47 单电流表、有电源信号灯、一启两停的电动机 220V 控制电路（二）

（b）实物接线图

1. 回路送电操作

（1）合上主回路隔离开关 QS。

（2）合上主回路断路器 QF。

（3）合上控制回路熔断器 FU。

电源 L1 相→控制回路熔断器 FU→1 号线→接触器 KM 的动断触点→9 号线→绿色信号灯 HL1→2 号线→电源 N 极。绿色信号灯 HL1 得电灯亮，表示电动机停运状态，同时表示电动机处于热备用状态，可随时启动电动机。

2. 启动电动机

按下启动按钮 SB2，电源 L1 相→控制回路熔断器 FU→1 号线→停止按钮 SB3 动断触点→3 号线→停止按钮 SB1 动断触点→5 号线→启动按钮 SB2 动合触点（按下时闭合）→7 号线→接触器 KM 线圈→4 号线→热继电器 FR 的动断触点→2 号线→电源 N 极。

电路接通，接触器 KM 线圈获得 220V 电压动作，动合触点 KM 闭合自保，维持接触器 KM 的工作状态，接触器 KM 三个主触点同时闭合，电动机绕组获三相 380V 交流电源，电动机 M 启动运转，所驱动的机械设备工作。

接触器 KM 动合触点闭合→11 号线→红色信号灯 HL2 得电灯亮，表示电动机 M 运行状态。

3. 停机操作

按下停止按钮 SB3 或停止按钮 SB1 动断触点断开，切断接触器 KM 线圈电路，接触器 KM 线圈断电，接触器 KM 释放，接触器 KM 的三个主触点同时断开，电动机 M 绕组脱离三相 380V 交流电源，停止转动，驱动的机械设备停止运行。

4. 电动机过负荷停机

电动机发生过负荷运行时，主电路中的热继电器 FR 动作，串接于接触器 KM 线圈控制回路中的热继电器 FR 动断触点断开，接触器 KM 线圈电路断电，接触器 KM 三个主触点同时断开，电动机断电停转，机械设备停止工作。

知识链接　电动机（机械设备）电路检修安全措施

电动机或机械设备检修时，值班电工接到电动机或机械设备检修工作票后，要做安全措施。一般按下列顺序进行。

（1）确认电动机或机械设备在停位。

（2）检查交流接触器 KM 在断开位置。

（3）拉开三相隔离开关 QS。

（4）取下控制回路熔断器 FU。

（5）在三相隔离开关 QS 或断路器 QF 的操作把手上，挂"禁止合闸、有人工作"标示牌，如下图所示。

"禁止合闸、有人工作"标示牌

例19 二次保护、一启两停、双电流表的电动机 380V 控制电路

二次保护、一启两停、双电流表的电动机 380V 控制电路原理图如图 1-48（a）所示，实物接线图如图 1-48（b）所示。将热继电器 FR 发热元件串入电流互感器 TA 二次回路中，这样的接线方式就是二次保护。

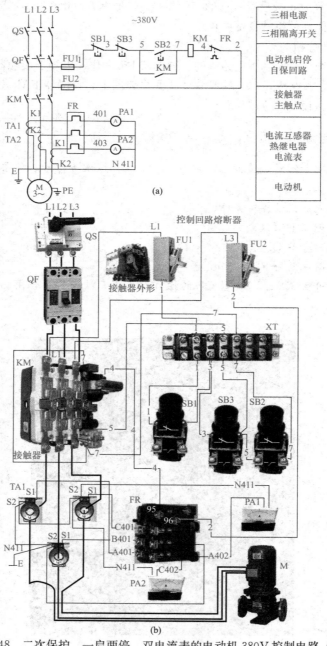

图 1-48 二次保护、一启两停、双电流表的电动机 380V 控制电路（一）

（a）控制电路；（b）实物接线图

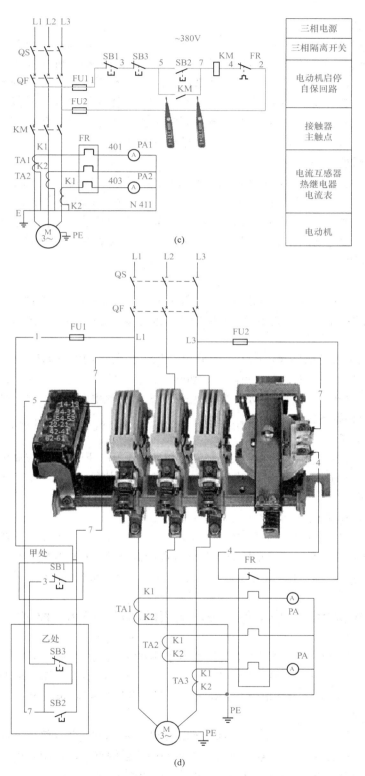

图1-48　二次保护、一启两停、双电流表的电动机380V控制电路（二）

（c）控制电路；（d）实物接线图

1. 启动电动机

按下启动按钮 SB2 动合触点闭合，电源 L1 相→控制回路熔断器 FU1→1 号线→紧急停止按钮 SB1 动断触点→3 号线→停止按钮 SB3 动断触点→5 号线→启动按钮 SB2 动合触点（此时闭合中）→7 号线→接触器 KM 线圈→4 号线→热继电器 FR 的动断触点→2 号线→控制回路熔断器 FU2→电源 L3 相。电路接通，接触器 KM 线圈获得 380V 电源动作，动合触点 KM 自保，维持接触器 KM 的工作状态。接触器 KM 三个主触点同时闭合，电动机 M 绕组获得 L1、L2、L3 三相 380V 交流电源，电动机启动运转，所驱动的机械设备运行。

2. 自锁电路原理

KM 动合触点闭合，电源 L1 相→控制回路熔断器 FU1→1 号线→紧急停止按钮 SB1 动断触点→3 号线→停止按钮 SB3 动断触点→5 号线→闭合的接触器 KM 动合触点 →7 号线→接触器 KM 线圈→4 号线→热继电器 FR 的动断触点→2 号线→控制回路熔断器 FU2→电源 L3 相。通过这个闭合的 5、7 号线之间的接触器 KM 动合触点，维持接触器 KM 电路的接通，这个动合触点 KM 称自锁或自保触点。

3. 正常停机

按下机前停止按钮 SB1 其动断触点断开，切断接触器 KM 控制电路，接触器 KM 线圈断电释放，三个主触点同时断开，电动机 M 绕组脱离三相 380V 交流电源停止转动，驱动的机械设备停止运行。

4. 紧急停机

监控室内的操作人员如果通过电流表看到电动机工作电流达到电动机额定电流的 120％ 时，可以按紧急停止按钮 SB3，其动断触点断开，切断接触器 KM 线圈控制电路，接触器 KM 断电释放，三个主触点同时断开，电动机 M 绕组脱离三相 380V 交流电源停止转动，所拖动的机械设备停止运行，可以保护设备安全。

5. 控制电路的检测

控制电路电源电压为 380V，在合上控制电路熔断器 FU1、FU2 时，控制电路的两端是带电的，用低压验电笔检测接触器 KM 的动合触点 5、7 端子是点亮的。图 1-48（c）中用的红线条，表示带电状态。图 1-48（a）为实物接线。

6. 电动机过负荷停机

当电动机的工作电流超过电动机的额定值，电流互感器 TA 二次回路中的热继电器 FR 动作，热继电器 FR 的动断触点断开，切断接触器 KM 线圈控制电路，KM 断电释放，三个主触点同时断开，电动机 M 绕组脱离三相 380V 交流电源停止转动，所拖动的机械设备停止运行。

例 20　一次保护、一启两停、单电流表的电动机 380V 控制电路

一次保护、一启两停、单电流表的电动机 380V 控制电路原理图如图 1-49（a）所示，实物接线图如图 1-49（b）所示。操作人员见到绿色的信号灯 HL1 亮，表示电动机回路具备启动条件，就可以进行机械设备的操作。回路中安装了电流表 PA，操作人员可以随时观察到电动机的工作电流情况。

1. 启动电动机

按下启动按钮 SB2，电源 L1 相→控制回路熔断器 FU1→1 号线→紧急停止按钮 SB1 动断触点→3 号线→停止按钮 SB3 动断触点→5 号线→启动按钮 SB2 动合触点（此时闭合中）→7 号线→接触器 KM 线圈→4 号线→热继电器 FR 的动断触点→2 号线→控制回路熔断器 FU2→电源 L3 相。电路接通，接触器 KM 线圈获得 380V 电源动作，动合触点 KM 闭合自保，维持接触器 KM 的工作状态。

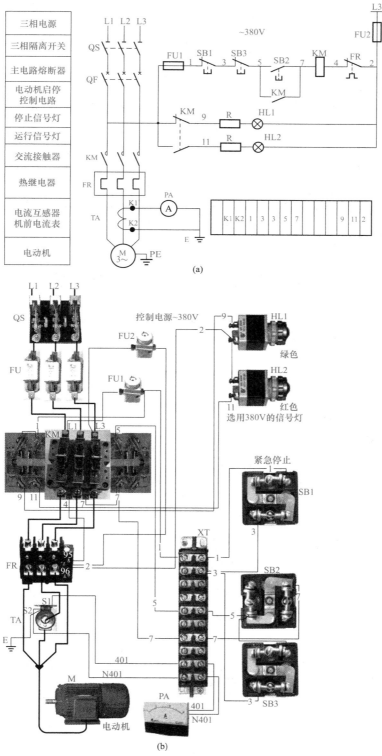

图 1-49　一次保护、一启两停、单电流表的电动机 380V 控制电路

（a）原理图；（b）实物接线图

接触器 KM 三个主触点同时闭合，电动机 M 绕组获得 L1、L2、L3 三相 380V 交流电源，电动机启动运转，所驱动的机械设备运行。

接触器 KM 动合触点闭合→11 号线→信号灯 HL2→2 号线→信号灯 HL2 得电，灯亮表示电动机运行。

2. 机前操作停止电动机

按下机前停止按钮 SB3，其动断触点断开，切断接触器 KM 控制电路，接触器 KM 线圈断电释放，三个主触点同时断开，电动机 M 绕组脱离三相 380V 交流电源停止转动，驱动的机械设备停止运行。

3. 监控室内停止电动机

监控室内的操作人员通过电流表，看到电动机工作电流超过电动机额定电流的 120% 时，按紧急停止按钮 SB1，其动断触点断开，切断接触器 KM 线圈控制电路，接触器 KM 断电释放，三个主触点同时断开，电动机 M 绕组脱离三相 380V 交流电源停止转动，所拖动的机械设备停止运行，可以保护设备安全。

例 21 两处启停、有状态信号灯、无电流表的电动机 220V 控制电路

两处启停、有状态信号灯、无电流表的电动机 220V 控制电路原理图如图 1-50（a）所示，实物接线图如图 1-50（b）所示。

1. 回路送电操作顺序

（1）合上三相刀开关 QS。

（2）合上主回路断路器 QF。

（3）合上控制回路熔断器 FU。

2. 启动电动机

按下机前启动按钮 SB2 动合触点闭合，电源 L1 相→控制回路熔断器 FU→1 号线→停止按钮 SB1 动断触点→3 号线→停止按钮 SB3 动断触点→5 号线→启动按钮 SB2 动合触点（按下时闭合）→7 号

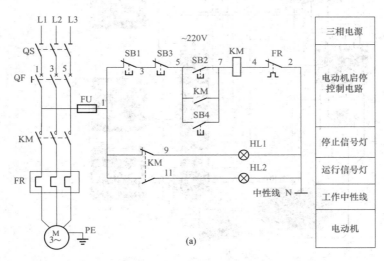

(a)

图 1-50 两处启停、有状态信号灯、无电流表的电动机 220V 控制电路（一）

（a）原理图

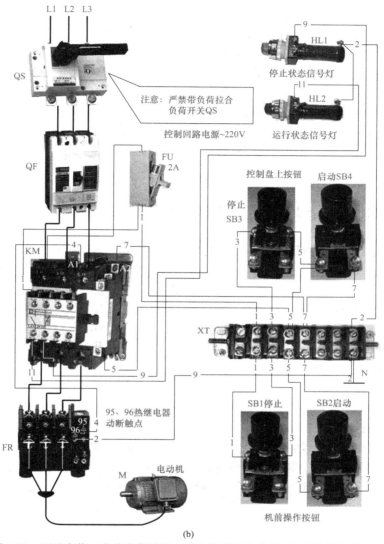

(b)

图 1-50　两处启停、有状态信号灯、无电流表的电动机 220V 控制电路（二）

（b）实物接线图

线→接触器 KM 线圈→4 号线→热继电器 FR 的动断触点→2 号线→电源 N 极。电路接通，接触器 KM 线圈获电动铁芯动作，动合触点 KM 闭合自保，维持接触器 KM 工作状态，接触器 KM 三个主触点同时闭合，电动机 M 绕组获得三相 380V 交流电源，电动机 M 启动运转，所驱动的机械设备运行。

3. 操作室启动

按下操作室盘上启动按钮 SB4 动合触点。电源 L1 相→控制回路熔断器 FU→1 号线→停止按钮 SB1 动断触点→3 号线→停止按钮 SB3 动断触点→5 号线→启动按钮 SB4 动合触点（按下时闭合）→7 号线→接触器 KM 线圈→4 号线→热继电器 FR 的动断触点→2 号线→电源 N 极。电路接通，接触器 KM 线圈获电动作，动合触点 KM 闭合自保，维持接触器 KM 的工作状态。接触器 KM 的三个主触点同时闭合，电动机绕组获得三相 380V 交流电源，电动机 M 启动运转，所驱动的机械设备运行。

4. 停机操作

需要停机时，按下停止按钮 SB1 或 SB3，SB1 或 SB3 的动断触点断开，切断接触器 KM 线圈控制电路，接触器 KM 断电释放，三个主触点同时断开，电动机 M 绕组脱离三相 380V 交流电源，停止转动，所驱动的机械设备停止运行。

5. 电动机过负荷停机

电动机的工作电流超过电动机的额定值，超过热继电器 FR 定值时，主回路中的热继电器 FR 动作，热继电器 FR 的动断触点断开，切断接触器 KM 线圈控制电路，接触器 KM 断电释放，三个主触点同时断开，电动机绕组脱离三相 380V 交流电源停止转动，所拖动的机械设备停止运行。

例 22　一次保护、一启三停、有信号灯的电动机 220V 控制电路

一次保护、一启三停、有信号灯的电动机 220V 控制电路原理图如图 1-51（a）所示，实物接线图如图 1-51（b）所示。停止按钮 SB1 动断触点、停止按钮 SB3 动断触点与停止按钮 SB5 动断触点串联，启动按钮 SB2 动合触点连接，构成一处启动、三处停止的电动机控制电路。热继电器 FR 发热元件串入主电路回路中，电动机过负荷运行，热继电器 FR 动作，动断触点断开，切断接触器 KM 电路，接触器 KM 释放，电动机断电停止运行，起到对电动机的保护作用。

1. 主回路和控制电路送电操作顺序

（1）合上三相刀开关 QS。
（2）合上主回路断路器 QF。
（3）合上控制回路熔断器 FU。

2. 启动电动机

按下机前启动按钮 SB2 动合触点闭合，电源 L1 相→控制回路熔断器 FU→1 号线→停止按钮 SB1 动断触点→3 号线→停止按钮 SB3 动断触点→5 号线→停止按钮 SB5 动断触点→7 号线→启动按钮 SB2 动合触点（按下时闭合）→9 号线→接触器 KM 线圈→4 号线→热继电器 FR 的动断触点→2 号线→电源 N 极。

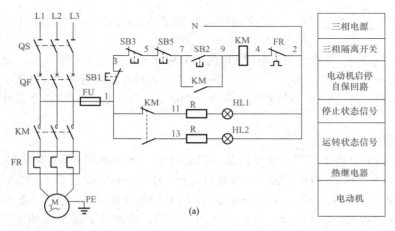

图 1-51　一次保护、一启三停、有信号灯的电动机 220V 控制电路（一）
（a）原理图

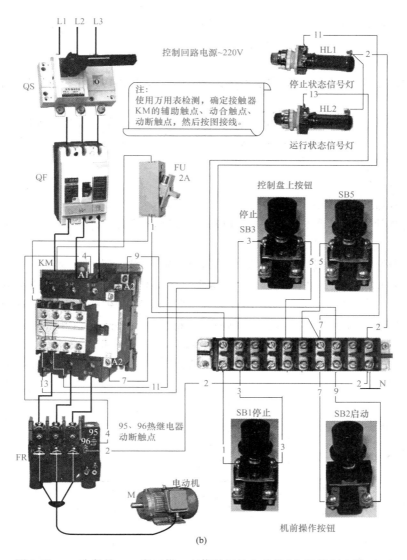

图 1-51　一次保护、一启三停、有信号灯的电动机 220V 控制电路（二）

（b）实物接线图

　　电路接通，接触器 KM 线圈获电动作，动合触点 KM 闭合自保，维持接触器 KM 工作状态，接触器 KM 三个主触点同时闭合，电动机 M 绕组获得三相 380V 交流电源，电动机 M 启动运转，所驱动的机械设备运行。

3. 正常停机

　　按下停止按钮 SB1、SB3 或 SB5 动断触点断开，切断接触器 KM 线圈控制电路，接触器 KM 断电释放，三个主触点同时断开，电动机 M 绕组脱离三相 380V 交流电源，停止转动，所驱动的机械设备停止运行。

4. 电动机过负荷停机

　　电动机过负荷，电动机的工作电流超过电动机的额定值的运行状态称之过负荷。

　　过负荷时，主回路中的热继电器 FR 动作，热继电器 FR 的动断触点断开，切断接触器 KM

线圈控制电路，接触器 KM 断电释放，三个主触点同时断开，电动机绕组脱离三相 380V 交流电源停止转动，所拖动的机械设备停止运行。

例23 两启三停、有工作状态信号、单电流表的电动机 380V 控制电路

两启三停、有工作状态信号、单电流表的电动机 380V 控制电路原理图如图 1-52（a）所示，实物接线图如图 1-52（b）所示，图中未画出 QS。

1. 回路送电操作顺序

（1）合上主回路隔离开关 QS。

（2）合上主电路断路器 QF。

（3）合上控制回路熔断器 FU1、FU2，电动机回路具备启停条件。

2. 启动电动机

按下机前启动按钮 SB2 或启动按钮 SB4，电源 L1 相→控制回路熔断器 FU1→1 号线→停止按钮 SB1 动断触点→3 号线→停止按钮 SB3 动断触点→5 号线→停止按钮 SB5 动断触点→7 号线→启动按钮 SB2 动合触点或启动按钮 SB4 动合触点（按下时闭合）→9 号线→接触器 KM 线圈→4 号线→热继电器 FR 动断触点→2 号线→控制回路熔断器 FU2→电源 L3 相。

电路接通，接触器 KM 线圈获电动作，动合触点 KM 闭合自保，维持接触器 KM 工作状态，接触器 KM 三个主触点同时闭合，电动机 M 绕组获得三相 380V 交流电源，电动机启动运转，所驱动的机械设备运行。

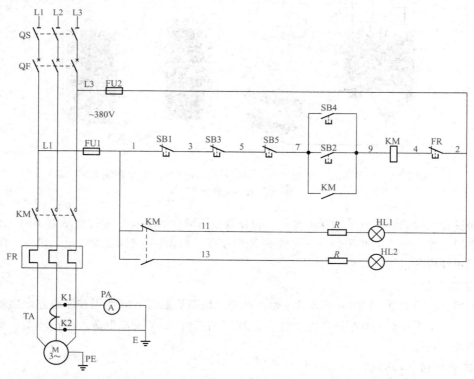

图 1-52　两启三停、有工作状态信号、单电流表的电动机控制电路（一）

（a）原理图

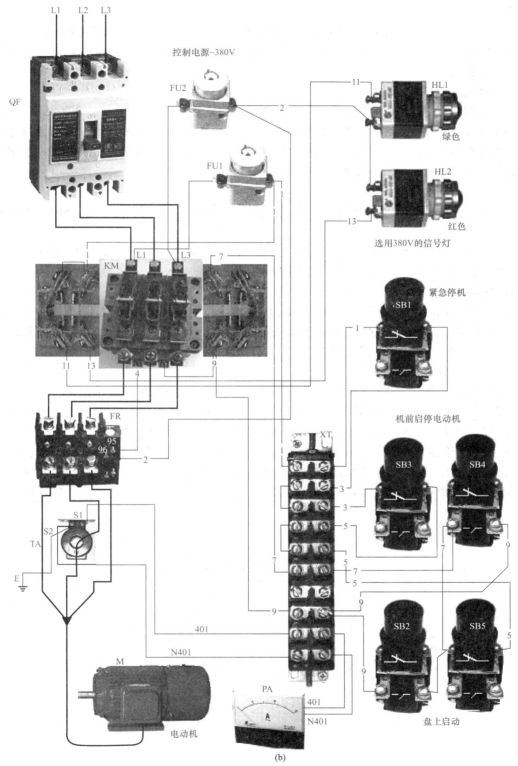

图 1-52　两启三停、有工作状态信号、单电流表的电动机控制电路（二）

（b）实物接线图

3. 停机操作

按下停止按钮 SB1、SB3 或 SB5，其动断触点断开，切断接触器 KM 线圈控制电路，接触器 KM 断电释放，三个主触点同时断开，电动机绕组脱离三相 380V 交流电源停止转动，所驱动的机械设备停止运行。

4. 电动机的负荷监视

为了监视运行中电动机的负荷情况，在主电路中安装电流互感器 TA，将电流表 PA 串入电流互感器 TA 二次线圈回路中，通过电流互感器 TA 的感应作用，电动机的工作电流流过电流互感器二次回路中的电流表 PA 线圈，电流表的表指针会随电流的大小摆动，指针指向的数字，就是电动机驱动的机械设备工作的负荷电流。

例 24　两启三停、有信号灯、单电流表、延时终止过载信号的 380V 控制电路

两启三停、有信号灯、单电流表、延时终止过载信号的 380V 控制电路原理图如图 1-53（a）所示，实物接线图如图 1-53（b）所示，图中隔离开关 QS 未画出。

1. 送电操作顺序

合上控制回路熔断器 FU1、FU2 后，电源 L1 相→控制回路熔断器 FU1→1 号线→接触器 KM 的动断触点→11 号线→绿色信号灯 HL1→2 号线→控制回路熔断器 FU2→电源 L3 相。绿色信号灯 HL1 得电灯亮，表示电动机停运状态，同时表示电动机处于热备用状态。

2. 启动电动机

按下机前启动按钮 SB2 或操作室启动按钮 SB4，电源 L1 相→控制回路熔断器 FU1→1 号线→停止按钮 SB1 动断触点→3 号线→停止按钮 SB3 动断触点→5 号线→停止按钮 SB5 动断触点→7 号线→机前启动按钮 SB2 或操作室启动按钮 SB4 动合触点（按下时闭合）→9 号线→接触器 KM 线圈→4 号线→热继电器 FR 的动断触点→2 号线→控制回路熔断器 FU2→电源 L3 相。接触器 KM 线圈获电动作，动合触点 KM 闭合自保，维持接触器 KM 工作状态，接触器 KM 三个主触点同时闭合，电动机绕组获得三相 380V 交流电源，电动机启动运转，所驱动的机械设备运行。

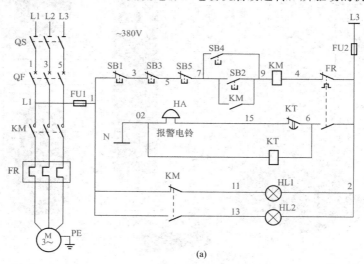

(a)

图 1-53　两启三停、有信号灯、单电流表延时终止过载信号的电动机 380V 控制电路（一）

（a）原理图

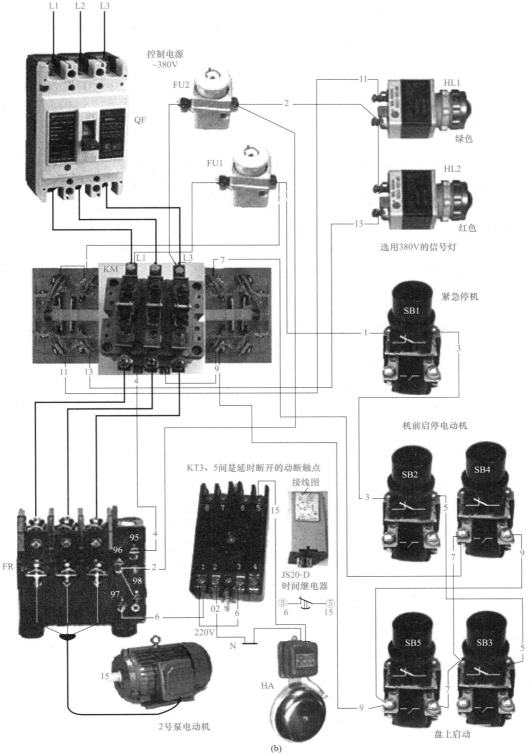

(b)

图 1-53　两启三停、有信号灯、单电流表延时终止过载信号的电动机 380V 控制电路（二）

（b）实物接线图

接触器 KM 动合触点闭合。电源 L1 相→控制回路熔断器 FU1→1 号线→接触器 KM 的动合触点→13 号线→红色信号灯 HL2→2 号线→控制回路熔断器 FU2→电源 L3 相。红色信号灯 HL2 得电灯亮，表示电动机运转工作状态。

3. 停机操作

按下停止按钮 SB1 或 SB3 或 SB5，其动断触点断开，切断接触器 KM 线圈控制电路，接触器 KM 断电释放，三个主触点同时断开，电动机绕组脱离三相 380V 交流电源，停止转动，所驱动的机械设备停止运行。

4. 电动机过载停机与报警

过载报警延时终止：过负荷时热继电器 FR 动作，动断触点 FR 切断接触器 KM 控制电路，接触器 KM 断电释放，三个主触点同时断开，电动机断电停止运转。电源 L3 相→控制回路熔断器 FU2→2 号线→FR 动合触点闭合→6 号线→时间继电器 KT 延时断开的动断触点→15 号线→过载报警电铃 HA 线圈、时间继电器 KT 线圈→02 号线→电铃 HA 与 KT 线圈同时得电动作。铃响报警，经过一定的时间，时间继电器 KT 延时断开的动断触点（30S）断开。过载报警电铃 HA 线圈断电，铃响终止。查明过载原因，处理后，按热继电器 FR 的复位键，使热继电器动断触点复位。

例 25 一次保护、没有状态信号灯、一启两停的电动机 127V 控制电路

一次保护、没有状态信号灯、一启两停的电动机 127V 控制电路，图 1-54（a）所示。实物接线图如图 1-54（b）所示。

1. 回路送电操作顺序

（1）合上主回路中的隔离开关 QS。

（2）合上主回路中的断路器 QF。

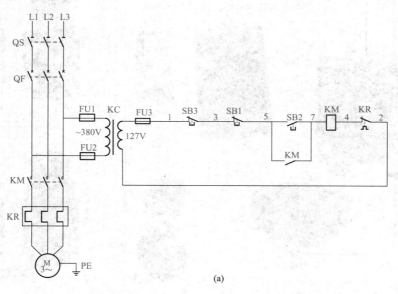

(a)

图 1-54 一次保护、没有状态信号灯、一启两停的 127V 控制电路（一）

（a）电路图

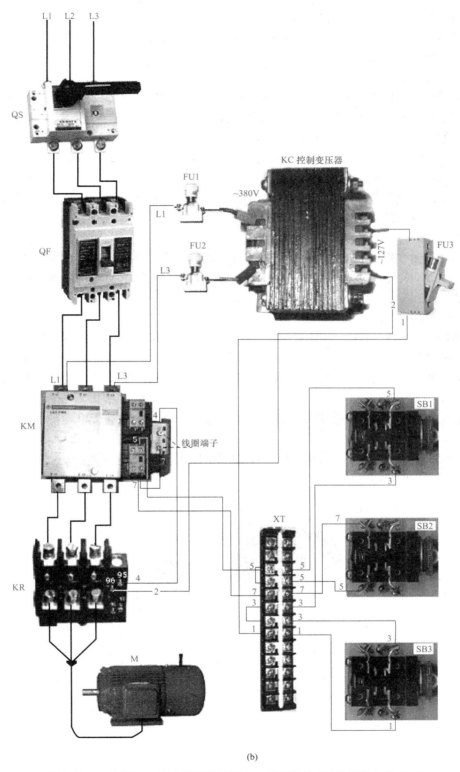

(b)

图 1-54　一次保护、没有状态信号灯、一启两停的 127V 控制电路（二）

（b）实物接线图

（3）合上控制变压器 KC 一次回路中的熔断器 FU1、FU2。

控制变压器 KC 一次侧带电。合上控制变压器 KC 二次回路中的熔断器 FU3、控制变压器 KC 二次向电动机控制回路提供 127V 的工作电源。

2. 启动电动机

按下启动按钮 SB2 动合触点闭合，控制变压器 KC 二次 127V 绕组的一端→控制回路熔断器 FU3→1 号线→停止按钮 SB3 动断触点→3 号线→停止按钮 SB1 动断触点→5 号线→启动按钮 SB2 动合触点（按下时闭合）→7 号线→接触器 KM 线圈→4 号线→热继电器 KR 动断触点→2 号线→变压器 KC 绕组的另一端，接触器 KM 线圈形成 127V 的工作电压，接触器 KM 线圈得到 127V 的电压动作，KM 的动合触点闭合自保。

主电路中的接触器 KM 三个主触点同时闭合，电动机绕组获得三相 380V 交流电源，电动机运转驱动机械设备工作。

3. 停机操作

按下停止按钮 SB1 或停止按钮 SB3，其动断触点断开，切断接触器 KM 线圈控制电路，接触器 KM 断电释放，三个主触点同时断开，电动机绕组脱离三相 380V 交流电源停止运转，机械设备停止工作。

4. 过负荷保护停机

电动机的工作电流超过电动机的额定值，超过热继电器 KR 定值时，主回路中的热继电器 KR 动作，热继电器 KR 的动断触点断开，切断接触器 KM 线圈控制电路，接触器 KM 断电释放，三个主触点同时断开，电动机绕组脱离三相 380V 交流电源停止转动，所拖动的机械设备停止运行。

例 26　一次保护、拉线开关操作、有状态信号的电动机 220V 控制电路

一次保护、拉线开关操作、有状态信号的电动机 220V 控制电路原理图如图 1-55（a）所示，实物接线图如图 1-55（b）所示。

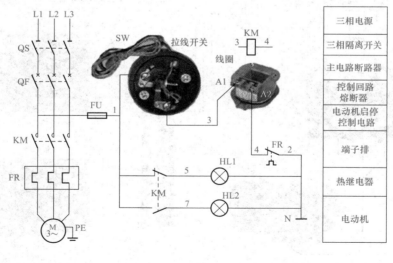

(a)

图 1-55　一次保护、拉线开关操作、有状态信号的 220V 控制电路（一）

（a）电路图

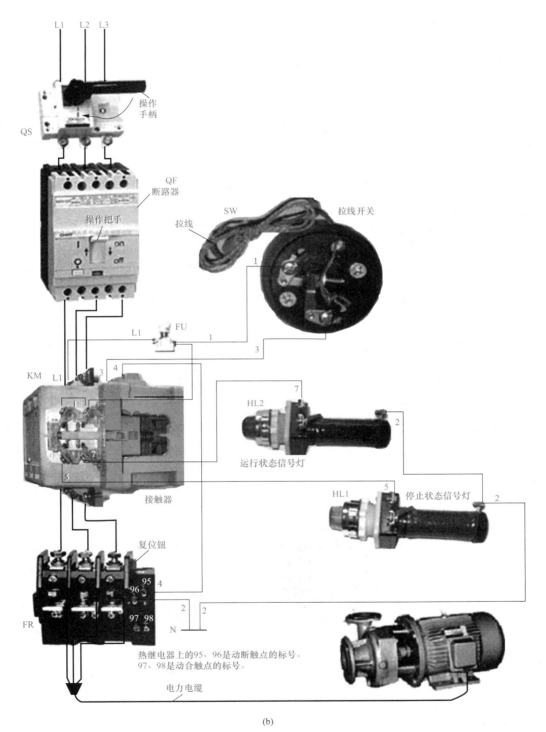

(b)

图 1-55　一次保护、拉线开关操作、有状态信号的 220V 控制电路（二）

（b）实物接线图

1. 回路送电操作顺序

（1）合上主电路隔离开关 QS。

（2）合上主回路中的断路器 QF。

（3）合上控制回路中的熔断器 FU。

合上熔断器 FU 后，电源 L1 相→控制回路熔断器 FU→1 号线→接触器 KM 动断触点→5 号线→信号灯 HL1→2 号线→电源 N 极。信号灯 HL1 得电灯亮，表示电动机热备用状态。

2. 启停电动机操作

拉一下拉线开关 SW（触点接通），电源 L1 相→控制回路熔断器 FU→1 号线→拉线开关闭合的触点→3 号线→接触器 KM 线圈→4 号线→热继电器 FR 的动断触点→2 号线→电源 N 极，电路接通，接触器 KM 线圈获得～220V 电源动作。

主电路中的接触器 KM 三个主触点同时闭合，电动机 M 绕组获得三相 380V 交流电源，电动机运转驱动机械设备工作。

接触器 KM 动合触点闭合，电源 L1 相→控制回路熔断器 FU→1 号线→接触器 KM 动断合触点→5 号线→信号灯 HL2→2 号线→电源 N 极。信号灯 HL2 得电灯亮，表示电动机处于运转工作状态。

需要停机时，拉一下拉线开关 WS（触点断开），切断接触器 KM 线圈控制电路，接触器 KM 断电释放，三个主触点同时断开，电动机绕组脱离三相 380V 交流电源停止运转，机械设备停止工作。

3. 电动机过负荷停机

电动机过负荷时，热继电器 FR 动作动断触点 FR 断开，接触器 KM 线圈断电释放，KM 的三个主触点同时断开，电动机绕组脱离三相 380V 交流电源停止转动，机械设备停止工作。

例 27　拉线开关操作、无状态信号、过载报警的电动机 220V 控制电路

拉线开关操作、无状态信号、过载报警的电动机 220V 控制电路如图 1-56 所示，实物接线图如图 1-57 所示。无信号灯、拉线开关操作的电动机 220V 控制电路如图 1-58 所示，实物接线图如图 1-59 所示。

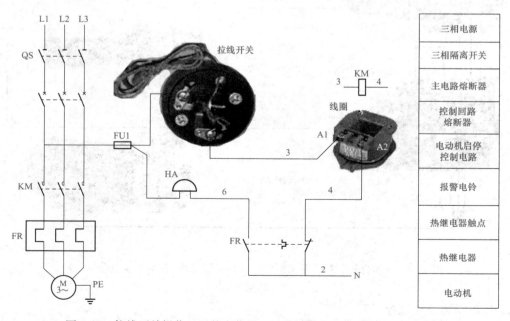

图 1-56　拉线开关操作、无状态信号、过载报警的电动机 220V 控制电路

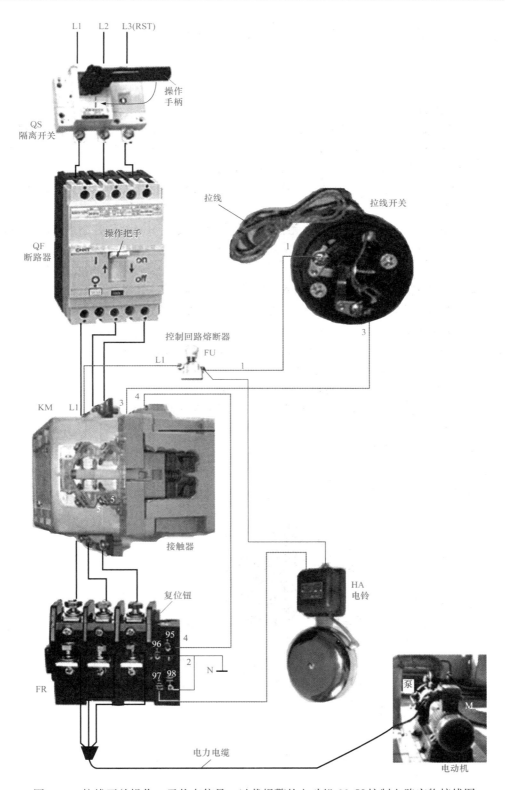

图 1-57 拉线开关操作、无状态信号、过载报警的电动机 220V 控制电路实物接线图

1. 拉线开关操作、无状态信号、过载报警的电动机 220V 控制电路工作原理

（1）回路送电操作顺序。

1）合上主电路隔离开关 QS。

2）合上主回路中的断路器 QF。

3）合上控制回路中的熔断器 FU。

（2）启停电动机操作。拉一下拉线开关 SW（触点接通），电源 L1 相→控制回路熔断器 FU→1 号线→拉线开关 WS 闭合的触点→3 号线→接触器 KM 线圈→4 号线→热继电器 FR 的动断触点→2 号线→电源 N 极，电路接通，接触器 KM 线圈获得～220V 电源动作。

主电路中的接触器 KM 三个主触点同时闭合，电动机 M 绕组获得三相 380V 交流电源，电动机运转驱动机械设备工作。

需要停机时，拉一下拉线开关 WS（触点断开），切断接触器 KM 线圈控制电路，接触器 KM 断电释放，三个主触点同时断开，电动机绕组脱离三相 380V 交流电源停止运转，机械设备停止工作。

（3）电动机过负荷停机与报警。电动机过负荷时，热继电器 FR 动作动断触点 FR 断开，接触器 KM 线圈断电释放，KM 的三个主触点同时断开，电动机绕组脱离三相 380V 交流电源停止转动，机械设备停止工作。

热继电器 FR 动作，其动合触点 FR 闭合，电源 L1 相→控制回路熔断器 FU→1 号线→报警电铃 HA 线圈→6 号线→闭合的 FR 动合触点→2 号线→电源 N 极。电铃 HA 线圈得电铃响报警。电工到现场经过检查并处理后，按热继电器 FR 复位钮，热继电器触点复位。

2. 无信号灯、拉线开关操作的电动机 220V 控制电路工作原理

（1）回路送电操作顺序。

1）合上主电路隔离开关 QS。

2）合上主回路中的断路器 QF。

3）合上控制回路中的熔断器 FU。

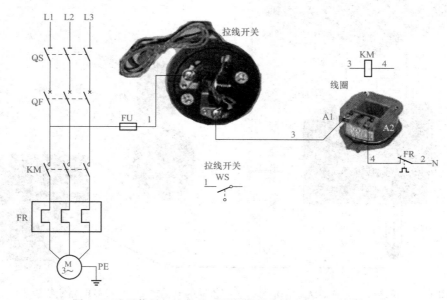

图 1-58　无信号灯、拉线开关操作的电动机 220V 控制电路

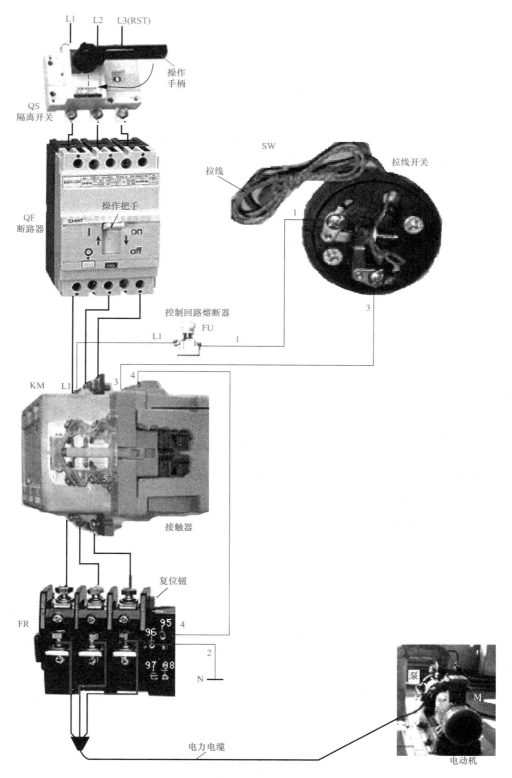

图 1-59　无信号灯、拉线开关启停的电动机 220V 控制电路实物接线图

（2）启停电动机操作。拉一下拉线开关 SW（触点接通），电源 L1 相→控制回路熔断器 FU→1号线→拉线开关 WS 闭合的触点→3 号线→接触器 KM 线圈→4 号线→热继电器 FR 的动断触点→2号线→电源 N 极，电路接通，接触器 KM 线圈获得～220V 电源动作。

主电路中的接触器 KM 三个主触点同时闭合，电动机 M 绕组获得三相 380V 交流电源，电动机运转驱动机械设备工作。

需要停机时，拉一下拉线开关 WS（触点断开），切断接触器 KM 线圈控制电路，接触器 KM 断电释放，三个主触点同时断开，电动机绕组脱离三相 380V 交流电源停止运转，机械设备停止工作。

（3）电动机过负荷停机。电动机过负荷时，热继电器 FR 动作动断触点 FR 断开，接触器 KM线圈断电释放，KM 的三个主触点同时断开，电动机绕组脱离三相 380V 交流电源停止转动，机械设备停止工作。

例 28　可达到即时停机的延时自启动 220V 控制电路

可达到即时停机的延时自启动 220V 控制电路如图 1-60（a）所示，实物接线图如图 1-60（b）所示。

1. 回路送电操作顺序

回路送电前，必须检查控制开关 SA 在断开位置，方可进行回路送电的操作，其送电操作顺序如下。

（1）合上三相隔离开关 QS。

（2）合上低压断路器 QF。

（3）合上控制回路熔断器 FU。

按下启动按钮 SB2，电源 L1 相→控制回路熔断器 FU→1 号线→停止按钮 SB1 动断触点→3号线→启动按钮 SB2 动合触点（按下时闭合）→5 号线→接触器 KM 线圈→4 号线→热继电器 FR的动断触点→2 号线→电源 N 极，构成 220V 电路。接触器 KM 线圈获电动作，接触器 KM 动合触点闭合自保，维持接触器 KM 工作状态，接触器 KM 三个主触点同时闭合，电动机绕组获得按

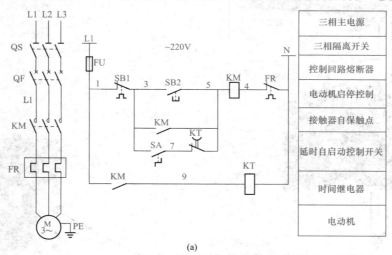

(a)

图 1-60　可达到即时停机的延时自启动 220V 控制电路（一）

(a) 原理图

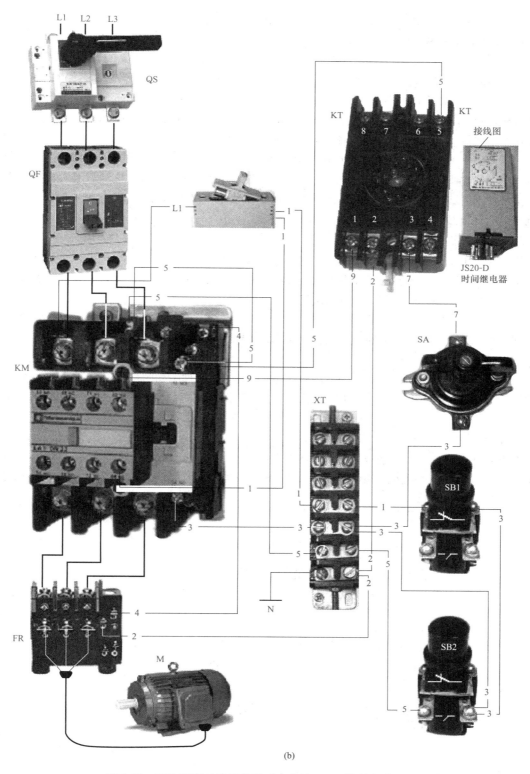

(b)

图 1-60　可达到即时停机的延时自启动 220V 控制电路（二）

（b）实物接线图

L1、L2、L3 排列的三相 380V 交流电源，电动机启动运转。

2. 延时自启动电路原理

接触器 KM 动合触点闭合→9 号线→时间继电器 KT 得电动作，动断触点延时 5s 断开。

延时自启动：电动机正常运转后，接通控制开关 SA 触点。系统瞬间停电时，接触器 KM 和时间继电器 KT 失电释放，虽然电动机断电，但仍在惯性运转，时间继电器 KT 断电后，其动断触点复位（动断触点闭合），电源恢复供电时，闭合中的 KT 动断触点，相当于启动按钮 SB2 的作用。

这时，电源 L1 相→控制回路熔断器 FU→1 号线→停止按钮 SB1 动断触点→3 号线→控制开关 SA 接通触点→7 号线→仍在闭合中的时间继电器 KT 动断触点→5 号线→接触器 KM 线圈→4 号线→热继电器 FR 的动断触点→2 号线→电源 N 极，构成 220V 电路。接触器 KM 线圈获电动作，接触器 KM 动合触点闭合自保，维持 KM 的工作状态，接触器 KM 三个主触点同时闭合，电动机得电启动运转。

3. 正常停机

正常停机前，先断开控制开关 SA，然后，按下停止按钮 SB1 动断触点断开，切断接触器 KM 线圈控制电路，接触器 KM 断电释放，KM 的三个主触点同时断开，电动机 M 绕组脱离三相 380V 交流电源停止转动，所驱动的机械设备停止运行。

例29　一次保护、按定时间停止工作的电动机 380V 控制电路

一次保护、按定时间停止工作的电动机 380V 控制电路原理图如图 1-61（a）所示，实物接线图如图 1-61（b）所示。合上控制回路熔断器 FU1、FU2，电源信号灯 HL 得电，亮灯表示回路送电中。

1. 启动电动机

按下启动按钮 SB2 动合触点闭合。电源 L1 相→控制回路熔断器 FU1→1 号线→停止按钮 SB1 动断触点→3 号线→启动按钮 SB2 动合触点（按下时闭合）→5 号线→时间继电器 KT 延时断开

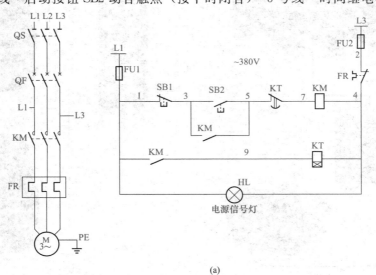

(a)

图 1-61　一次保护、按整定时间停止工作的电动机 380V 控制电路（一）

（a）原理图

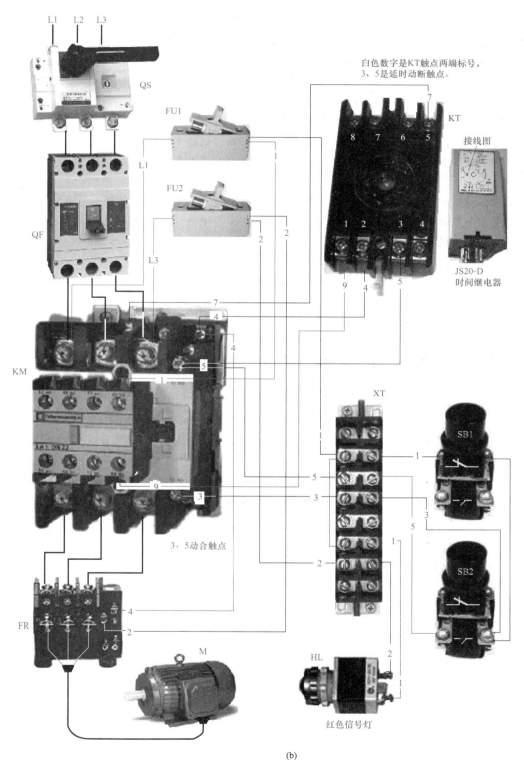

（b）

图 1-61　一次保护、按整定时间停止工作的电动机 380V 控制电路（二）

（b）实物接线图

的动断触点→7号线→接触器KM线圈→4号线→热继电器FR动断触点→2号线→控制回路熔断器FU2→电源L3相。线圈两端形成380V的工作电压，接触器KM线圈得到380V的电压动作，KM的动合触点闭合自保。主电路中的接触器KM三个主触点同时闭合，电动机绕组获得三相380V交流电源，电动机运转驱动机械设备工作。

2. 按整定时间自动停机与手动停机

KM的动合触点闭合→9号线→时间继电器KT线圈得电动作，开始计时30min。整定的时间到，时间继电器KT延时断开的动断触点断开，切断接触器KM线圈控制电路，接触器KM线圈断电释放，接触器KM的三个主触点同时断开，电动机绕组脱离三相380V交流电源停止转动，机械设备停止工作。

如果在整定的时间内，要停机按下停止按钮SB1动断触点断开，切断接触器KM线圈控制电路，接触器KM断电释放，接触器KM的三个主触点同时断开，电动机绕组脱离三相380V交流电源停止转动，机械设备停止工作。

3. 电动机过负荷停机

过负荷时，主回路中的热继电器FR动作，热继电器FR的动断触点断开，切断接触器KM线圈控制电路，接触器KM断电释放，三个主触点同时断开，电动机绕组脱离三相380V交流电源停止转动，所拖动的机械设备停止运行。

例30 一次保护、可选按整定时间停止工作的电动机220V控制电路

一次保护、可选按整定时间停止工作的电动机220V控制电路原理图如图1-62（a）所示，实物接线图如图1-62（b）所示。

按下启动按钮SB2，电源L1相→控制回路熔断器FU→1号线→停止按钮SB1动断触点→3号线→启动按钮SB2动合触点（按下时闭合）→5号线→时间继电器KT延时断开的动断触点→7号线→接触器KM线圈→4号线→热继电器FR动断触点→2号线→电源N极。线圈两端形成220V的工作电压，接触器KM线圈得到220V的电压动作，KM的动合触点闭合自保。主电路中的接触器KM三个主触点同时闭合，电动机绕组获得三相380V交流电源，电动机运转驱动机械设备工作。

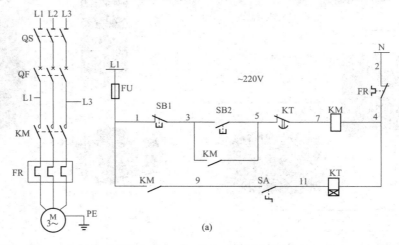

图1-62 一次保护、可选按整定时间停止工作的电动机220V控制电路（一）

（a）原理图

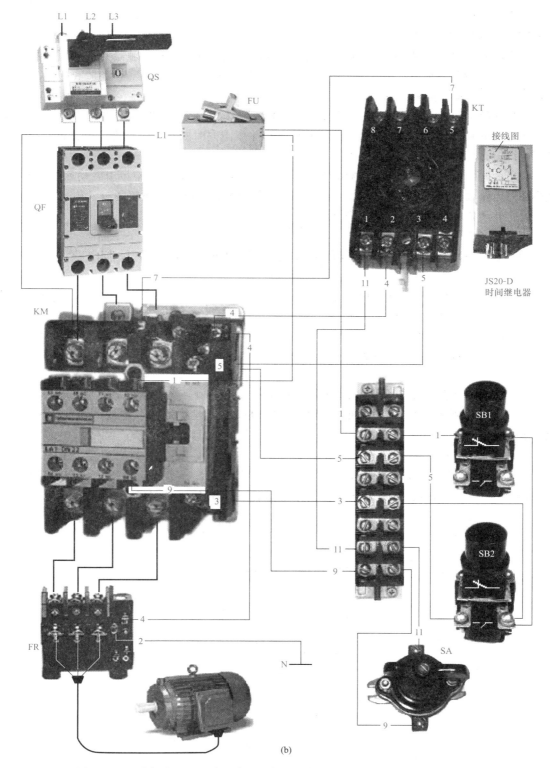

图 1-62　一次保护、可选按整定时间停止工作的电动机 220V 控制电路（二）

（b）实物接线图

如果控制开关 SA 在合位。KM 的动合触点闭合→9 号线→控制开关 SA 接通触点→11 号线→时间继电器 KT 线圈得电动作，开始计时 30min。

整定的时间到，时间继电器 KT 延时断开的动断触点断开，切断接触器 KM 线圈控制电路，接触器 KM 线圈断电释放，接触器 KM 的三个主触点同时断开，电动机 M 绕组脱离三相 380V 交流电源，停止转动，机械设备停止工作。

如果在整定的时间内停机，按下停止按钮 SB1 动断触点断开，切断接触器 KM 线圈控制电路，接触器 KM 线圈断电释放，接触器 KM 的三个主触点同时断开，电动机绕组脱离三相 380V 交流电源停止转动，机械设备停止工作。

过负荷时，主回路中的热继电器 FR 动作，热继电器 FR 的动断触点断开，切断接触器 KM 线圈控制电路，接触器 KM 断电释放，三个主触点同时断开，电动机绕组脱离三相 380V 交流电源，停止转动，所拖动的机械设备停止运行。

例 31　一次保护、按定时间停止工作的电动机 220V/36V 控制电路

一次保护、按定时间停止工作的电动机 220V/36V 控制电路原理图如图 1-63（a）所示，实物接线图如图 1-63（b）所示。

1. 送电的操作顺序

（1）合上主回路中的隔离开关 QS。

（2）合上主回路中的断路器 QF。

（3）合上控制变压器 TC 一次回路中的熔断器 FU，控制变压器 TC 得电。

（4）合上控制变压器 TC 二次回路中的熔断器 FU1，变压器 TC 二次侧向电动机控制回路提供 36V 的工作电源。

2. 启动电动机

按下启动按钮 SB2，控制变压器二次侧 36V 绕组的 01 号端→熔断器 FU1→1 号线→停止按钮 SB1 动断触点→3 号线→启动按钮 SB2 动合触点（按下时闭合）→5 号线→时间继电器 KT 延时

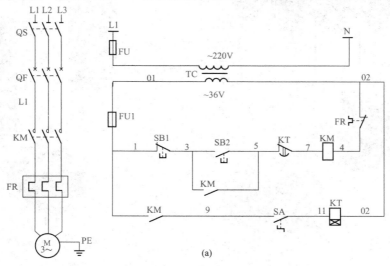

图 1-63　一次保护、按定时间停止工作的电动机 220V/36V 控制电路（一）

（a）原理图

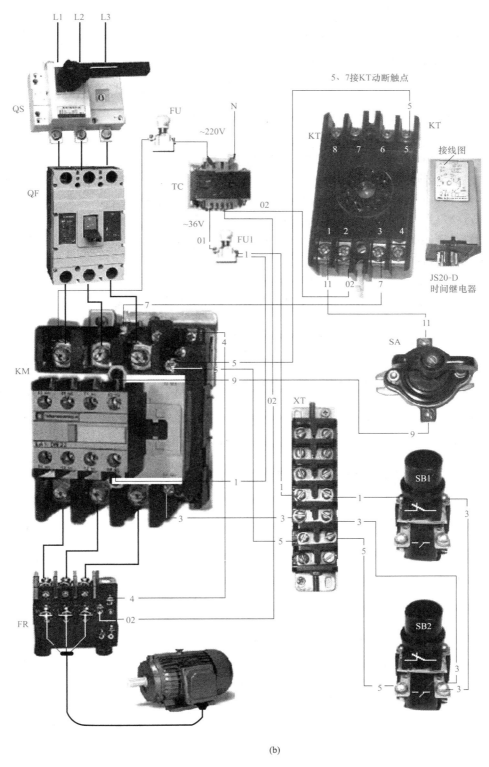

(b)

图 1-63　一次保护、按定时间停止工作的电动机 220V/36V 控制电路（二）

（b）实物接线图

断开的动断触点→7 号线→接触器 KM 线圈→4 号线→热继电器 FR 动断触点→02 号线→变压器 TC 绕组的另一端，接触器 KM 线圈形成 36V 的工作电压，接触器 KM 线圈得到 36V 的电压动作，KM 的动合触点闭合自保。主电路中的接触器 KM 三个主触点同时闭合，电动机 M 绕组获得三相 380V 交流电源，电动机运转驱动机械设备工作。

3. 停机

如果控制开关 SA 在合位。KM 的动合触点闭合→9 号线→控制开关 SA 接通触点→11 号线→时间继电器 KT 线圈得电动作，开始计时 30min。

整定的时间到，时间继电器 KT 延时断开的动断触点断开，切断接触器 KM 线圈控制电路，接触器 KM 线圈断电释放，接触器 KM 的三个主触点同时断开，电动机 M 绕组脱离三相 380V 交流电源，停止转动，机械设备停止工作。

如果在整定的时间内要停机，按下停止按钮 SB1 动断触点断开，切断接触器 KM 线圈控制电路，接触器 KM 线圈断电释放，接触器 KM 的三个主触点同时断开，电动机绕组脱离三相 380V 交流电源停止转动，机械设备停止工作。

例32　过载报警、按钮启停、有电源信号灯的 220V 控制电路

过载报警、按钮启停、有电源信号灯的 220V 控制电路如图 1-64（a）所示，实物接线图如图 1-64（b）所示。

1. 经过检查电动机符合运转条件，送电操作顺序

（1）合上三相隔离开关 QS。

（2）合上低压断路器 QF。

（3）合上控制回路熔断器 FU。

2. 启动电动机

按下启动按钮 SB2 动合触点闭合。电源 L1 相→控制回路熔断器 FU→1 号线→停止按钮 SB1

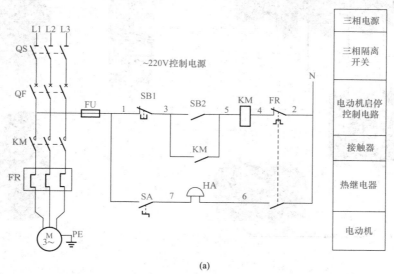

(a)

图 1-64　过载报警、按钮启停、有电源信号灯的 220V 控制电路（一）

(a) 原理图

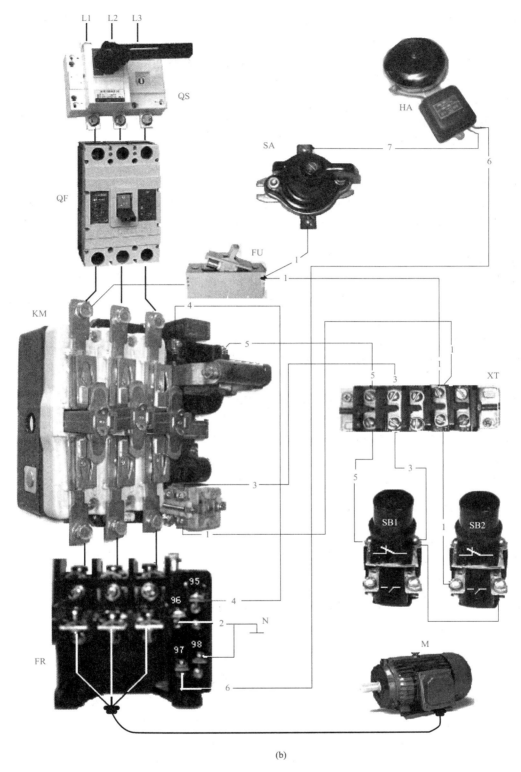

(b)

图 1-64　过载报警、按钮启停、有电源信号灯的 220V 控制电路（二）

（b）实物接线图

动断触点→3 号线→启动按钮 SB2 动合触点（按下时闭合）→5 号线→接触器 KM 线圈→4 号线→热继电器 FR 的动断触点→2 号线→电源 N 极，构成 220V 电路。接触器 KM 线圈获电动作，接触器 KM 动合触点闭合自保，维持接触器 KM 工作状态，接触器 KM 三个主触点同时闭合，电动机绕组获得按 L1、L2、L3 排列的三相 380V 交流电源，电动机启动运转。

3. 电动机停机操作

按下停止按钮 SB1 动断触点断开，切断接触器 KM 线圈控制电路，接触器 KM 线圈断电释放，接触器 KM 的三个主触点同时断开，电动机绕组脱离三相 380V 交流电源，停止转动，机械设备停止工作。

4. 过负荷停机

电动机过负荷时，负荷电流达到热继电器 FR 的整定值时，热继电器 FR 动作，动断触点 FR 断开，切断接触器 KM 线圈电路，接触器 KM 线圈断电释放，三个主触点同时断开，电动机绕组脱离三相 380V 交流电源停止转动，机械设备停止工作。

5. 过载报警电铃

过载时热继电器 FR 的动合触点闭合，电源 L1 相→控制回路熔断器 FU→1 号线→解除音响开关 SA→7 号线→报警电铃 HA 线圈→6 号线→闭合的热继电器 FR 的动合触点→2 号线→电源 N 极。电铃 HA 得电，铃响报警。

断开解除开关 SA，报警电铃 HA 线圈断电，过载报警音响终止。检查确认过载原因，并且处理后，按下热继电器 FR 复位钮，热继电器复位。

例 33　过载报警、按钮启停的电动机 380V 控制电路

过载报警、按钮启停的电动机 380V 控制电路原理图如图 1-65（a）所示，实物接线图如图 1-65（b）所示。

合上三相隔离开关 QS，合上低压断路器 QF，合上控制回路熔断器 FU1、FU2。

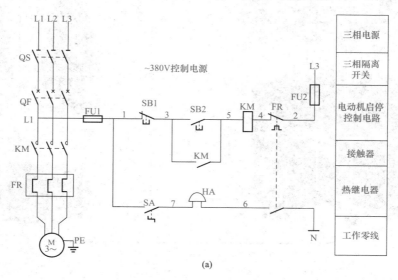

图 1-65　过载报警、按钮启停的电动机 380V 控制电路（一）

（a）原理图

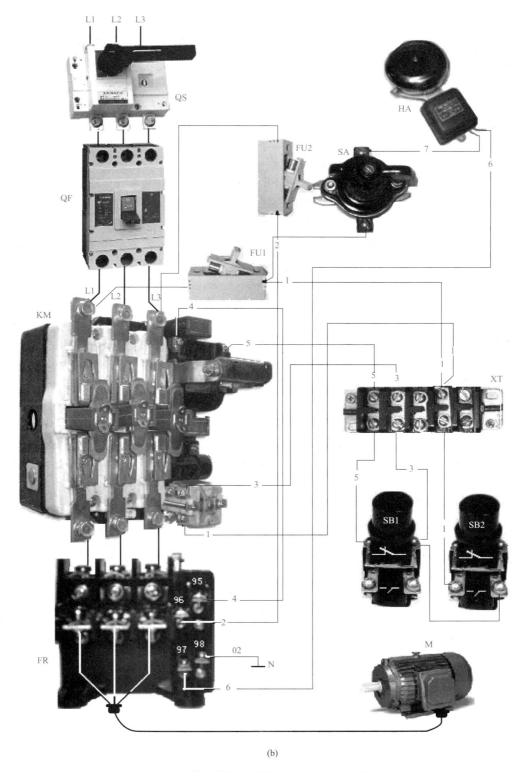

(b)

图 1-65 过载报警、按钮启停的电动机 380V 控制电路（二）

（b）实物接线图

按下启动按钮 SB2，电源 L1 相→控制回路熔断器 FU1→1 号线→停止按钮 SB1 动断触点→3 号线→启动按钮 SB2 动合触点（按下时闭合）→5 号线→接触器 KM 线圈→4 号线→热继电器 FR 的动断触点→2 号线→控制回路熔断器 FU2→电源 L3，构成 380V 电路。接触器 KM 线圈获电动作，接触器 KM 动合触点闭合自保，维持接触器 KM 工作状态，接触器 KM 三个主触点同时闭合，电动机绕组获得按 L1、L2、L3 排列的三相 380V 交流电源，电动机 M 启动运转。

按下停止按钮 SB1，其动断触点断开，切断接触器 KM 线圈控制电路，接触器 KM 线圈断电释放，接触器 KM 的三个主触点同时断开，电动机 M 绕组脱离三相 380V 交流电源，停止转动，机械设备停止工作。

电动机过负荷时，负荷电流达到热继电器 FR 的整定值时，热继电器 FR 动作，动断触点 FR 断开，切断接触器 KM 线圈电路，接触器 KM 断电释放，三个主触点同时断开，电动机绕组脱离三相 380V 交流电源停止转动，机械设备停止工作。

过载时热继电器 FR 的动合触点闭合。电源 L1 相→控制回路熔断器 FU1→1 号线→解除音响开关 SA→7 号线→报警电铃 HA 线圈→6 号线→闭合的热继电器 FR 的动合触点→02 号线→电源 N 极。电铃 HA 得电，铃响报警。断开解除开关 SA，报警电铃 HA 线圈断电，过载报警音响终止。检查确认过载原因并处理后，按下热继电器 FR 复位钮，热继电器复位。

例34　电动机采用一次保护、按钮启停、有电源信号灯的 380V 控制电路

电动机采用一次保护、按钮启停、有电源信号灯的 380V 控制电路原理图如图 1-66（a）所示，实物接线图如图 1-66（b）所示。

合上三相隔离开关 QS，合上低压断路器 QF，合上控制回路熔断器 FU1、FU2。电源信号灯 HL 得电，亮灯表示控制电路具备控制条件。

按下启动按钮 SB2 动合触点闭合。电源 L1 相→控制回路熔断器 FU1→1 号线→启动按钮 SB2

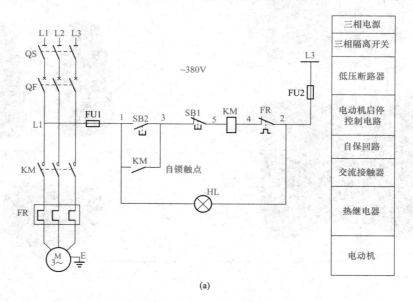

(a)

图 1-66　电动机采用一次保护、按钮启停、有电源信号灯的 380V 控制电路（一）

(a) 原理图

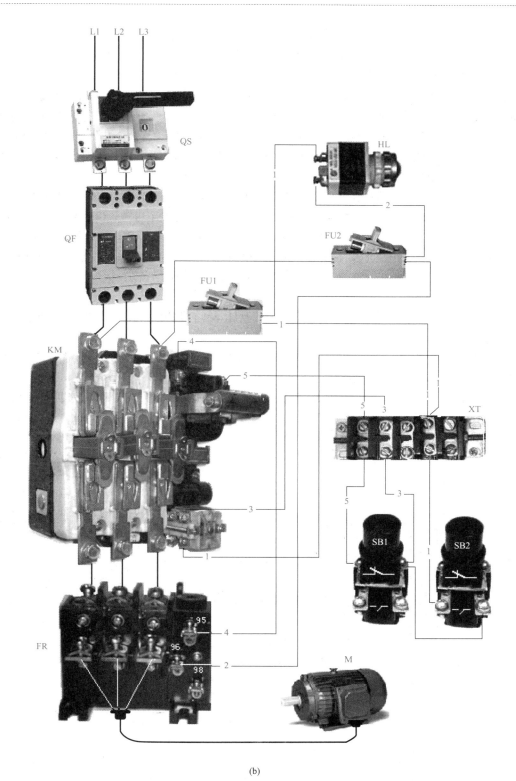

(b)

图 1-66　电动机采用一次保护、按钮启停、有电源信号灯的 380V 控制电路（二）

（b）实物接线图

动合触点（按下时闭合）→3 号线→停止按钮 SB1 动断触点→5 号线→接触器 KM 线圈→4 号线→热继电器 FR 的动断触点→2 号线→控制回路熔断器 FU2→电源 L3，构成 380V 电路。接触器 KM 线圈获电动作，接触器 KM 动合触点闭合自保，维持接触器 KM 工作状态，接触器 KM 三个主触点同时闭合，电动机绕组获得按 L1、L2、L3 排列的三相 380V 交流电源，电动机 M 启动运转。

自保电路工作原理。电源 L1 相→控制回路熔断器 FU1→1 号线→闭合的接触器 KM 动合触点→3 号线→停止按钮 SB1 动断触点→5 号线→接触器 KM 线圈→4 号线→热继电器 FR 的动断触点→2 号线→控制回路熔断器 FU2→电源 L3，通过闭合的接触器 KM 自身所带的动合触点，维持接触器 KM 的吸合状态，这个触点称为自保触点，也称自锁触点。

按下停止按钮 SB1，其动断触点断开，切断接触器 KM 线圈控制电路，接触器 KM 断电释放，KM 的三个主触点同时断开，电动机绕组脱离三相 380V 交流电源停止运转，机械设备停止工作。

电动机过负荷时，负荷电流达到热继电器 FR 的整定值时，热继电器 FR 动作，动断触点 FR 断开，切断接触器 KM 线圈电路，接触器 KM 线圈断电释放，三个主触点同时断开，电动机绕组脱离三相 380V 交流电源，停止转动，机械设备停止工作。

例 35 采用一次保护、按钮启停、有电压表监视的电动机 220V 控制电路

采用一次保护、按钮启停、有电压表监视的电动机 220V 控制电路原理图如图 1-67（a）所示，实物接线图如图 1-67（b）所示。

合上三相隔离开关 QS，合上低压断路器 QF，合上控制回路熔断器 FU。停机状态信号灯 HL1 得电，亮灯表示控制电路具备控制条件。合上控制回路熔断器 FU 后，电压表 PV 有 220V 的显示。

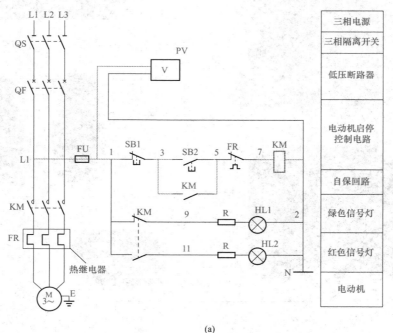

(a)

图 1-67 采用一次保护、按钮启停、有电压表监视的电动机 220V 控制电路（一）

(a) 原理图

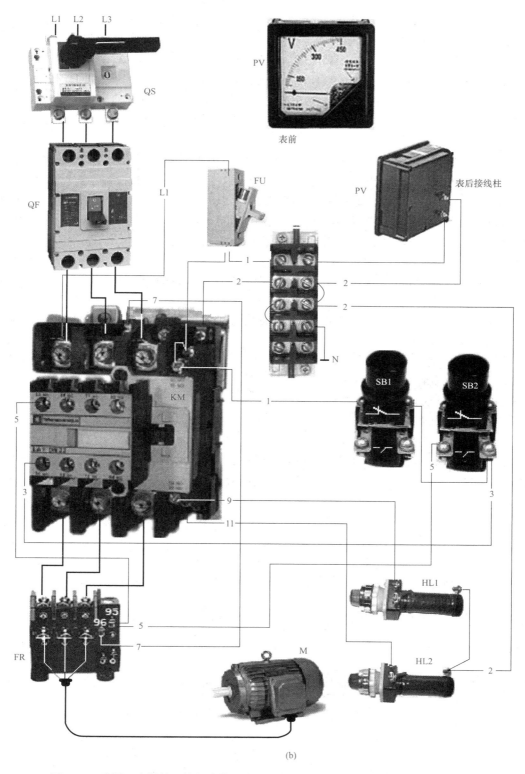

图 1-67　采用一次保护、按钮启停、有电压表监视的电动机 220V 控制电路（二）

（b）实物接线图

按下启动按钮 SB2 动合触点闭合。电源 L1 相→控制回路熔断器 FU→1 号线→停止按钮 SB1 动断触点→3 号线→启动按钮 SB2 动合触点（按下时闭合）→5 号线→热继电器 FR 的动断触点→7 号线→接触器 KM 线圈→2 号线→电源 N 极，构成 220V 电路。接触器 KM 线圈获电动作，接触器 KM 动合触点闭合自保，维持接触器 KM 工作状态，接触器 KM 三个主触点同时闭合，电动机绕组获得按 L1、L2、L3 排列的三相 380V 交流电源，电动机 M 启动运转。

接触器 KM 动合触点闭合→11 号线→信号灯 HL2→2 号线→信号灯 HL2 得电，灯亮表示电动机运行。

按下停止按钮 SB1 动断触点断开，切断接触器 KM 线圈控制电路，接触器 KM 断电释放，三个主触点同时断开，电动机绕组脱离三相 380V 交流电源停止运转，机械设备停止工作。

电动机过负荷时，负荷电流达到热继电器 FR 的整定值时，热继电器 FR 动作，动断触点 FR 断开，切断接触器 KM 线圈电路，接触器 KM 线圈断电释放，三个主触点同时断开，电动机绕组脱离三相 380V 交流电源，停止转动，机械设备停止工作。

例 36　一次保护、按钮启停、有过载光字显示的 220V 控制电路

一次保护、按钮启停、有过载光字显示的电动机 220V 控制电路原理图如图 1-68（a）所示，实物接线图如图 1-68（b）所示。

1. 送电操作顺序

（1）合上三相隔离开关 QS。

（2）合上低压断路器 QF。

（3）合上控制回路熔断器 FU。

2. 启动电动机

按下启动按钮 SB2 动合触点闭合。电源 L1 相→控制回路熔断器 FU→1 号线→启动按钮 SB2 动合触点（按下时闭合）→3 号线→停止按钮 SB1 动断触点→5 号线→接触器 KM 线圈→4 号线→

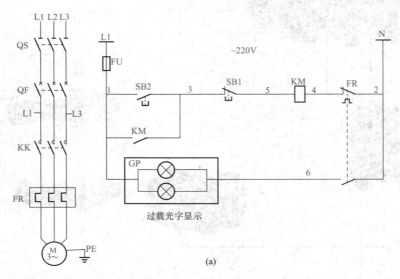

(a)

图 1-68　一次保护、按钮启停、有过载光字显示的 220V 控制电路（一）

（a）原理图

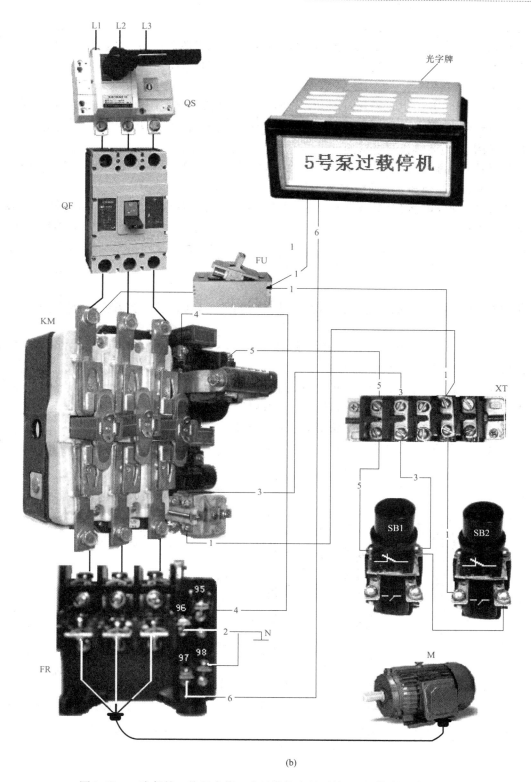

光字牌

5号泵过载停机

QS

QF

FU

KM

XT

SB1

SB2

FR

M

(b)

图1-68　一次保护、按钮启停、有过载光字显示的220V控制电路（二）

（b）实物接线图

热继电器 FR 的动断触点→2 号线→电源 N 极，构成 220V 电路。接触器 KM 线圈获电动作，接触器 KM 动合触点闭合自保，维持接触器 KM 工作状态，接触器 KM 三个主触点同时闭合，电动机绕组获得按 L1、L2、L3 排列的三相 380V 交流电源，电动机启动运转。

3. 停机操作

按下停止按钮 SB1，其动断触点断开，切断接触器 KM 线圈控制电路，接触器 KM 断电释放，三个主触点同时断开，电动机绕组脱离三相 380V 交流电源停止运转，机械设备停止工作。

4. 电动机过负荷停机与过载显示

过负荷时，热继电器 FR 动作其动断触点，切断接触器 KM 控制电路，接触器 KM 断电释放，三个主触点同时断开，电动机 M 断电停止运转。

过负荷时，热继电器 FR 动合触点闭合。电源 L1 相→控制回路熔断器 FU→1 号线→过载光字显示牌 GP→6 号线→闭合的热继电器 FR 动合触点→2 号线→电源 N 极，过载光字显示牌 GP 得电灯亮，上面标注"电动机过载停机"。查明过载原因处理后，按热继电器 FR 的复位键，使热继电器 FR 动断触点复位，光字显示牌 GP 灯灭。

例37　启动前发预告信号、有启停信号灯的一启两停的 220V 控制电路

启动前发预告信号、有启停信号灯的一启两停的 220V 控制电路原理图如图 1-69（a）所示，实物接线图如图 1-69（b）所示。

合上控制回路熔断器 FU 后，停机状态信号灯 HL1 得电，亮灯表示控制电路具备控制条件。按下停止按钮 SB3，其动断触点断开，切断电动机启停回路。按到 SB3 动合触点闭合，电铃 HA 得电铃响，通知电动机即将启动，手离开 SB3 铃响终止。

按下启动按钮 SB2，电源 L1 相→控制回路熔断器 FU→1 号线→停止按钮 SB3 动断触点→3

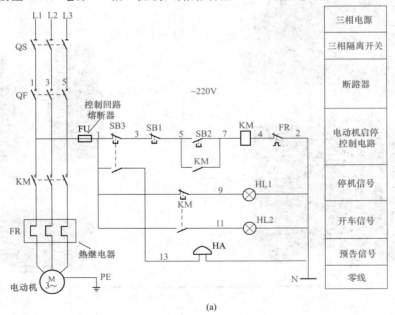

(a)

图 1-69　启动前发预告信号、有启停信号灯的一启两停的电动机 220V 控制电路（一）

（a）原理图

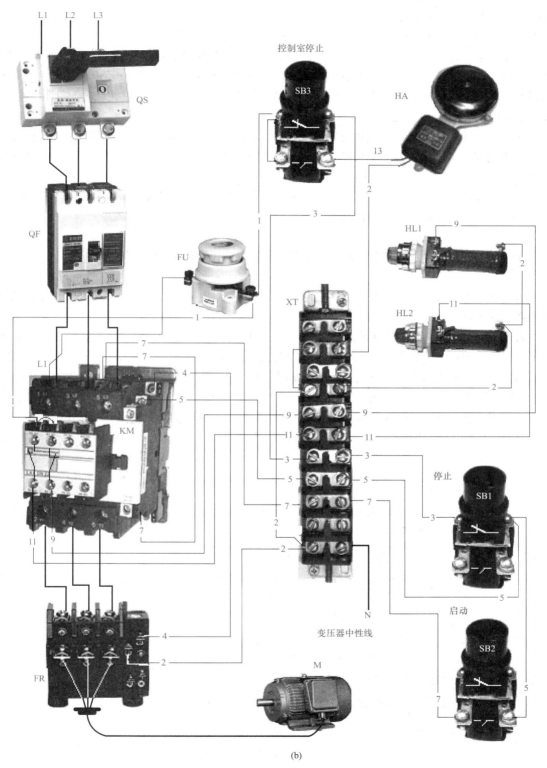

(b)

图 1-69 启动前发预告信号、有启停信号灯的一启两停的电动机 220V 控制电路（二）

（b）实物接线图

号线→停止按钮 SB1 动断触点→5 号线→启动按钮 SB2 动合触点（按下时闭合）→7 号线→接触器 KM 线圈→4 号线→热继电器 FR 的动断触点→2 号线→电源 N 极。

电路接通，接触器 KM 线圈获得 220V 电压动作，动合触点 KM 闭合自保，维持接触器 KM 的工作状态，接触器 KM 三个主触点同时闭合，电动机绕组获三相 380V 交流电源，电动机 M 启动运转，所驱动的机械设备工作。接触器 KM 动合触点闭合→11 号线→红色信号灯 HL2 得电灯亮，表示电动机 M 运行状态。

按下停止按钮 SB1 或按停止按钮 SB3 其动断触点断开，切断接触器 KM 线圈控制电路，接触器 KM 断电释放，三个主触点同时断开，电动机绕组脱离三相 380V 交流电源停止运转，机械设备停止工作。

过负荷时，热继电器 FR 动作，动断触点 FR 切断接触器 KM 控制电路，接触器 KM 断电释放，三个主触点同时断开，电动机断电停止运转。

例 38 启动前发预告信号、有信号灯的一启两停的 380V 控制电路

启动前发预告信号、有信号灯的一启两停的 380V 控制电路原理图如图 1-70（a）所示，实物接线图如图 1-70（b）所示。

合上控制回路熔断器 FU1 后，停机状态信号灯 HL1 得电，亮灯表示控制电路具备控制条件。按下停止按钮 SB3 动断触点断开，切断电动机启停回路。按到 SB3 动合触点闭合时，电源 L1 相→控制回路熔断器 FU1→1 号线→闭合的 SB3 动合触点→13 号线→电铃 HA 线圈→02 号线→电源 N 极，电铃得电铃响，通知电动机即将启动。手离开 SB3 铃响终止。

按下启动按钮 SB2，电源 L1 相→控制回路熔断器 FU1→1 号线→停止按钮 SB3 动断触点→3 号线→停止按钮 SB1 动断触点→5 号线→启动按钮 SB2 动合触点（按下时闭合）→7 号线→接触器

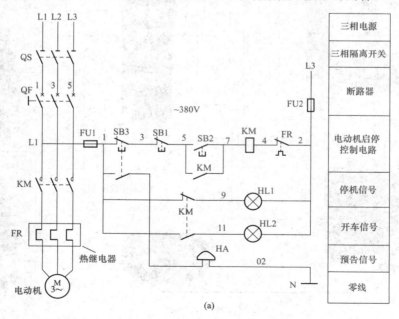

(a)

图 1-70 启动前发预告信号、有信号灯的一启两停的 380V 控制电路（一）

（a）原理图

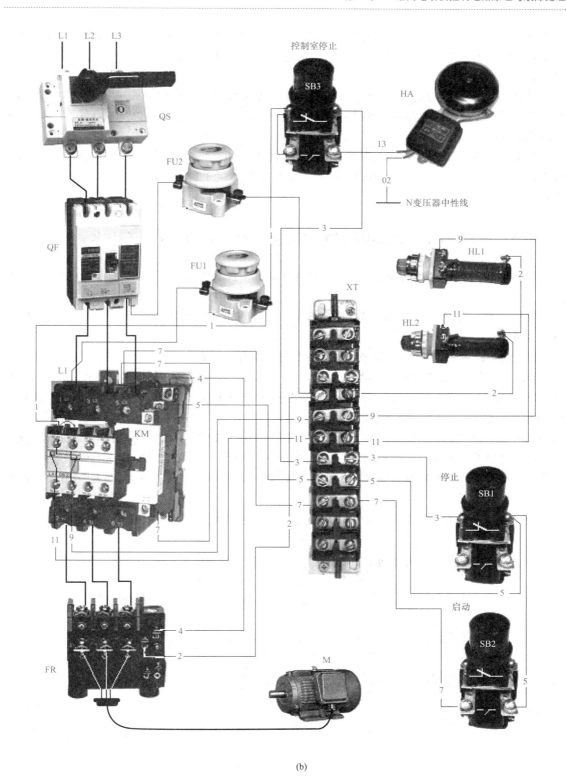

(b)

图 1-70　启动前发预告信号、有信号灯的一启两停的 380V 控制电路（二）

（b）实物接线图

KM 线圈→4 号线→热继电器 FR 的动断触点→2 号线→控制回路熔断器 FU2→电源 L3 相。电路接通，接触器 KM 线圈获得 380V 电压动作，动合触点 KM 闭合自保，维持接触器 KM 的工作状态。

接触器 KM 三个主触点同时闭合，电动机绕组获三相 380V 交流电源，电动机 M 启动运转，所驱动的机械设备工作。接触器 KM 动合触点闭合→11 号线→红色信号灯 HL2 得电灯亮，表示电动机 M 运行状态。

按下停止按钮 SB1 或停止按钮 SB3 动断触点断开，切断接触器 KM 线圈控制电路，接触器 KM 断电释放，三个主触点同时断开，电动机绕组脱离三相 380V 交流电源停止运转，机械设备停止工作。

例 39 按钮启停，加有电压表的电动机 380V 控制电路

按钮启停，加有电压表的电动机 380V 控制电路如图 1-71（a）所示，实物接线图如图 1-71（b）所示。

合上三相隔离开关 QS，合上低压断路器 QF，合上控制回路熔断器 FU1、FU2，电压表 PV 有 380V 的显示。

按下启动按钮 SB2 动合触点闭合。电源 L1 相→控制回路熔断器 FU1→1 号线→停止按钮 SB1 动断触点→3 号线→启动按钮 SB2 动合触点（按下时闭合）→5 号线→接触器 KM 线圈→4 号线→热继电器 FR 的动断触点→2 号线→控制回路熔断器 FU2→电源 L3 相，构成 380V 电路。接触器 KM 线圈获电动作，接触器 KM 动合触点闭合自保，维持接触器 KM 工作状态，接触器 KM 三个主触点同时闭合，电动机绕组获得按 L1、L2、L3 排列的三相 380V 交流电源，电动机启动运转。

自保电路工作原理。电源 L1 相→控制回路熔断器 FU1→1 号线→停止按钮 SB1 动断触点→3 号线→闭合的接触器 KM 动合触点→5 号线→接触器 KM 线圈→4 号线→热继电器 FR 的动断触

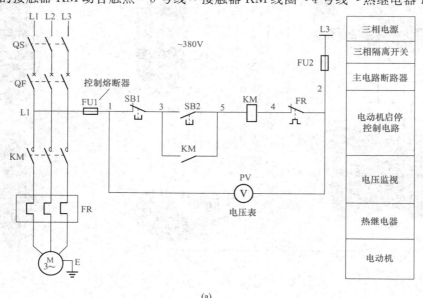

(a)

图 1-71 按钮启停，加有电压表的电动机 380V 控制电路（一）

(a) 原理图

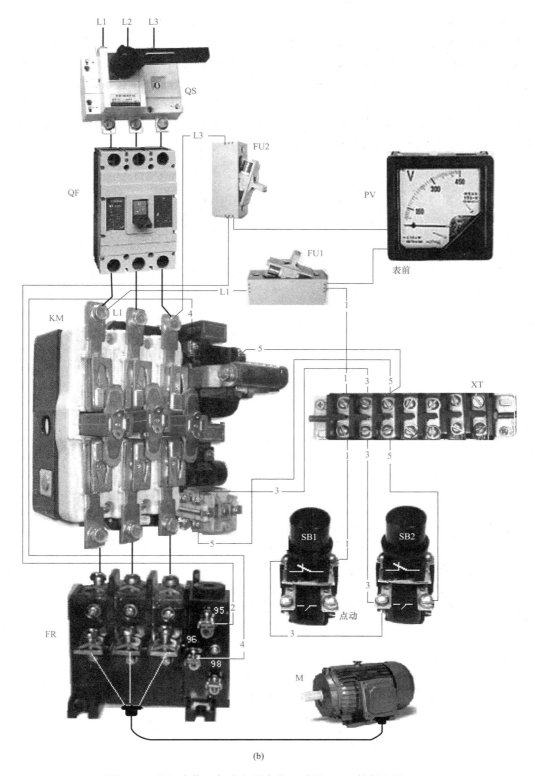

(b)

图 1-71　按钮启停，加有电压表的电动机 380V 控制电路（二）

（b）实物接线图

点→2 号线→控制回路熔断器 FU2→电源 L3，通过闭合的接触器 KM 自身所带的动合触点，将接触器 KM 维持在吸合的工作状态，这个触点称为自保触点。

按下停止按钮 SB1 动断触点断开，切断接触器 KM 线圈控制电路，接触器 KM 断电释放，三个主触点同时断开，电动机绕组脱离三相 380V 交流电源停止运转，机械设备停止工作。

电动机过负荷时，负荷电流达到热继电器 FR 的整定值时，热继电器 FR 动作，动断触点 FR 断开，切断接触器 KM 线圈电路，接触器 KM 线圈断电释放，三个主触点同时断开，电动机绕组脱离三相 380V 交流电源，停止转动，机械设备停止工作。

第二章 倒顺开关与接触器结合的正反转控制电路

建筑工地的施工机械设备，如混凝土搅拌机、钢筋切断机、滚筛机、钢筋弯曲机等，启停开关设备多数采用倒顺开关，回路中没有过载保护，且选择的断路器额定电流是电动机的若干倍，电动机过负荷会造成绕组的过热烧毁，影响施工机械的使用。故设计采用了倒顺开关与接触器结合的控制方式，电动机过负荷，热继电器动作，接触器断电释放，电动机停止，保护了电动机。操作倒顺开关实现选择电动机的运转方向，这种电动机的控制方式受到施工单位的认可。

例40 倒顺开关与接触器结合的正反转控制电路

倒顺开关与接触器结合主令开关操作的电动机正反转控制电路原理图如图 2-1（a）所示，实物接线图如图 2-1（b）所示。控制电源取自断路器 L1 相负荷侧下。

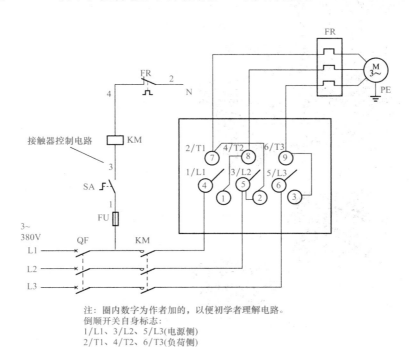

注：圈内数字为作者加的，以便初学者理解电路。
倒顺开关自身标志：
1/L1、3/L2、5/L3(电源侧)
2/T1、4/T2、6/T3(负荷侧)

（a）

图 2-1 倒顺开关与接触器结合的正反转控制电路（一）

（a）原理图

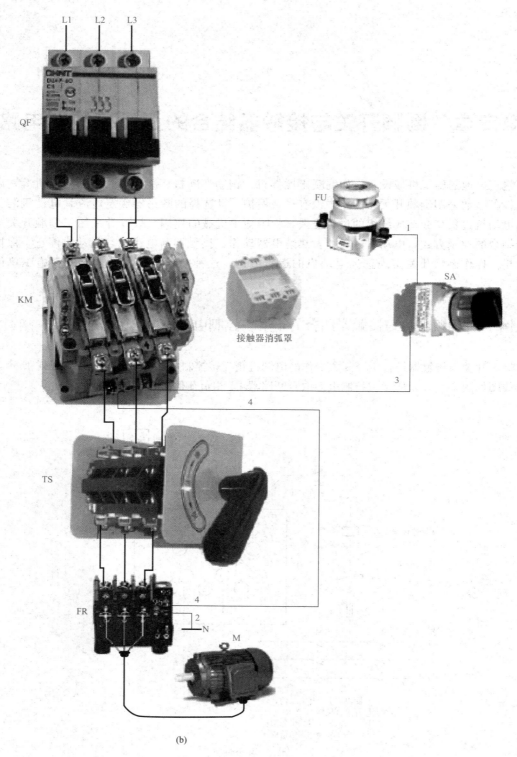

图 2-1　倒顺开关与接触器结合的正反转控制电路（二）
(b) 实物接线图

1. 倒顺开关与接触器结合主令开关操作的电动机正反转控制电路

合上断路器 QF→接触器 KM 三相主触点电源侧带电，通过倒顺开关 TS 选择电动机的运转方向，然后，通过使用主令开关 SA 的触点闭合与断开，启停电动机。

（1）送电后图 2-1（a）电路的状态。

1）送电合上断路器 QF 后，电源 L1→断路器 QF 的电源侧端子→动合触点（闭合状态）→断路器 QF 的负荷侧端子→接触器 KM 主触点的电源侧端子（L1）相。

电源 L2→断路器 QF 的电源侧端子→动合触点（闭合状态）→断路器 QF 的负荷侧端子→接触器 KM 主触点→电源侧端子（L2）相。

电源 L3→断路器 QF 的电源侧端子→动合触点（闭合状态）→断路器 QF 的负荷侧端子→接触器 KM 主触点→电源侧端子（L3）相。

接触器电源侧有电，为启动电动机做好电路准备。

2）电动机正方向运转的电路准备。倒顺开关 TS 切换到正方向（顺）位置触点接触情况：

接触器 KM 负荷侧端子（2/T1）L1 相→倒顺开关 TS 电源侧端子④→闭合的 TS 动合触点→TS 的负荷侧端子⑦（2/T1）→热继电器 FR 发热元件→电动机绕组。

接触器 KM 负荷侧端子（4/T2）L2 相→倒顺开关 TS 电源侧端子⑤→闭合的 TS 动合触点→TS 的负荷侧端子⑧（4/T2）→热继电器 FR 发热元件→电动机绕组。

接触器 KM 负荷侧端子（6/T3）L3 相→倒顺开关 TS 电源侧端子⑥→闭合的 TS 动合触点→TS 的负荷侧端子⑨（6/T3）→热继电器 FR 发热元件→电动机绕组。

通过热继电器 FR 发热元件→按电源 L1、L2、L3 相序连接到电动机绕组，为启动电动机正方向运转做好准备。

3）电动机正方向运转电路工作原理。合上主令开关 SA 其触点闭合（自锁），电源 L1 相→控制回路熔断器 FU→1 号线→主令 SA 触点闭合中→3 号线→接触器 KM 线圈→4 号线→热继电器 FR 动断触点→2 号线→电源 N 极。接触器 KM 线圈得电动作，接触器 KM 的三个主触点同时闭合。通过倒顺开关 TS 的闭合触点，热继电器 FR 的发热元件，电动机获得正向排列的三相交流电源，电动机启动正向运转。

4）停机。断开主令开关 SA 触点断开，接触器 KM 断电释放，主触点三个同时断开，电动机断电停止正方向运转。

如果机械设备退出使用状态，将倒顺开关 TS 切换到"停"的位置。

（2）电动机反方向运转的电路。

1）电动机反方向运转的电路准备。倒顺开关 TS 切换到"倒"的位置，其 TS 反方向触点处于接触状态：

接触器 KM 负荷侧侧端子（2/T1）L1 相→倒顺开关 TS 电源侧端子④→闭合的 TS 动合触点→TS 的换向端子①→TS 的负荷侧端⑧（4/T2）(L2)→电动机绕组。

接触器 KM 负荷侧侧端子（4/T2）L2 相→倒顺开关 TS 电源侧端子⑤→闭合的 TS 动合触点→TS 的换向端子②→TS 的负荷侧端子⑦（2/T2）(L1)→电动机绕组。

接触器 KM 负荷侧侧端子（6/T3）L3 相→倒顺开关 TS 电源侧端子⑥→闭合的 TS 动合触点→TS 的换向端子③→TS 的负荷侧端子⑨（6/T3）(L3)→电动机绕组。

通过热继电器 FR 发热元件→按电源 L2、L1、L3 相序连接电动机绕组，为启动电动机反方向运转做好准备。

2）电动机反方向运转电路工作原理。这时合上转换开关 SA 其触点闭合（自锁），电源 L1 相

→控制回路熔断器 FU→1 号线→转换开关 SA 触点闭合中→3 号线→接触器 KM 线圈→4 号线→热继电器 FR 动断触点→2 号线→电源 N 极。接触器 KM 线圈得电动作，接触器 KM 的三个主触点同时闭合。通过倒顺开关 TS 闭合的触点，热继电器 FR 的发热元件，电动机获得反方向排列的 L2、L1、L3 三相交流电源，电动机启动反向运转。

3）电动机反方向运转停机。断开转换开关 SA 触点断开，接触器 KM 断电释放，主触点三个同时断开，电动机断电停止反方向运转。

（3）过负荷故障停机。电动机发生过负荷时故障，主回路中的热继电器 FR 动作，热继电器 FR 的常闭触点断开，切断电动机控制回路电源，运行中的接触器 KM 线圈断电并释放，接触器 KM 主触点三个同时断开，电动机绕组脱离三相 380V 交流电源，停止转动，拖动的机械设备停止运行。

2. 倒顺开关与接触器相结合、脚踏开关点动操作的钢筋弯曲机控制电路

倒顺开关与接触器相结合、脚踏开关点动操作的钢筋弯曲机控制电路原理图如图 2-2（a）所示，实物接线图如图 2-2（b）所示。控制电源取自倒顺开关 TS 负荷侧端子 2/T1 上。

（1）送电后图 2-1（a）电路的状态。合上断路器 QF 触点闭合，倒顺开关 TS 电源侧端子④、⑤、⑥获三相交流电源。

（2）电动机正方向运转准备。

1）倒顺开关 TS 扳向正方向位置时，电源与 TS 的触点接触状态。

电源 L1 相→倒顺开关 TS 电源侧端子④（1/L1）→闭合的 TS 动合触点→负荷侧端子⑦（2/T1）→接触器 KM 电源侧端子 L1 相。

电源 L2 相→倒顺开关 TS 电源侧端子⑤（3/L2）→闭合的 TS 动合触点→负荷侧端子⑧（4/T2）→接触器 KM 电源侧端子 L2 相。

电源 L3 相→倒顺开关 TS 电源侧端子⑥（5/L3）→闭合的 TS 动合触点→负荷侧端子⑨（6/T3）→接触器 KM 电源侧端子 L3 相。

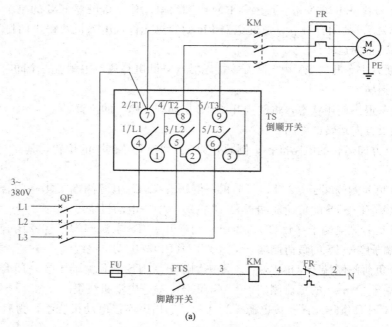

(a)

图 2-2 倒顺开关、接触器结合、脚踏开关点动操作的钢筋弯曲机控制电路（一）

（a）原理图

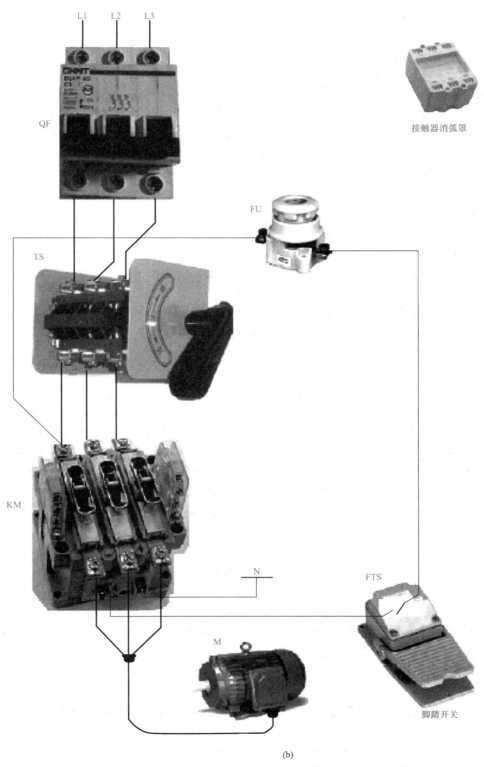

L1　L2　L3

QF

接触器消弧罩

FU

TS

KM

N

FTS

M

脚踏开关

(b)

图 2-2　倒顺开关、接触器结合、脚踏开关点动操作的钢筋弯曲机控制电路（二）

（b）实物接线图

合上断路器 QF→倒顺开关 TS 电源侧选择电动机的运转方向，然后，通过使用脚踏开关 FTS 触点的闭合与断开，启停电动机。

2）电动机正方向运转。脚踏（脚踏开关）FTS 开关触点闭合，电源 L1 相→通过 TS 的触点 2/T1→控制回路熔断器 FU→1 号线→脚踏开关 FTS 闭合的触点→3 号线→接触器 KM 线圈→2 号线→热继电器 FR 动断触点→电源 N 极。接触器 KM 线圈得电动作，接触器 KM 的三个主触点同时闭合。从倒顺开关 TS 的 2/T1、4/T2、6/T3 三个端子上，获得正向排列的 L1、L2、L3 三相交流电源，电动机得电正向运转。钢筋弯曲机投入工作。

3）电动机正方向运转停机。脚离开脚踏开关 FTS 闭合的触点断开，运行中的接触器 KM 线圈断电并释放，接触器 KM 主触点三个同时断开，电动机绕组脱离三相 380V 交流电源，停止转动，钢筋弯曲机停止运行。

（3）电动机反方向运转。

1）电动机反方向运转准备。倒顺开关 TS 扳向（倒）反方向位置时，电源与 TS 的触点接触状态：

电源 L1 相→倒顺开关 TS 电源侧端子④（1/L1）→闭合的 TS 动合触点→转换触点端子①→负荷侧端子⑧（4T2）→接触器 KM 电源侧端子 3/L2 相

电源 L2 相→倒顺开关 TS 电源侧端子⑤（3/L2）→闭合的 TS 动合触点→转换触点端子②→负荷侧端子⑦（2/T1）→接触器 KM 电源侧端子 1/L1 相

电源 L3 相→倒顺开关 TS 电源侧端子⑥（5/L2）→闭合的 TS 动合触点→转换触点端子③→负荷侧端子⑨（6/T3）→接触器 KM 电源侧端子→5/L3 相

合上断路器 QF→倒顺开关 TS 选择电动机的运转方向，然后，通过使用脚踏开关 FTS 的闭合与断开，启停电动机。

2）启动电动机反方向运转。脚踏（脚踏开关）FTS 开关其触点闭合，电源 L2 相→断路器 QF 触点→通过 TS 电源侧触点⑤（3/L2）→TS 闭合的触点→TS 转换触点②→TS 负荷侧触点⑦（2/T1）→控制回路熔断器 FU→1 号线→脚踏开关 FTS 闭合的触点→3 号线→接触器 KM 线圈→2 号线→电源 N 极。接触器 KM 线圈得电动作，接触器 KM 的三个主触点同时闭合。从倒顺开关 TS 的 2/T1、4/T2、6/T3 三个端子上，电动机绕组获得反方向排列的 L2、L1、L3 三相交流电源，电动机得电反方向运转。

3）反方向运转停机。脚离开脚踏开关 FTS，闭合的触点断开，运行中的接触器 KM 线圈断电并释放，接触器 KM 主触点三个同时断开，电动机绕组脱离三相 380V 交流电源，停止反方向运转，钢筋弯曲机停止运行。

（4）过负荷故障停机。电动机发生过负荷时故障，主回路中的热继电器 FR 动作，热继电器 FR 的常闭触点断开，切断电动机控制回路电源，运行中的接触器 KM 线圈断电并释放，接触器 KM 主触点三个同时断开，电动机绕组脱离三相 380V 交流电源，停止反方向转动，拖动的机械设备停止运行。

例 41 倒顺开关与接触器结合、按钮操作的电动机正反转控制电路

接触器 KM 放在倒顺开关 TS 前面，倒顺开关与接触器结合、按钮操作的电动机正反转控制电路原理图如图 2-3（a）所示，实物接线图如图 2-3（b）所示。

1. 电路的接线与工作原理（正方向状态接线）

（1）主电路电源的连接。三相电源 L1、L2、L3 分别连接到断路器 QF 的电源侧端子，断路器 QF 的负荷侧端子分别与接触器 KM 的电源侧端子 1L1、3L2、5L3 连接。

合上断路器 QF→断路器 QF 的三相主触点闭合→接触器 KM 的三相主触点电源侧端子 1/L1、3/L2、5/L3 获电。接触器 KM 的控制电源，取于接触器 KM 电源测主触点端子 3/L2 上。

（2）倒顺开关 TS 处于断电时的原始状态。接触器 KM 负荷侧侧端子与倒顺开关 TS 电源侧的连接，接触器 KM 负荷侧侧端子（2/T1）L1 相→倒顺开关 TS 电源侧端子④（1/L1）。

接触器 KM 负荷侧侧端子（4/T2）L2 相→倒顺开关 TS 电源侧端子⑤（3/L2）。

接触器 KM 负荷侧侧端子（6/T3）L3 相→倒顺开关 TS 电源侧端子⑥（5/L3）。

（3）倒顺开关 TS 扳向"顺"位置时，其内部触点接触状态。

接触器 KM 负荷侧侧端子（2/T1）L1 相→倒顺开关 TS 电源侧端子④（1/L1）→闭合的 TS 动合触点→TS 的负荷侧端子⑦（2/T1）→电动机绕组。

接触器 KM 负荷侧侧端子（4/T2）L2 相→倒顺开关 TS 电源侧端子⑤（3/L2）→闭合的 TS 动合触点→TS 的负荷侧端子⑧（4/T2）→电动机绕组。

接触器 KM 负荷侧侧端子（6/T3）L3 相→倒顺开关 TS 电源侧端子⑥（5/L3）→闭合的 TS 动合触点→TS 的负荷侧端子⑨（6/T3）→电动机绕组。

通过热继电器 FR 发热元件→按电源 L1、L2、L3 相序连接电动机绕组，为启动电动机正方向运转做好准备。

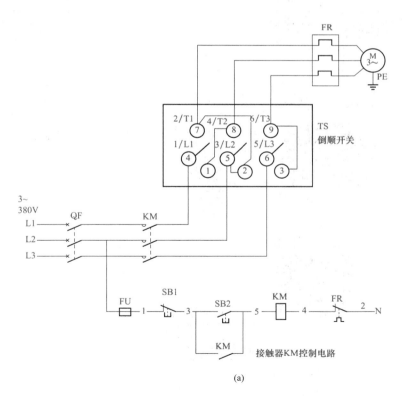

(a)

图 2-3   倒顺开关与接触器结合、按钮操作的电动机正反转 220V 控制电路（一）

（a）原理图

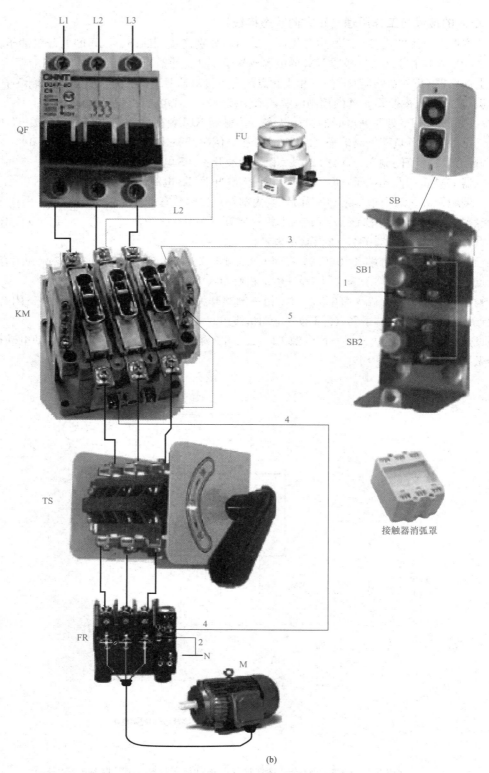

(b)

图 2-3　倒顺开关与接触器结合、按钮操作的电动机正反转 220V 控制电路（二）

（b）实物接线图

（4）电动机正方向运转。上述准备工作完成后，就可以通过接触器 KM 得电动作，主触点闭合，通过闭合中的倒顺开关 TS 动合触点，电动机得电正方向启动运转。

1）启动电动机。按下启动按钮 SB2 动合触点闭合。电源 L2 相→控制回路熔断器 FU→1 号线→停止按钮 SB1 动断触点→3 号线→启动按钮 SB2 动合触点（按下时闭合）→5 号线→接触器 KM 线圈→4 号线→继电器 FR 的动断触点→2 号线→电源 N 极。

接触器 KM 线圈得电动作，接触器 KM 动合触点闭合（将启动按钮 SB2 动合触点短接）自保，维持接触器 KM 的工作状态。三个主触点同时闭合，通过闭合中的倒顺开关 TS 动合触点，电动机绕组获得相序按 L1、L2、L3 排列的三相 380V 交流电源，电动机 M 驱动机械设备工作。

2）电动机的正方向运转停止。按下停止按钮 SB1 动断触点断开，接触器 KM 断电释放，接触器 KM 主触点三个同时断开，电动机断电停止正方向运转。

2. 电动机反方向运转电路工作原理

（1）反方向运转电路准备。倒顺开关 TS 切换到"倒"的位置，其 TS 反方向触点接触状态：

接触器 KM 负荷侧端子（2/T1）L1 相→倒顺开关 TS 电源侧端子④（1/L1）→闭合的 TS 动合触点→TS 的换向端子①→TS 的负荷侧端子⑧（4/T1）(L2 相)→电动机绕组。

接触器 KM 负荷侧端子（4/T2）L2 相→倒顺开关 TS 电源侧端子⑤（3/L2→闭合的 TS 动合触点→TS 的换向端子②→TS 的负荷侧端子⑦（2/T1）（L1 相）→电动机绕组。

接触器 KM 负荷侧端子（6/T3）L3 相→倒顺开关 TS 电源侧端子⑥（5/L3→闭合的 TS 动合触点→TS 的换向端子③→TS 的负荷侧端子⑨（6/T3）（L3 相）→电动机绕组。

通过热继电器 FR 发热元件→按电源 L2、L1、L3 相序连接电动机绕组，为启动电动机反方向运转做好电路准备。

（2）电动机反方向运转。按下启动按钮 SB2 动合触点闭合，电源 L2 相→控制回路熔断器 FU→1 号线→停止按钮 SB1 动断触点→3 号线→启动按钮 SB2 动合触点（按下时闭合）→5 号线→接触器 KM 线圈→4 号线→热继电器 FR 的动断触点→2 号线→电源 N 极。

接触器 KM 线圈得电动作，接触器 KM 动合触点闭合（将启动按钮 SB2 动合触点短接）自保，维持接触器 KM 的工作状态。接触器 KM 的三个主触点同时闭合，通过闭合中的倒顺开关 TS 动合触点，电动机绕组获得相序按 L2、L1、L3 排列的三相 380V 交流电源，相序改变，电动机反方向运转，驱动机械设备工作。

（3）反方向运转的停机。按下停止按钮 SB1 动断触点断开，接触器 KM 断电释放，主触点三个同时断开，电动机断电停止反方向运转。

（4）过负荷故障停机。电动机在反方向运转中，发生过负荷时故障。主回路中的热继电器 FR 动作，热继电器 FR 的动断触点断开，切断电动机控制回路电源，运行中的接触器 KM 线圈断电并释放，接触器 KM 主触点三个同时断开，电动机绕组脱离三相 380V 交流电源，停止反方向转动，拖动的机械设备停止工作。

如果机械设备退出使用状态，倒顺开关 TS 切换到"停"的位置。

例42　倒顺开关与接触器结合的混凝土搅拌机电动机与水泵电动机控制电路

倒顺开关与接触器结合的混凝土搅拌机电动机与水泵电动机控制电路原理图如图 2-4（a）所示，实物接线图如图 2-4（b）所示。

1. 搅拌机电动机控制电路工作原理

合上断路器 QF 触点闭合，倒顺开关 TS 电源侧端子④、⑤、⑥获三相交流电源。

（1）搅拌机正方向（搅拌）运转前的电路准备。将倒顺开关 TS 扳向正方向位置时，电源与 TS 的触点接触状态：

电源 L1 相→断路器 QF→倒顺开关 TS 电源侧端子④（1/L1）→闭合的 TS 动合触点→负荷侧端子⑦（2/T1）→接触器 KM 电源侧端子（1/L1）L1 相。

电源 L2 相→断路器 QF→倒顺开关 TS 电源侧端子⑤（3/L2）→闭合的 TS 动合触点→负荷侧端子⑧（4T2）→接触器 KM 电源侧端子（3/L2）L2 相。

电源 L3 相→断路器 QF→倒顺开关 TS 电源侧端子⑥（5/L3）→闭合的 TS 动合触点→负荷侧端子⑨（6/T3）→接触器 KM 电源侧端子（5/L3）L3 相。

合上断路器 QF→倒顺开关 TS 电源侧获电→通过 TS 选择电动机的运转方向，然后通过操作按钮开关 SB2 动合触点闭合，按钮开关 SB1 动断触点断开，启停电动机。

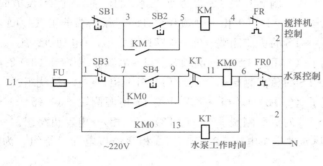

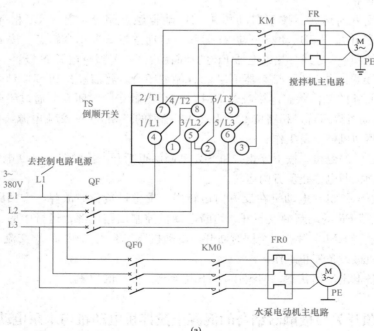

(a)

图 2-4　倒顺开关与接触器结合的混凝土搅拌机（一）

（a）原理图

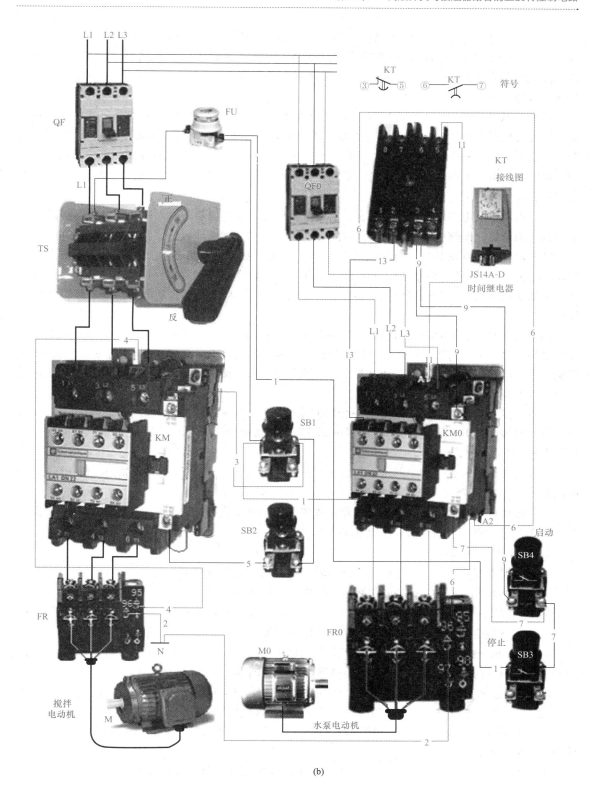

(b)

图 2-4　倒顺开关与接触器结合的混凝土搅拌机（二）

（b）电动机与水泵电动机控制电路实物接线图

（2）启动电动机进行混凝土的搅拌。按一定比例把水泥、碎石、沙子倒入滚筒内，按下启动按钮 SB2，电源 L1 相→控制回路熔断器 FU→1 号线→停止按钮 SB1 动断触点→3 号线→启动按钮 SB2 动合触点（按下时闭合）→5 号线→接触器 KM 线圈→4 号线→继电器 FR 的动断触点→2 号线→电源 N 极。

接触器 KM 线圈得电动作，接触器 KM 动合触点闭合（将启动按钮 SB2 动合触点短接）自保，维持接触器 KM 的工作状态。接触器 KM 线圈得电动作，接触器 KM 的三个主触点同时闭合。从倒顺开关 TS 闭合的 2/T1、4/T2、6/T3 三个端子上，获得正方向排列的 L1、L2、L3 三相交流电源，电动机得电正方向运转。驱动搅拌机的叶推着水泥、沙子、碎石一起旋转，开始无水搅拌。

（3）启动水泵电动机往滚筒内加水。启动搅拌机后，搅拌机旋转时，事先已经按搅拌所需要的时间，调节好时间继电器 KT 的动作时间。

按下水泵启动按钮 SB4 动合触点闭合，电源 L1 相→控制回路熔断器 FU→1 号线→停止按钮 SB3 动断触点→7 号线→启动按钮 SB4 动合触点（按下时闭合）→9 号线→时间继电器 KT 延时断开的动断触点→11 号线→接触器 KM0 线圈→6 号线→继电器 FR0 的动断触点→2 号线→电源 N 极。

接触器 KM0 线圈得电动作，接触器 KM0 动合触点闭合（将启动按钮 SB4 动合触点短接）自保，维持接触器 KM0 的工作状态。KM0 的三个主触点同时闭合，电动机 M 绕组获得三相 380V 交流电源，电动机启动运转，驱动水泵工作向滚筒内注水。使水泥、碎石、沙子在水的调和作用下改变成混凝土。

动合触点 KM0 闭合，电源 L2 相→控制回路熔断器 FU→1 号线→闭合的动合触点 KM0→13 号线→时间继电器 KT 线圈→6 号线→继电器 FR0 的动断触点→2 号线→电源 N 极。时间继电器 KT 得电，开始计时。

搅拌的注水时间到，水泵回路中的延时断开的动断触点 KT 断开，水泵控制电路断电，KM0 断电释放，KM0 主触点三个同时断开，水泵电动机断电停止供水。

（4）搅拌机停止运转。按下搅拌机停止按钮 SB1 动断触点断开，接触器 KM 断电释放，接触器 KM 的三个主触点同时断开，电动机断电停止搅拌。

2. 搅拌机反方向运转

混凝土搅拌好后，启动搅拌机反方向运转，而使搅拌好的混凝土从搅拌筒内倒出来。

（1）倒顺开关 TS 扳向反方向位置时，电源与 TS 的触点接触状态。

电源 L1 相→断路器 QF→倒顺开关 TS 电源侧端子④（1/L1）→闭合的 TS 动合触点→TS 的换向端子①→负荷侧端子⑧（4/T2）→接触器 KM 电源侧端子（3/L2）L2 相。

电源 L2 相→断路器 QF→倒顺开关 TS 电源侧端子⑤（3/L2）→闭合的 TS 动合触点→TS 的换向端子②→负荷侧端子⑦（2/T1）→接触器 KM 电源侧端子（1/L1）L1 相。

电源 L3 相→断路器 QF→倒顺开关 TS 电源侧端子⑥（5/L3）→闭合的 TS 动合触点→TS 的换向端子③→负荷侧端子⑨（6/T3）→接触器 KM 电源侧端子（5/L3）L3 相。

（2）电动机反方向运转准备。接触器 KM 负荷侧端子（2/T1）L1 相→热继电器 FR 发热元件→电动机绕组。

接触器 KM 负荷侧端子（4/T2）L2 相→热继电器 FR 发热元件→电动机绕组。

接触器 KM 负荷侧端子（6/T3）L3 相→热继电器 FR 发热元件→电动机绕组。

通过触器 KM 负荷侧端子→热继电器 FR 发热元件→按电源 L2、L1、L3 相序连接电动机绕组，为启动电动机反方向运转做好准备。

（3）启动电动机反方向运转。按下启动按钮 SB2 动合触点闭合，电源 L1 相→控制回路熔断器 FU→1 号线→停止按钮 SB1 动断触点→3 号线→启动按钮 SB2 动合触点（按下时闭合）→5 号线→接触器 KM 线圈→4 号线→继电器 FR 的动断触点→2 号线→电源 N 极。

接触器 KM 线圈得电动作，接触器 KM 动合触点闭合（将启动按钮 SB2 动合触点短接）自保，维持接触器 KM 的工作状态。接触器 KM 线圈得电动作，接触器 KM 的三个主触点同时闭合。从倒顺开关 TS 的 2/T1、4/T2、6/T3 三个端子上，电动机绕组获得反方向排列的 L2、L1、L3 三相交流电源，电动机得电反方向运转，搅拌机开始出料。

滚筒内的混凝土全部倒出后，按一下停止按钮 SB1 动断触点断开，切断 KM 线圈电路，接触器 KM 的主触点断开，搅拌机电动机断电停止转动，搅拌机停止出料。

3. 过负荷故障停机

电动机发生过负荷时故障，主回路中的热继电器 FR 动作，热继电器 FR 的动断触点断开，切断电动机控制回路电源，运行中的接触器 KM 线圈断电并释放，接触器 KM 主触点三个同时断开，电动机绕组脱离三相380V交流电源，停止反方向转动，拖动的机械设备停止运行。

例43　按钮操作、倒顺开关与接触器结合，有启停信号的电动机正反转控制电路

按钮操作、倒顺开关与接触器结合，有启停信号的电动机正反转控制电路原理图如图 2-5（a）所示，实物接线图如图 2-5（b）所示。

合上断路器 QF 触点闭合，倒顺开关 TS 电源侧端子④、⑤、⑥获三相交流电源。

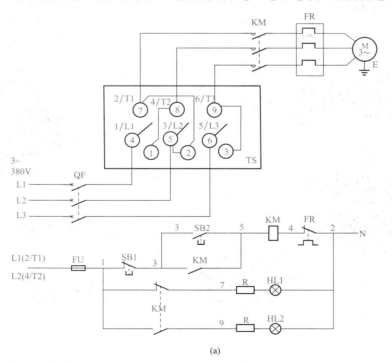

(a)

图 2-5　按钮操作、倒顺开关与接触器结合，有启停信号的电动机正反转控制电路（一）

（a）原理图

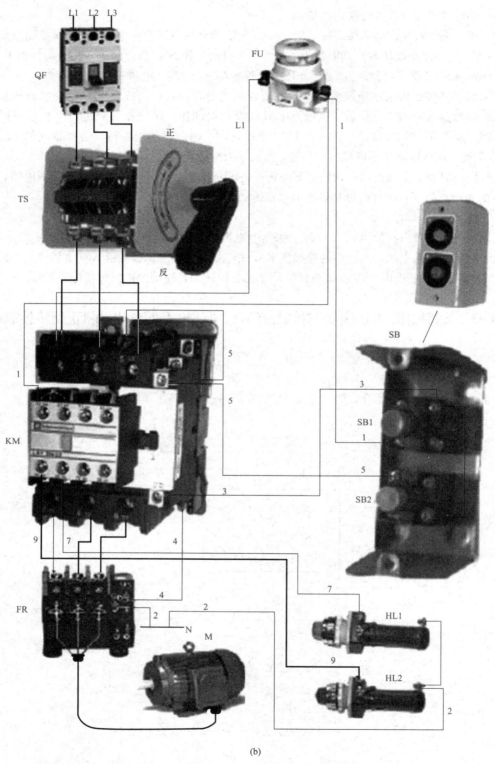

(b)

图 2-5　按钮操作、倒顺开关与接触器结合，有启停信号的电动机正反转控制电路（二）

（b）实物接线图

1. 电动机正方向运转

（1）电动机正方向运转准备。倒顺开关 TS 扳向正方向位置时，电源与 TS 的触点接触状态：

电源 L1 相→断路器 QF→倒顺开关 TS 电源侧端子④（1/L1）→闭合的 TS 动合触点→负荷侧端子⑦（2/T1）→接触器 KM 电源侧端子 1/L1 相。

电源 L2 相→断路器 QF→倒顺开关 TS 电源侧端子⑤（3/L2）→闭合的 TS 动合触点→负荷侧端子⑧（4/T2）→接触器 KM 电源侧端子 3/L2 相。

电源 L3 相→断路器 QF→倒顺开关 TS 电源侧端子⑥（5/L3）→闭合的 TS 动合触点→负荷侧端子⑨（6/T3）→接触器 KM 电源侧端子 5/L3 相。通过接触器 KM 负荷侧三相端子→热继电器 FR 发热元件→按电源 L1、L2、L3 相序连接电动机绕组，为启动电动机正方向运转做准备。

（2）启动电动机正方向运转。按下启动按钮 SB2 动合触点闭合，电源 L1 相→断路器 QF→倒顺开关 TS 电源侧端子④（1/L1）→TS 闭合的触点→TS 的负荷侧端子⑦（2/T1）→控制回路熔断器 FU→1 号线→停止按钮 SB1 动断触点→3 号线→启动按钮 SB2 动合触点（按下时闭合）→5 号线→接触器 KM 线圈→4 号线→热继电器 FR 的动断触点→2 号线→电源 N 极。

接触器 KM 线圈得电动作，接触器 KM 动合触点闭合（将启动按钮 SB2 动合触点短接）自保，维持接触器 KM 的工作状态。接触器 KM 线圈得电动作，接触器 KM 的三个主触点同时闭合。从倒顺开关 TS 闭合的 2/T1、4/T2、6/T3 三个端子上，电动机绕组获得正方向排列的 L1、L2、L3 三相交流电源，电动机得电正方向运转。

接触器 KM 动合触点闭合，电源 L1 相→控制回路熔断器 FU→1 号线→接触器 KM 动合触点→9 号线→信号灯 HL2→2 号线→电源 N 极。信号灯 HL2 得电，灯亮表示电动机运转状态。

（3）正方向运转停机。按下停止按钮 SB1 动断触点断开，运行中的接触器 KM 断电释放，接触器 KM 主触点三个同时断开，电动机绕组脱离三相 380V 交流电源，停止正方向运转。

2. 电动机反方向运转电路

（1）倒顺开关 TS 扳向（倒）反方向位置时，电源与 TS 的触点接触状态。

电源 L1 相→倒顺开关 TS 电源侧端子④（1/L1）→闭合的 TS 动合触点→转换触点端子①→负荷侧端子⑧（4/T2）→接触器 KM 电源侧端子 3/L2 相。

电源 L2 相→倒顺开关 TS 电源侧端子⑤（3/L2）→闭合的 TS 动合触点→转换触点端子②→负荷侧端子⑦（2/T1）→接触器 KM 电源侧端子 1/L1 相。

电源 L3 相→倒顺开关 TS 电源侧端子⑥（6/L3）→闭合的 TS 动合触点→转换触点端子③→负荷侧端子⑨（6/T3）→接触器 KM 电源侧端子 5/L3 相。

（2）接触器 KM 主电路与电动机绕组的连接状态。

接触器 KM 负荷侧侧端子（2/T1）L1 相→热继电器 FR 发热元件→电动机绕组。

接触器 KM 负荷侧侧端子（4/T2）L2 相→热继电器 FR 发热元件→电动机绕组。

接触器 KM 负荷侧侧端子（6/T3）L3 相→热继电器 FR 发热元件→电动机绕组。

通过热继电器 FR 发热元件→按电源 L2、L1、L3 相序连接电动机绕组，为启动电动机反方向运转做准备。

上述准备工作完成后，就可以通过接触器 KM 得电动作，主触点闭合，通过闭合中的倒顺开关 TS 动合触点，电动机得电反方向启动运转。控制电路工作原理是这样的：

（3）启动电动机反方向运转。按启动按钮 SB2 动合触点（闭合），电源 L2 相→断路器 QF→倒顺开关 TS 电源侧端子④（1/L1）→TS 闭合的触点→TS 的负荷侧端子⑦（2/T1）→控制回路熔断器 FU→1 号线→停止按钮 SB1 动断触点→3 号线→启动按钮 SB2 动合触点（按下时闭合）→5 号线→接触器 KM 线圈→4 号线→热继电器 FR 的动断触点→2 号线→电源 N 极。

接触器 KM 线圈得电动作，接触器 KM 动合触点闭合（将启动按钮 SB2 动合触点短接）自保，维持接触器 KM 的工作状态。接触器 KM 线圈得电动作，接触器 KM 的三个主触点同时闭合。从倒顺开关 TS 闭合的 2/T1、4/T2、6/T3 三个端子上，获得反方向排列的 L2、L1、L3 三相交流电源，电动机得电反方向运转。

接触器 KM 动合触点闭合，电源 L1 相→控制回路熔断器 FU→1 号线→接触器 KM 动合触点→9 号线→信号灯 HL2→2 号线→电源 N 极。信号灯 HL2 得电，灯亮表示电动机运转状态。

（4）反方向运转停机。按下停止按钮 SB1 动断触点断开，接触器 KM 断电释放，主触点三个同时断开，电动机断电停止反方向运转。

（5）过负荷故障停机。电动机发生过负荷时故障，主回路中的热继电器 FR 动作，热继电器 FR 的动断触点断开，切断电动机控制回路电源，运行中的接触器 KM 线圈断电并释放，接触器 KM 主触点三个同时断开，电动机绕组脱离三相 380V 交流电源，停止反方向转动，拖动的机械设备停止运行。

例44　脚踏开关控制，倒顺开关与接触器结合的电动机正反转控制电路

脚踏开关控制，倒顺开关与接触器结合的电动机正反转控制电路原理图如图 2-6（a）所示，实物接线图如图 2-6（b）所示。用 2 只脚踏开关，一只选择是动合触点，一只选择是动断触点。动断触点作为停止。动合触点的作为启动。接触器的控制电源 L1 取于倒顺开关 TS 负荷侧端子⑦（2/T1）上。

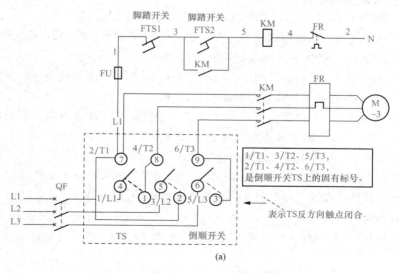

图 2-6　脚踏开关控制，倒顺开关与接触器结合的搅拌机控制电路（一）

（a）原理图

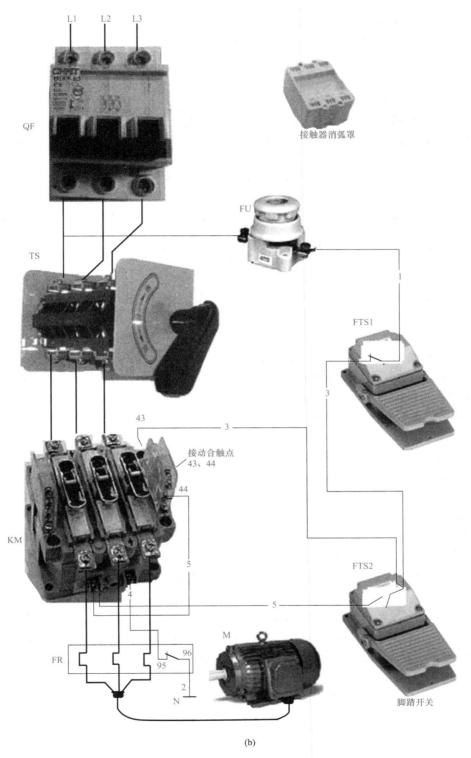

(b)

图 2-6　脚踏开关控制，倒顺开关与接触器结合的搅拌机控制电路（二）

（b）实物接线图

合上断路器 QF，倒顺开关 TS 的电源侧④、⑤、⑥获电。

1. 电动机正方向运转电路工作原理

（1）电动机电路准备。将倒顺开关 TS 扳向（顺）正方向的位置，为电动机正方向运转做准备，其触点接触状态：

电源 L1 相→断路器 QF→倒顺开关 TS 电源侧端子④（1/L1）→闭合的 TS 动合触点→负荷侧端子⑦（2/T1）→接触器 KM 电源侧端子 1/L1 相。

电源 L2 相→断路器 QF→倒顺开关 TS 电源侧端子⑤（3/L2）→闭合的 TS 动合触点→负荷侧端子⑧（4/T2）→接触器 KM 电源侧端子 3/L2 相。

电源 L3 相→断路器 QF→倒顺开关 TS 电源侧端子⑥（5/L3）→闭合的 TS 动合触点→负荷侧端子⑨（6/T3）→接触器 KM 电源侧端子 5/L3 相。

接触器 KM 电源侧端子获按 L1、L2、L3 相序排列的三相交流电源，为启动电动机做准备。

（2）启动搅拌机电动机，脚踩下脚踏开关 FTS2 动合触点闭合，电源 L1 相→断路器 QF→倒顺开关 TS 电源侧端子④1/L1→TS 闭合的触点→TS 负荷侧端子⑦2/T1→控制回路熔断器 FU→1 号线→脚踏开关 FTS1 动断触点→3 号线→闭合的脚踏开关 FTS2 动合触点→5 号线→接触器 KM 线圈→4 号线→热继电器 FR 的动断触点→2 号线→电源 N 极。

接触器 KM 线圈得电动作，接触器 KM 动合触点闭合（将脚踏 FTS2 动合触点短接）自保，维持接触器 KM 的工作状态。三个主触点同时闭合，从倒顺开关 TS 的 2/T1、4/T2、6/T3 三个端子上，电动机绕组获得正向排列的 L1、L2、L3 三相 380V 交流电源，电动机得电正向运转，驱动钢筋弯曲机工作。

（3）正方向运转停机。脚踏脚踏开关 FTS1 动断触点断开，运行中的接触器 KM 线圈断电并释放，接触器 KM 主触点三个同时断开，电动机绕组脱离三相 380V 交流电源，停止转动，钢筋弯曲机停止工作。

2. 电动机反方向电路工作原理

（1）电动机反方向运转电路准备。倒顺开关 TS 扳向（倒）反方向位置时，电源与 TS 的触点接触状态：

电源 L1 相→倒顺开关 TS 电源侧端子④（1/L1）→闭合的 TS 动合触点→转换触点端子①→负荷侧端子⑧（4/T2）→接触器 KM 电源侧端子 3/L2 相。

电源 L2 相→倒顺开关 TS 电源侧端子⑤（3/L2）→闭合的 TS 动合触点→转换触点端子②→负荷侧端子⑦（2/T1）→接触器 KM 电源侧端子 1/L1 相。

电源 L3 相→倒顺开关 TS 电源侧端子⑥（5/L3）→闭合的 TS 动合触点→转换触点端子③→负荷侧端子⑨（6/T3）→接触器 KM 电源侧端子 5/L3 相。通过倒顺开关 TS 闭合的触点，接触器 KM 电源侧端子获按 L1、L2、L3 相序排列的三相交流电源，为启动电动机做准备。

（2）启动电动机，脚踩下脚踏开关 FTS2 动合触点闭合。电源 L2 相→断路器 QF→倒顺开关 TS 电源侧端子⑤（3/L2）→闭合的 TS 动合触点→转换触点端子②→TS 的负荷侧端子⑦（2/T1）→控制回路熔断器 FU→1 号线→脚踩脚踏 FTS1 动断触点→3 号线→闭合的脚踩脚踏 FTS2 动合触点→5 号线→接触器 KM 线圈→4 号线→热继电器 FR 的动断触点→2 号线→电源 N 极。

接触器 KM 线圈得电动作，接触器 KM 动合触点闭合（将脚踩脚踏 FTS2 动合触点短接）自保，维持接触器 KM 的工作状态。三个主触点同时闭合，从倒顺开关 TS 的 2/T1、4/T2、6/T3

三个端子上，电动机绕组获得反向排列的 L2、L1、L3 三相 380V 交流电源，电动机得电反方向运转。驱动钢筋弯曲机工作。

（3）钢筋弯曲机停机。脚踏脚踏开关 FTS1 动断触点断开，运行中的接触器 KM 线圈断电并释放，接触器 KM 主触点三个同时断开，电动机绕组脱离三相 380V 交流电源，停止反方向转动，钢筋弯曲机停止工作。

3. 过负荷故障停机

电动机发生过负荷时故障，主回路中的热继电器 FR 动作，热继电器 FR 的动断触点断开，切断电动机控制回路电源，运行中的接触器 KM 线圈断电并释放，接触器 KM 主触点三个同时断开，电动机绕组脱离三相 380V 交流电源，停止反方向转动，拖动的机械设备停止运行。

例45　脚踏开关控制的钢筋弯曲机 220V 控制电路

脚踏开关控制的钢筋弯曲机如图 2-7 所示，脚踏开关控制的钢筋弯曲机 220V 控制 1 电路如图 2-8（a）所示，实物接线图如图 2-8（b）所示。通过脚踏开关进行操作的钢筋弯曲机，通过调节位置，可以把钢筋弯曲成两个角度，即 90°和 135°。脚踏 90°的脚踏开关 FTS1，弯曲机把钢筋弯曲到 90°；脚踏 135°的脚踏开关 FTS2，弯曲机把钢筋弯曲到 135°时，依靠脚踏开关的动合触点，启动电动机的反方向运转以及弯曲机复位。

图 2-7　脚踏开关控制的钢筋弯曲机

1. 弯曲机回路送电操作

检查电动机及弯曲机具备启动条件，方可进行电动机的主电路与控制回路送电。

操作顺序如下：

（1）合上主回路隔离开关 QS。

（2）合上主回路空气断路器 QF。

（3）合上控制回路熔断器 FU。

2. 钢筋弯曲 90°电路工作

（1）钢筋弯曲 90°电路。脚踩脚踏开关 FTS1 动合触点闭合，电源 L1 相→控制回路熔断器 FU→1 号线→紧急停止按钮 ESB 动断触点→3 号线→接触器 KM0 动断触点→5 号线→闭合的脚踏开关 FTS1 动合触点→7 号线→90°行程开关 LS1 动断触点→9 号线→接触器 KM2 动断触点→11 号线→接触器 KM1 线圈→4 号线→热继电器 FR 动断触点→2 号线→电源 N 极。

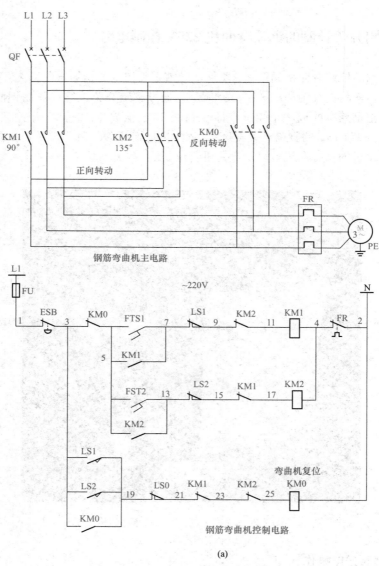

(a)

图 2-8　脚踏开关控制的钢筋弯曲机 220V 控制电路（一）

（a）原理图

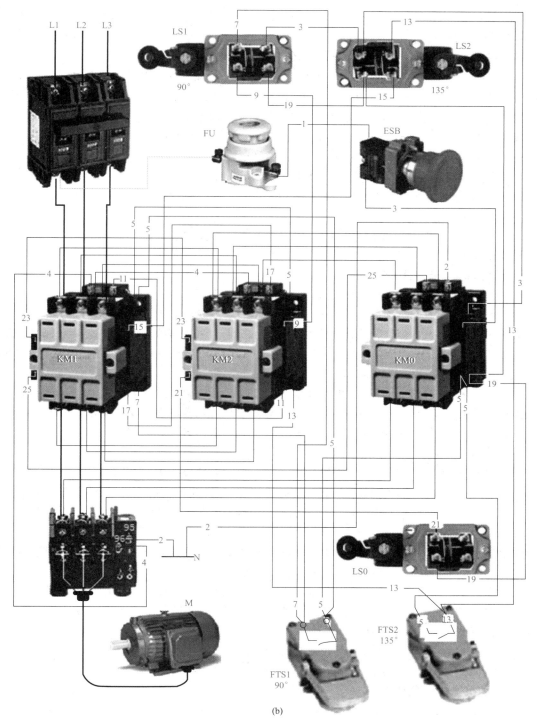

图 2-8　脚踏开关控制的钢筋弯曲机 220V 控制电路（二）

（b）实物接线图

接触器 KM1 线圈得电动作，KM1 动合触点闭合自保。接触器 KM1 三个主触点同时闭合，提供电源，电动机启动运转。弯曲机带着钢筋向 90°方向旋转，旋转到 90°，行程开关 LS1 动作，动断触点 LS1 断开，接触器 KM1 线圈断电释放，接触器 KM1 的三个主触点断开，电动机脱离电源，钢筋弯曲动作停止。

（2）弯曲机复位电路。行程开关 LS1 动作时，动合触点 LS1 闭合。

电源 L1 相→控制回路熔断器 FU→1 号线→紧急停止按钮 ESB 动断触点→3 号线→行程开关 LS1 动合触点→19 号线→行程开关 LS0 动断触点点→21 号线→接触器 KM1 动断触点→23 号线→接触器 KM2 动断触点→25 号线→弯曲机复位接触器 KM0 线圈→2 号线→电源 N 极。

接触器 KM0 线圈得电动作，KM0 动合触点闭合自保。接触器 KM0 三个主触点同时闭合，提供电源，电动机启动反方向运转，驱动弯曲机复位。

当弯曲机返回原始位置，行程开关 LS0 动作，动断触点 LS0 断开，接触器 KM0 线圈断电释放，接触器 KM0 的三个主触点断开，电动机脱离电源停止，钢筋弯曲机回归原始位置。弯曲机完成一次，把钢筋弯曲 90°的工作。

（3）弯曲机紧急停机。遇到紧急情况，应该立即按下紧急停止按钮 ESB（这种紧急停止按钮，按下时自锁），动断触点断开，切断控制电路。运行的接触器就会断电释放，弯曲机停止弯曲工作。

3. 钢筋弯曲 135°电路工作

（1）钢筋弯曲 135°电路工作原理。放入钢筋后，脚踩脚踏开关 FTS2 动合触点闭合。

电源 L1 相→控制回路熔断器 FU→1 号线→紧急停止按钮 ESB 动断触点→3 号线→接触器 KM0 动断触点→5 号线→闭合的脚踏开关 FTS2 动合触点→13 号线→135°行程开关 LS2 动断触点→15 号线→接触器 KM1 动断触点→17 号线→接触器 KM2 线圈→4 号线→热继电器 FR 动断触点→2 号线→电源 N 极。

接触器 KM2 线圈得电动作，KM2 动合触点闭合自保。接触器 KM2 三个主触点同时闭合，提供电源，电动机启动运转。弯曲机带着钢筋向 135°方向旋转，旋转到 135°，行程开关 LS2 动作，动断触点 LS2 断开，接触器 KM2 线圈断电释放，接触器 KM2 的三个主触点断开，电动机脱离电源，钢筋弯曲动作停止。

（2）弯曲机 135°复位电路。行程开关 LS2 动作时，动合触点 LS2 闭合。

电源 L1 相→控制回路熔断器 FU→1 号线→紧急停止按钮 ESB 动断触点→3 号线→行程开关 LS2 动合触点→19 号线→行程开关 LS0 动断触点点→21 号线→接触器 KM1 动断触点→23 号线→接触器 KM2 动断触点→25 号线→弯曲机复位接触器 KM0 线圈→2 号线→电源 N 极。

接触器 KM0 线圈得电动作，KM0 动合触点闭合自保。接触器 KM0 三个主触点同时闭合，提供电源，电动机启动反方向运转，驱动弯曲机复位。

当弯曲机返回原始位置，行程开关 LS0 动作，动断触点 LS0 断开，接触器 KM0 线圈断电释放，接触器 KM0 的三个主触点断开，电动机脱离电源停止，钢筋弯曲机回归原始位置。弯曲机完成一次把钢筋弯曲 135°的工作。

（3）弯曲机紧急停机。遇到紧急情况，应该立即按下紧急停止按钮 ESB（这种紧急停止按钮，按下时自锁），动断触点断开，切断控制电路。运行的接触器就会断电释放，弯曲机停止弯曲工作。

4. 电动机发生过负荷

电动机发生过负荷运行时，主电路中的热继电器 FR 动作，串接于接触器线圈控制回路中的热继电器 FR 动断触点断开，切断运行的接触器 KM1、KM2、KM0 线圈电路，接触器 KM1、KM2、KM0 断电释放，接触器 KM1、KM2、KM0 所属的三个主触点同时断开，电动机断电停转，弯曲机停止工作。

第三章 电动机正反转控制电路

驱动具有正反两个方向运动的机械设备的电动机采用正反转控制电路，是通过两个接触器的负荷侧端子改变电源相序实现正反转控制的，电动机正反转主电路接线基本是相同的。

电动机正反转控制电路有简单的、复杂的，本章介绍的两处操作的电动机正反转控制电路，也称正反转控制原理展开图，用来讲述电路工作原理，动作顺序清楚，容易分析、了解电路工作原理。两处操作的电动机正反转控制实际接线图，用于实际接线是方便的，但用这种图来讲述电路工作原理，不容易看清电路中设备元器件的动作关系。

例46 点动运转的电动机正反转 380V 控制电路

点动运转的电动机正反转 380V 控制电路如图 3-1 所示。合上控制回路熔断器 FU1、FU2 后，就可以对机械进行操作。

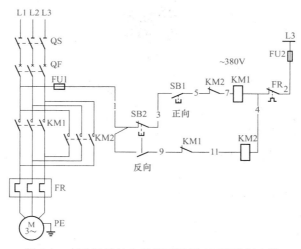

图 3-1 点动运转的电动机正反转 380V 控制电路

1. 电动机正向点动运转

按下正向启动按钮 SB1 动合触点闭合。电源 L1 相→控制回路熔断器 FU1→1 号线→反向启动按钮 SB2 动断触点→3 号线→启动按钮 SB1 动合触点（按下时闭合中）→5 号线→反向接触器 KM2 动断触点→7 号线→正向接触器 KM1 线圈→4 号线→热继电器 FR 的动断触点→2 号线→控制回路熔断器 FU2→电源 L3 相。电路接通，接触器 KM1 线圈获 380V 电压动作，主回路中正向接触器 KM1 三个主触点同时闭合，电动机 M 绕组获得按 L1、L2、L3 排列的三相 380V 交流电源，电动机正向运转。当手离开启动按钮 SB1 时，动合触点 SB2 断开，切断正向接触器 KM1 控制电路，接触器 KM1 线圈断电释放，接触器 KM1 的三个主触点断开，电动机断电停止运转。

2. 电动机反向点动运转

按下反向启动按钮 SB2 时，其动断触点断开，将正向接触器 KM1 控制电路切断，按到反向启动按钮 SB2 动合触点接通时，电源 L1 相→控制回路熔断器 FU1→1 号线→启动按钮 SB2 动合触点（按下时闭合）→9 号线→正向接触器 KM1 动断触点→11 号线→反向接触器 KM2 线圈→4 号线→热继电器 FR 的动断触点→2 号线→控制回路熔断器 FU2→电源 L3 相。电路接通，接触器 KM2 线圈获 380V 电压动作。

主回路中，反向接触器 KM2 三个主触点同时闭合，电动机 M 绕组获得按 L3、L2、L1 排列的三相 380V 交流电源，由于电动机绕组电源相序的改变，电动机反方向运转。

当手离开启动按钮 SB2 时，动合触点 SB2 断开，反向接触器 KM2 线圈断电释放，接触器 KM2 的三个主触点断开，电动机断电停止运转。

例 47　接触器触点联锁主令开关操作的正反转 380V 控制电路（见图 3-2）

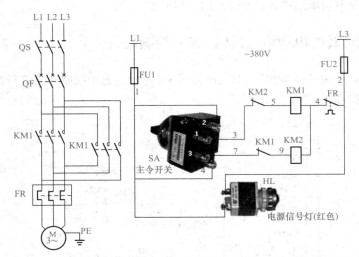

图 3-2　接触器触点联锁主令开关操作的正反转 380V 控制电路

1. 回路送电操作

（1）合上主电路中的隔离开关 QS。

（2）合上断路器 QF。

（3）合上控制回路熔断器 FU1、FU2 后，电源信号灯 HL 得电，灯亮，表示电动机回路送电。

2. 电动机 M 正向运转

主令开关 SA 切换到正向位置，触点 2、1 接通。电源 L1 相→控制回路熔断器 FU1→1 号线→主令开关 SA 切换到正向位置，触点 1、2 接通→3 号线→反向接触器 KM2 动断触点→5 号线→正向接触器 KM1 线圈→4 号线→热继电器 FR 的动断触点→2 号线→控制回路熔断器 FU2→电源 L3 相。电路接通，接触器 KM1 线圈获 380V 电压动作。

主回路中正向接触器 KM1 三个主触点同时闭合，电动机 M 绕组获得按 L1、L2、L3 排列的三相 380V 交流电源，电动机正向启动运转。

将主令开关 SA 切换到 "0" 位，其触点 2、1 断开，正向接触器 KM1 线圈断电释放，三个主触点同时断开，电动机断电停止正向运转。

3. 电动机反向运转

主令开关 SA 切换到反向位置，触点 3、4 接通，电源 L1 相→控制回路熔断器 FU1→1 号线→主令开关 SA 切换到反向位置，触点 4、3 接通→7 号线→正向接触器 KM1 动断触点→9 号线→反向接触器 KM2 线圈→4 号线→热继电器 FR 的动断触点→2 号线→控制回路熔断器 FU2→电源 L3 相。电路接通，接触器 KM2 线圈获 380V 电压动作。

主回路中反向接触器 KM2 三个主触点同时闭合，电动机 M 绕组获得按 L3、L2、L1 排列的三相 380V 交流电源，电动机反向启动运转。

将主令开关 SA 切换到"0"位，其触点 3、4 断开，正向接触器 KM2 线圈断电释放，三个主触点断开，电动机 M 断电停止反向运转。

4. 电动机过负荷停机

电动机过负荷时，主回路中的热继电器 FR 动作，热继电器 FR 的动断触点断开。

电动机正方向运转时，切断接触器 KM1 线圈电路，接触器 KM1 线圈断电，接触器 KM1 释放，接触器 KM1 的三个主触点同时断开，电动机 M 绕组脱离三相 380V 交流电源，正方向转动停止，所拖动的机械设备停止工作。

电动机反方向运转时，切断接触器 KM2 线圈电路，接触器 KM2 线圈断电，接触器 KM2 释放，接触器 KM2 的三个主触点同时断开，电动机 M 绕组脱离三相 380V 交流电源，反方向转动停止，所拖动的机械设备停止工作。

例 48　按钮操作、向前限位的电动机正反转 220V 控制电路（见图 3-3）

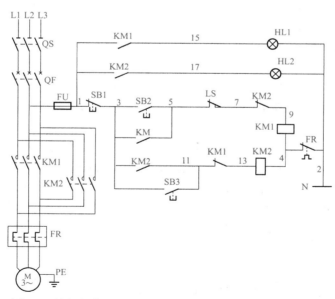

图 3-3　按钮操作、向前限位的电动机正反转 220V 控制电路

1. 回路送电操作

（1）合上主电路中的隔离开关 QS。

（2）合上断路器 QF。

（3）合上控制回路熔断器 FU 后，电动机具备启动条件。

2. 电动机正向运转

按下向前启动按钮 SB2 动合触点，电源 L1 相→控制回路熔断器 FU→1 号线→停止按钮 SB1 动断触点→3 号线→启动按钮 SB2 动合触点（按下时闭合）→5 号线→行程开关 LS 动断触点→7 号线→反向接触器 KM2 动断触点→9 号线→正向接触器 KM1 线圈→4 号线→热继电器 FR 的动断触点→2 号线→电源 N 极。接触器 KM1 线圈获得 220V 电源动作，动合触点 KM1 闭合自保，维持接触器 KM1 工作状态。正向接触器 KM1 三个主触点同时闭合，电动机绕组获得按 L1、L2、L3 排列的三相 380V 交流电源，电动机正向启动运转。

正向接触器 KM1 动合触点闭合→15 号线→信号灯 HL1 得电灯亮，表示电动机正向运转状态。

当移动的机械设备达到预定位置碰上行程开关 LS 时，行程开关 LS 的动断触点断开，切断正向接触器 KM1 线圈电路，接触器 KM1 断电释放，三个主触点断开，电动机断电停转，机械设备停止工作。

3. 电动机反方向运转

按下反方向启动按钮 SB3 动合触点闭合，电源 L1 相→控制回路熔断器 FU→1 号线→停止按钮 SB1 动断触点→3 号线→启动按钮 SB3 动合触点（按下时闭合）→11 号线→正向接触器 KM1 动断触点→13 号线→反向接触器 KM2 线圈→4 号线→热继电器 FR 的动断触点→2 号线→电源 N 极。

接触器 KM1 线圈获得 220V 电源动作，动合触点 KM2 闭合自保，维持接触器 KM2 工作状态。三个主触点同时闭合，电动机 M 绕组获得按 L3、L2、L1 排列的三相 380V 交流电源，电动机 M 反向启动运转。

当移动的机械设备达到预定位置时，操作人员按下停止按钮 SB1 动断触点断开，切断反向接触器 KM2 线圈控制电路，接触器 KM2 断电释放，接触器 KM2 三个主触点断开，电动机 M 断电停转，机械设备停止移动。

4. 电动机停止运转

电动机在正方向或反方向运转中，只要按下停止按钮 SB1 动断触点断开，切断接触器的控制电路，接触器断电释放，接触器主触点断开，电动机断电停止运转。

5. 电动机过负荷停机

电动机过负荷时，主回路中的热继电器 FR 动作，热继电器 FR 的动断触点断开：

电动机正方向运转，切断接触器 KM1 线圈控制电路，接触器 KM1 断电释放，三个主触点同时断开，电动机脱离三相 380V 交流电源，正方向转动停止，所拖动的机械设备停止工作。

电动机反方向运转，切断接触器 KM2 线圈控制电路，接触器 KM2 线圈断电，接触器 KM2 释放，接触器 KM2 的三个主触点同时断开，电动机绕组脱离三相 380V 交流电源，反方向转动停止，所拖动的机械设备停止工作。

例 49　加有控制开关双重联锁的电动机正反转 380V 控制电路（见图 3-4）

1. 回路送电操作

（1）合上主电路中的隔离开关 QS。

（2）合上断路器 QF。

（3）合上控制回路熔断器 FU1、FU2 后，电动机具备启动条件。

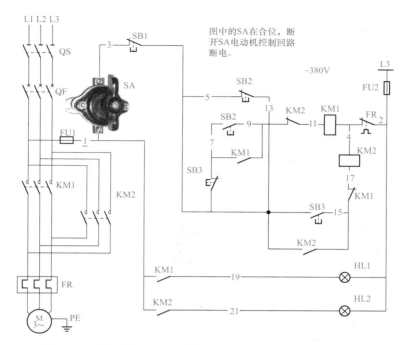

图3-4　加有控制开关双重联锁的电动机正反转380V控制电路

2. 电动机正向启动运转

按下正向启动按钮SB2动断触点。手按下启动按钮SB2时，动断触点SB2先断开，切断反向接触器KM2控制电路，防止反向接触器KM2动作。

按到正向启动按钮SB2动合触点接通时，电源L1相→控制回路熔断器FU1→1号线→控制开关SA接通的触点→3号线→停止按钮SB0动断触点→5号线→反向启动按钮SB2动断触点→7号线→正向启动按钮SB2动合触点（按下时闭合中）→9号线→反向接触器KM2动断触点→11号线→正向接触器KM1线圈→4号线→热继电器FR的动断触点→2号线→控制回路熔断器FU2→电源L3相。电路接通，接触器KM1线圈获380V电压动作，接触器KM1动合触点闭合自保。

正向接触器KM1三个主触点同时闭合，电动机绕组获得按L1、L2、L3排列的三相380V交流电源，电动机正向运转。

正向接触器KM1动合触点闭合→19号线→信号灯HL1得电灯亮，表示电动机正向运转状态。

3. 电动机反向运转

按下反向启动按钮SB3动合触点闭合。当手按下启动按钮SB3时，动断触点SB3先断开，切断正向接触器KM1控制电路。

按到反向启动按钮SB3动合触点接通时，电源L1相→控制回路熔断器FU1→1号线→控制开关SA接通的触点→3号线→停止按钮SB1动断触点→5号线→正向启动按钮SB2动断触点→13号线→反向启动按钮SB2动合触点（按下时闭合中）→15号线→正向接触器KM1动合触点→17号线→反向接触器KM2线圈→4号线→热继电器FR的动断触点→2号线→控制回路熔断器FU2→电源L3相。电路接通，接触器KM2线圈获380V电压动作，接触器KM2动合触点闭合自保。

主回路中反向接触器KM2三个主触点同时闭合，电动机M绕组获得按L3、L2、L1排列的三相 380V 交流电源，电动机 M 反向运转。

反向接触器 KM2 动合触点闭合→21 号线→信号灯 HL2 得电灯亮，表示电动机反向运转状态。

4. 电动机停止运转

电动机在正方向或反方向运转中，只要按下停止按钮 SB1，切断运行中的接触器控制电路，接触器断电释放，接触器主触点断开，电动机 M 断电停止运转。

例 50 双重联锁的电动机正反转 220V 控制电路（见图 3-5）

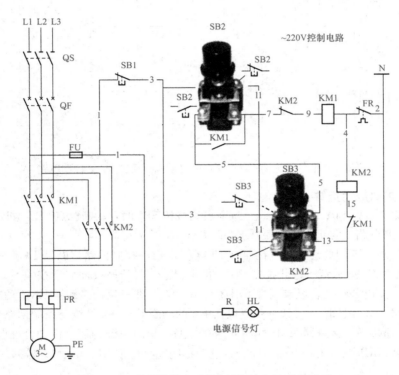

图 3-5 双重联锁的电动机正反转 220V 控制电路

1. 回路送电操作

（1）合上主电路中的隔离开关 QS。

（2）合上断路器 QF。

（3）合上控制回路熔断器 FU。

合上控制回路熔断器 FU 后，信号灯 HL 得电亮灯，电动机具备启动条件。

2. 电动机正向启动运转

按下正向启动按钮 SB2 动合触点。手按下启动按钮 SB2 时，动断触点 SB2 先断开，切断反向接触器 KM2 控制电路，防止反向接触器 KM2 动作。

按到正向启动按钮 SB2 动合触点接通时，电源 L1 相→控制回路熔断器 FU→1 号线→停止按钮 SB1 动断触点→3 号线→反向启动按钮 SB3 动断触点→5 号线→正向启动按钮 SB2 动合触点（按下时闭合中）→7 号线→反向接触器 KM2 动断触点→9 号线→正向接触器 KM1 线圈→4 号线→热继电器 FR 的动断触点→2 号线→电源 N 极。电路接通，接触器 KM1 线圈获 220V 电压动作，接触器 KM1 动合触点闭合自保。

主回路中正向接触器 KM1 三个主触点同时闭合，电动机 M 绕组获得按 L1、L2、L3 排列的三相 220V 交流电源，电动机 M 正向运转。

正方向运转中，按下停止按钮 SB1 动断触点，切断运行中的接触器 KM1 控制电路，接触器 KM1 断电释放，接触器 KM1 主触点断开，电动机断电停止运转。

3. 电动机反向运转

按下反向启动按钮 SB3。当手按下启动按钮 SB3 时，动断触点 SB3 先断开，切断正向接触器 KM1 控制电路，防止正向接触器 KM1 动作。

按到反向启动按钮 SB3 动合触点接通时，电源 L1 相→控制回路熔断器 FU→1 号线→停止按钮 SB1 动断触点→3 号线→正向启动按钮 SB1 动断触点→11 号线→反向启动按钮 SB3 动合触点（按下时闭合中）→13 号线→正向接触器 KM1 动断触点→15 号线→反向接触器 KM2 线圈→4 号线→热继电器 FR 的动断触点→2 号线→电源 N 极。电路接通，接触器 KM2 线圈获 220V 电压动作，接触器 KM2 动合触点闭合自保。

主回路中反向接触器 KM2 三个主触点同时闭合，电动机绕组获得按 L3、L2、L1 排列的三相 380V 交流电源，电动机 M 反向运转。

4. 电动机停止反方向运转

反方向运转中，只要按下停止按钮 SB1 动断触点，切断运行中的接触器 KM2 控制电路，接触器 KM2 断电释放，接触器 KM2 主触点断开，电动机 M 断电停止运转。

例51 按钮触点联锁的电动机正反转 380V 控制电路（见图 3-6）

采用正反启动按钮联锁、相互制约的正反转控制电路，应用非常普遍。何谓控制按钮联锁相互制约的正反转控制接线，在电动机正反转控制电路中，正向控制按钮 SB2 的动断触点与反向接触器 KM3 线圈相接。反向控制按钮 SB3 的动断触点与正向接触器 KM1 线圈相接。采用这种控制方法达到制约对方的接线方式，称为按钮联锁的正反转控制接线。

1. 回路送电操作
（1）合上主电路中的隔离开关 QS。
（2）合上断路器 QF。
（3）合上控制回路熔断器 FU1、FU2 后，信号灯 HL 得电亮灯，电动机具备启动条件。

2. 电动机正向启动运转
按下正向启动按钮 SB2 动合触点闭合。串入反向接触器 KM2 线圈电路中的按钮 SB2 动断触点先断开，切断反向接触器 KM2 线圈控制电路，使之不能得电。

按到正向启动按钮 SB2 动合触点接通时，电源 L1 相→控制回路熔断器 FU1→1 号线→停止按钮 SB1 动断触点→3 号线→按钮 SB3 动断触点→5 号线→正向启动按钮 SB2 动合触点（按下时闭合）→7 号线→正向接触器 KM1 线圈→4 号线→热继电器 FR 的动断触点→2 号线→控制回路熔断器 FU2→电源 L3 相。电路接通，接触器 KM1 线圈获 380V 的工作电压动作，接触器 KM1 动合触点闭合自保，维持接触器 KM1 工作状态。

正向接触器 KM1 三个主触点同时闭合，电动机 M 绕组获得按 L1、L2、L3 排列的三相 380V 交流电源，电动机正向启动运转。

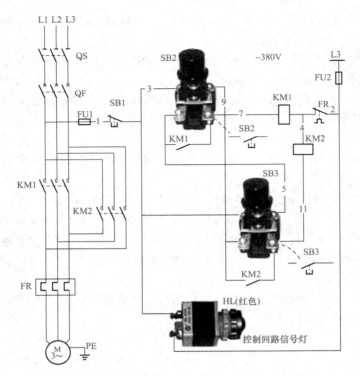

图 3-6　按钮触点联锁的电动机正反转 380V 控制电路

3. 电动机反向启动运转

按下反向启动按钮 SB3 动合触点闭合，串入正向接触器 KM1 线圈电路中的按钮 SB3 动断触点先断开，切断正向接触器 KM1 线圈电路，使之不能得电。

按到反向启动按钮 SB3 动合触点接通，电源 L1 相→控制回路熔断器 FU1→1 号线→停止按钮 SB1 动断触点→3 号线→按钮 SB2 动断触点→9 号线→反向启动按钮 SB3 动合触点（按下时闭合）→11 号线→反向接触器 KM2 线圈→4 号线→热继电器 FR 动断触点→2 号线→控制回路熔断器 FU2→电源 L3 相。电路接通，接触器 KM2 线圈获电动作，接触器 KM2 动合触点闭合自保。维持接触器 KM2 工作状态。

反向接触器 KM2 三个主触点同时闭合，电动机绕组获得按 L3、L2、L1 排列的三相 380V 交流电源，电动机反向启动运转。

4. 电动机停止运转

电动机在正方向或反方向运转中，只要按下停止按钮 SB1，切断运行中的接触器控制电路，接触器断电释放，接触器主触点断开，电动机 M 断电停止运转。

5. 过负荷停机

电动机过负荷时，热继电器 FR 动作，动断触点 FR 断开，切断运行中的接触器 KM1 或 KM2 线圈电路，接触器 KM1、KM2 线圈断电释放，接触器 KM1、KM2 的三个主触点同时断开，电动机 M 绕组脱离三相 380V 交流电源停止转动，机械设备停止工作。

6. 按钮触点联锁的好处

（1）电动机在正方向运转中，按下反方向启动按钮 SB3 其动断触点断开，切断了正方向接触器 KM1 线圈电路。而使其 KM1 接触器的控制电路断电释放，主触点 KM1 断开，电动机停止运转。

（2）电动机在反方向运转中，按下正方向启动按钮 SB2 其动断触点断开，切断了反方向接触器 KM2 线圈电路。而使其 KM2 接触器的控制电路断电释放，主触点 KM2 断开，电动机停止反方向运转。

电动机运转中，只要按下相反方向的启动按钮。运行中的电动机就会停止运转，这就是常说的按钮触点的联锁。

例 52　两个按钮操作的双重联锁的电动机正反转 380V 控制电路（见图 3-7）

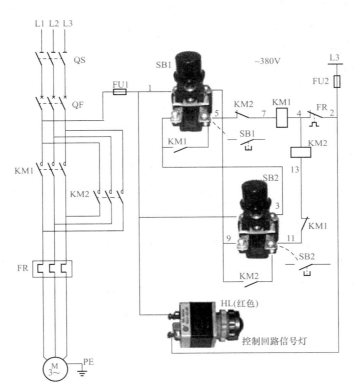

图 3-7　两个按钮操作的双重联锁的电动机正反转 380V 控制电路

1. 回路送电操作

（1）合上主电路中的隔离开关 QS。

（2）合上断路器 QF。

（3）合上控制回路熔断器 FU1、FU2 后，信号灯 HL 得电亮灯，电动机具备启动条件。

2. 电动机正向运转

按下正向启动按钮 SB1 动合触点。手按下启动按钮 SB1 时，其动断触点 SB1 先断开，切断反向接触器 KM2 控制电路，防止反向接触器 KM2 动作。

按到正向启动按钮 SB1 动合触点接通时，电源 L1 相→控制回路熔断器 FU1→1 号线→反向启动按钮 SB2 动断触点→3 号线→正向启动按钮 SB1 动合触点（按下时闭合中）→5 号线→反向接触器 KM2 动断触点→7 号线→正向接触器 KM1 线圈→4 号线→热继电器 FR 的动断触点→2 号线→控制回路熔断器 FU2→电源 L3 相。电路接通，接触器 KM1 线圈获 380V 电压动作，接触器 KM1 动合触点闭合自保。

主回路中正向接触器 KM1 三个主触点同时闭合，电动机 M 绕组获得按 L1、L2、L3 排列的三相 380V 交流电源，电动机 M 正向运转。

3. 电动机反向运转

按下反向启动按钮 SB2 动合触点闭合。当手按下启动按钮 SB2 时，动断触点 SB2 先断开，切断正向接触器 KM1 控制电路，防止正向接触器 KM1 动作。

按到反向启动按钮 SB2 动合触点接通时，电源 L1 相→控制回路熔断器 FU1→1 号线→正向启动按钮 SB1 动断触点→9 号线→反向启动按钮 SB2 动合触点（按下时闭合中）→11 号线→正向接触器 KM1 动断触点→13 号线→反向接触器 KM2 线圈→4 号线→热继电器 FR 的动断触点→2 号线→控制回路熔断器 FU2→电源 L3 相。电路接通，接触器 KM2 线圈获 380V 电压动作，接触器 KM2 动合触点闭合自保。

主回路中反向接触器 KM2 三个主触点同时闭合，电动机绕组获得按 L3、L2、L1 排列的三相 380V 交流电源，由于相序的改变电动机反向运转。

4. 电动机停止运转

电动机正方向运转，点一下按钮 SB2 动断触点断开，切断运行中的接触器 KM1 控制电路，接触器 KM1 断电释放，接触器 KM1 主触点断开，电动机断电停止运转。

电动机反方向运转，点一下按钮 SB1 动断触点断开，切断运行中的接触器 KM2 控制电路，接触器 KM2 断电释放，接触器 KM2 主触点断开，电动机断电停止运转。

5. 过负荷停机

电动机过负荷时，热继电器 FR 动作，动断触点 FR 断开，切断运行中的接触器 KM1 或 KM2 线圈电路，接触器 KM1、KM2 线圈断电释放，接触器 KM1、KM2 的三个主触点同时断开，电动机 M 绕组脱离三相 380V 交流电源停止转动，机械设备停止工作。

例53 加有行程开关有状态信号双重联锁的电动机正反转 220V 控制电路（见图 3-8）

1. 回路送电操作

（1）合上主电路中的隔离开关 QS。

（2）合上断路器 QF。

（3）合上控制回路熔断器 FU。

2. 电动机正向运转

按下正向启动按钮 SB2 动合触点闭合，当手按下启动按钮 SB2 时，动断触点 SB2 先断开，切断反向接触器 KM2 控制电路，防止反向接触器 KM2 动作。

按到正向启动按钮 SB2 动合触点接通时，电源 L1 相→控制回路熔断器 FU→1 号线→停止按钮 SB1 动断触点→3 号线→按钮 SB3 的动断触点→5 号线→正向启动按钮 SB2 动合触点（按下时闭合中）→7 号线→行程开关 SL1 动断触点→9 号线→反向接触器 KM2 动断触点→11 号线→正向接触器 KM1 线圈→4 号线→热继电器 FR 的动断触点→2 号线→电源 N 极。接触器 KM1 线圈获 220V 电压动作，接触器 KM1 动合触点闭合自保。

正向接触器 KM1 三个主触点同时闭合，电动机 M 绕组获得按 L1、L2、L3 排列的三相 380V 交流电源，电动机 M 正向运转。

正向接触器 KM1 动合触点闭合→21 号线→信号灯 HL2 得电动作，表示电动机在正方向运转中。

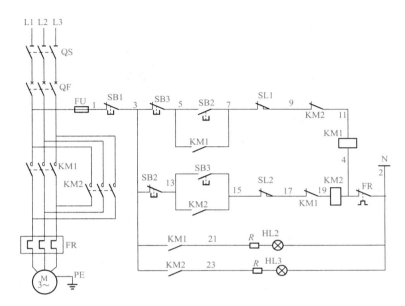

图 3-8　加有行程开关有状态信号双重联锁的电动机正反转 220V 控制电路

3. 电动机反向运转

按下反向启动按钮 SB3 动合触点闭合。当手按下启动按钮 SB3 时，动断触点 SB3 先断开，切断正向接触器 KM1 控制电路，防止正向接触器 KM1 动作。

按到反向启动按钮 SB3 动合触点接通时，电源 L1 相→控制回路熔断器 FU→1 号线→停止按钮 SB1 动断触点→3 号线→按钮 SB2 动断触点→13 号线→反向启动按钮 SB3 动合触点（按下时闭合中）→15 号线→行程开关 SL2 动断触点→17 号线→正向接触器 KM1 动断触点→19 号线→反向接触器 KM2 线圈→4 号线→热继电器 FR 的动断触点→2 号线→电源 N 极。接触器 KM2 线圈获220V 电压动作，接触器 KM2 动合触点闭合自保。

反向接触器 KM2 三个主触点同时闭合，电动机 M 绕组获得按 L3、L2、L1 排列的三相 380V 交流电源，电动机反向运转。

反向接触器 KM2 动合触点闭合→23 号线→信号灯 HL3 得电动作，表示电动机在反方向运转中。

4. 电动机停止运转

电动机在正方向或反方向运转中，只要按下停止按钮 SB1，切断运行中的接触器控制电路，接触器断电释放，接触器主触点断开，电动机断电停止运转。

例 54　接触器触点联锁有状态信号的电动机正反转 380V/36V 控制电路（见图 3-9）

隔离开关 QS 已在合位，断路器 QF，控制回路熔断器 FU1、FU2 已在合位。电源 L2 相→控制回路熔断器 FU1→控制变压器 TC 一次绕组→控制回路熔断器 FU2。

变压器一次绕组获 380V 电源，变压器二次绕组输出 36V 电压，作为电动机回路的控制电源。变压器 TC 二次熔断器 FU0 在合位，信号灯 HL0 得电灯亮，表示 36V 控制电源正常，电动机电路具备启停电动机的条件。

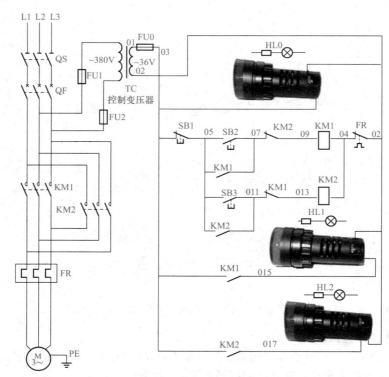

图 3-9 接触器触点联锁有状态信号的电动机正反转 380V/36V 控制电路

1. 电动机正向启动运转

按下正向启动按钮 SB2 动合触点闭合。电源由控制变压器 TC 的二次 01→控制熔断器 FU0→03 号线→停止按钮 SB1 动断触点→05 号线→启动按钮 SB2 动合触点（按下时闭合中）→07 号线→反向接触器 KM2 动断触点→09 号线→正向接触器 KM1 线圈→04 号线→热继电器 FR 的动断触点→02 号线→控制变压器 TC 的二次 02 极。电路接通，接触器 KM1 线圈获得 36V 的工作电压动作，接触器 KM1 动合触点闭合自保，维持接触器 KM1 的工作状态。

正向接触器 KM1 三个主触点同时闭合，电动机 M 绕组获得按 L1、L2、L3 排列的三相 220V 交流电源，电动机正向启动运转。

接触器 KM1 动合触点闭合→015 号线→信号灯 HL2 得电灯亮，表示电动机在正方向运转中。

2. 电动机正方向运转停止

电动机在正方向运转中，按下停止按钮 SB1 或点一下按钮 SB3 动断触点断开，切断接触器 KM1 的电路，接触器 KM1 断电释放，接触器 KM1 主触点断开，电动机 M 断电停止运转。

3. 电动机反向启动运转

按下反向启动按钮 SB3 动合触点闭合，电源由控制变压器 TC 的二次 01→控制熔断器 FU0→03 号线→停止按钮 SB1 动断触点→05 号线→启动按钮 SB3 动合触点（按下时闭合中）→011 号线→正向接触器 KM1 动断触点→013 号线→反向接触器 KM2 线圈→04 号线→热继电器 FR 的动断触点→02 号线→控制变压器 TC 的二次 02 极。电路接通，接触器 KM2 线圈获得 36V 的工作电压动作，接触器 KM2 动合触点闭合自保，维持接触器 KM2 的工作状态。

反向接触器 KM2 三个主触点同时闭合，电动机绕组获得按 L3、L2、L1 排列的三相 380V 交流电源，电动机反向启动运转。

接触器 KM2 动合触点闭合→017 号线→信号灯 HL2 得电灯亮，表示电动机在反方向运转中。

4. 电动机反向运转停止

电动机在反方向运转中，只要按下停止按钮 SB1 或点一下按钮 SB2 其动断触点断开，切断接触器 KM2 的电路，接触器 KM2 断电释放，接触器 KM2 主触点断开，电动机断电停止运转。

5. 电动机过负荷

电动机过负荷时，负荷电流达到热继电器 FR 的整定值时，热继电器 FR 动作，动断触点 FR 断开，正方向运转中，切断接触器 KM1 线圈控制电路，接触器 KM1 断电释放，三个主触点同时断开，电动机 M 绕组脱离三相 380V 交流电源，停止转动，机械设备停止工作。

反方向运转中，切断接触器 KM2 线圈控制电路，接触器 KM2 线圈断电释放，三个主触点同时断开，电动机绕组脱离三相 380V 交流电源停止转动，机械设备停止工作。

例55　万能转换开关操作、接触器触点联锁到位自停的正反转 220V 控制电路（见图 3-10）

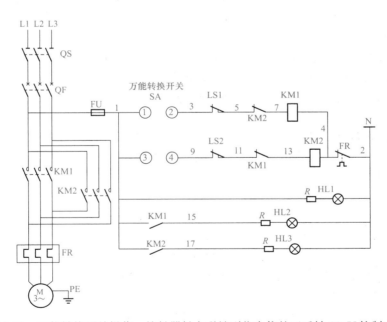

图 3-10　万能转换开关操作、接触器触点联锁到位自停的正反转 220V 控制电路

1. 电动机回路送电顺序

（1）合上主电路中的隔离开关 QS。

（2）合上断路器 QF。

（3）合上控制回路熔断器 FU 后，电源信号灯 HL1 得电亮灯，表示电动机进入热备用状态，可随时启停电动机。

2. 电动机正向运转

万能转换开关 SA 切换到正向位置，触点 1、2 接通。电源 L1 相→控制回路熔断器 FU→1 号线→万能转换开关 SA 切换到正向位置，触点 1、2 接通→3 号线→行程开关 LS1 动断触点→5 号线→反向接触器 KM2 动断触点→7 号线→正向接触器 KM1 线圈→4 号线→热继电器 FR 的动断触点→2 号线→电源 N 极。电路接通，接触器 KM1 线圈获 220V 电压动作。接触器 KM1 三个主触点同时闭合，电动机绕组获得按 L1、L2、L3 排列的三相 380V 交流电源，电动机正向启动运转。接触器 KM1 动合触点闭合→15 号线→信号灯 HL2 得电灯亮，表示电动机正向运转。

将万能转换开关 SA 切换到"0"位，其触点 1、2 断开，正向接触器 KM1 线圈断电释放，三个主触点同时断开，电动机断电停止正向运转。

3. 电动机反向运转

万能转换开关 SA 切换到反向位置，触点 3、4 接通，电源 L1 相→控制回路熔断器 FU→1 号线→万能转换开关 SA 反向位置，触点 3、4 接通→9 号线→行程开关 LS2 动断触点→11 号线→正向接触器 KM1 动断触点→13 号线→反向接触器 KM2 线圈→4 号线→热继电器 FR 的动断触点→2 号线→电源 N 极。接触器 KM2 线圈获 380V 电压动作。

反向接触器 KM2 三个主触点同时闭合，电动机 M 绕组获得按 L3、L2、L1 排列的三相 380V 交流电源，电动机 M 反向启动运转。接触器 KM2 动合触点闭合→17 号线→信号灯 HL3 得电灯亮，表示电动机 M 反向运转。

将万能转换开关 SA 切换到"0"位，其触点 3、4 断开，反向接触器 KM2 线圈断电释放，三个主触点断开，电动机 M 断电停止反向运转。

4. 电动机过负荷停机

电动机过负荷时，主回路中的热继电器 FR 动作，热继电器 FR 的动断触点断开。

电动机正方向运转时，切断接触器 KM1 线圈电路，接触器 KM1 线圈断电，接触器 KM1 释放，接触器 KM1 的三个主触点同时断开，电动机绕组脱离三相 380V 交流电源，正方向转动停止，所拖动的机械设备停止工作。

电动机反方向运转时，切断接触器 KM2 线圈电路，接触器 KM2 线圈断电，接触器 KM2 释放，接触器 KM2 的三个主触点同时断开，电动机 M 绕组脱离三相 380V 交流电源，反方向转动停止，所拖动的机械设备停止工作。

例 56　按钮操作双重联锁的电动机正反转 380V/127V 控制电路（见图 3-11）

隔离开关 QS 已在合位，断路器 QF，控制回路熔断器 FU1、FU2 已在合位。电源 L2 相→控制熔断器 FU1→控制变压器 TC 一次绕组→控制回路熔断器 FU2→电源 L3 相。

控制变压器 TC 一次绕组获 380V 电源。变压器二次绕组输出 127V 电压，作为电动机回路的控制电源。变压器 TC 二次熔断器 FU 在合位，信号灯 HL 得电灯亮，表示 127V 控制电源正常，电动机电路具备启停电动机的条件。

1. 电动机正向启动

按下正向启动按钮 SB2 动合触点，当手按下启动按钮 SB2 时，动断触点 SB2 先断开，切断反向接触器 KM2 控制电路，防止正向接触器 KM2 动作。

按到正向启动按钮 SB2 动合触点接通时，变压器 TC 二次 01 号线→控制回路熔断器 FU→1 号线→停止按钮 SB1 动断触点→3 号线→反向启动按钮 SB3 动断触点→5 号线→正向启动按钮

SB2 动合触点（按下时闭合中）→7 号线→反向接触器 KM2 动断触点→9 号线→正向接触器 KM1 线圈→2 号线→控制变压器 TC 二次绕组 02 号线。接触器 KM1 线圈获 36V 的工作电压动作，接触器 KM1 动合触点闭合自保。

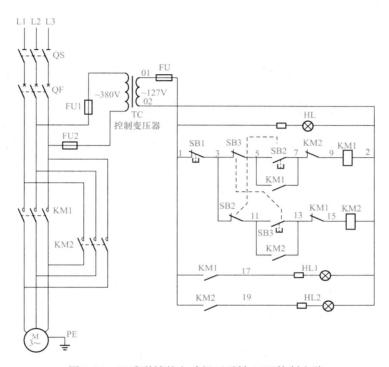

图 3-11　双重联锁的电动机正反转 36V 控制电路

正向接触器 KM1 三个主触点同时闭合，电动机 M 绕组获得按 L1、L2、L3 排列的三相 380V 交流电源，电动机 M 正向运转。

接触器 KM1 动合触点闭合→17 号线→信号灯 HL1 得电灯亮，表示电动机正方向运转。

2. 电动机反向启动

按下反向启动按钮 SB3，当手按下启动按钮 SB3 时，动断触点 SB3 先断开，切断正向接触器 KM1 控制电路，防止正向接触器 KM1 动作。

按到反向启动按钮 SB3 动合触点接通时，变压器 TC 二次 01 号线→控制回路熔断器 FU→1 号线→停止按钮 SB1 动断触点→3 号线→按钮 SB2 动断触点→5 号线→反向启动按钮 SB3 动合触点（按下时闭合中）→13 号线→正向接触器 KM1 动断触点→15 号线→反向接触器 KM2 线圈→2 号线→控制变压器 TC 二次绕组 02 号线。接触器 KM2 线圈获 127V 的工作电压动作，接触器 KM2 动合触点闭合自保。

反向接触器 KM2 三个主触点同时闭合，电动机绕组获得按 L3、L2、L1 排列的三相 380V 交流电源，电动机反向运转。

接触器 KM2 动合触点闭合→19 号线→信号灯 HL2 得电灯亮，表示电动机反方向运转。

3. 电动机过负荷停机

电动机过负荷时，主回路中的热继电器 FR 动作，热继电器 FR 的动断触点断开。

电动机正方向运转，切断接触器 KM1 线圈电路，接触器 KM1 线圈断电，接触器 KM1 释放，接触器 KM1 的三个主触点同时断开，电动机绕组脱离三相 380V 交流电源，正方向转动停止，所拖动的机械设备停止工作。

电动机反方向运转，切断接触器 KM2 线圈电路，接触器 KM2 线圈断电，接触器 KM2 释放，接触器 KM2 的三个主触点同时断开，电动机绕组脱离三相 380V 交流电源，反方向转动停止，所拖动的机械设备停止工作。

例 57　按钮操作有正反向限位自停的电动机正反转 380V 控制电路

按钮操作有正反向限位自停的电动机正反转 380V 控制电路如图 3-12 所示。当正方向移动的机械设备，碰上行程开关 SL1 其动断触点断开，接触器 KM1 控制电路断电，电动机停止运行。反方向移动的机械设备，碰上行程开关 SL2 其动断触点断开，接触器 KM2 控制电路断电，电动机停止反方向运行。

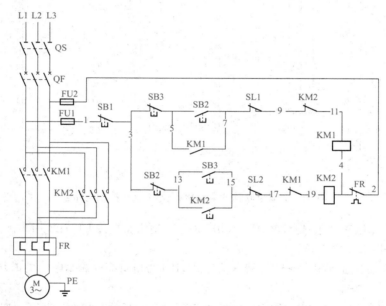

图 3-12　按钮操作有正反向限位自停的电动机正反转 380V 控制电路

1. 电动机正向启动运转

（1）按下正向启动按钮 SB2 动合触点接通，电源 L1 相→控制回路熔断器 FU1→1 号线→停止按钮 SB1 动断触点→3 号线→停止按钮 SB3 动断触点→5 号线→正向启动按钮 SB2 动合触点（按下时闭合）→7 号线→行程开关 SL1 动断触点→9 号线→反向接触器 KM2 动断触点→11 号线→正向接触器 KM1 线圈→4 号线→热继电器 FR 动断触点→2 号线→控制回路熔断器 FU2→电源 L3 相。接触器 KM1 线圈获 380V 的工作电压动作，接触器 KM1 动合触点闭合自保。主回路中正向接触器 KM1 三个主触点同时闭合，电动机绕组获得按 L1、L2、L3 排列的三相 380V 交流电源，电动机正向运转。

（2）正向运转停机。按停止按钮 SB1 动断触点断开，接触器 KM1 断电释放，电动机停止正向运转。

2. 电动机反向运转

（1）按下反向启动按钮 SB3。当手按下启动按钮 SB3 时，动断触点 SB3 先断开，切断正向接触器 KM1 控制电路，防止正向接触器 KM1 动作。

　　按到反向启动按钮 SB3 动合触点接通时，电源 L1 相→控制回路熔断器 FU1→1 号线→停止按钮 SB1 动断触点→3 号线→按钮 SB2 动断触点→13 号线→反向启动按钮 SB3 动合触点（按下时闭合）→15 号线→行程开关 SL2 动断触点→17 号线→正向接触器 KM1 动断触点→19 号线→反向接触器 KM2 线圈→4 号线→热继电器 FR 动断触点→2 号线→控制回路熔断器 FU2→电源 L3 相。接触器 KM2 线圈获 380V 的工作电压动作，接触器 KM2 动合触点闭合自保。反向接触器 KM2 三个主触点同时闭合，电动机绕组获得按 L3、L2、L1 排列的三相 380V 交流电源，电动机反向运转。

　　（2）反向运转停机。按停止按钮 SB1 动断触点断开，接触器 KM2 断电释放，电动机停止反向运转。机械设备停止工作。

例 58　两处操作的电动机正反转 380V/36V 控制电路（见图 3-13）

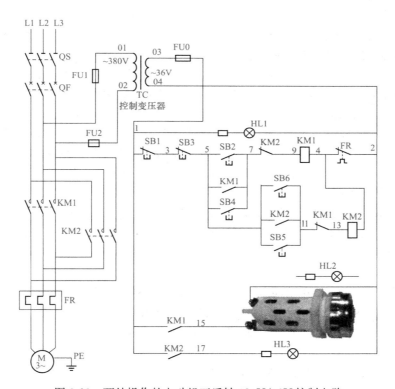

图 3-13　两处操作的电动机正反转 380V/36V 控制电路

1. 送电操作顺序

（1）合上隔离开关 QS。

（2）合上断路器 QF。

（3）合上控制回路熔断器 FU1、FU2。

　　合上控制回路熔断器 FU1、FU2 后，电源 L2 相→控制变压器 TC 电源熔断器 FU1→01 号线→TC 一次绕组→控制变压器 TC 电源熔断器 FU2→电源 L3 相。变压器一次绕组得电，投入。

变压器 TC 二次熔断器 FU0 在合位，输出 36V 电压，作为电动机回路的控制电源。

信号灯 HL1 得电，灯亮表示 36V 控制电源正常，电动机电路具备启停电动机的条件。

2. 电动机正向运转

（1）SB2 或 SB4 动合触点接通，变压器 TC 二次 03 号线→控制回路熔断器 FU0→1 号线→停止按钮 SB1 动断触点→3 号线→停止按钮 SB3 动断触点→5 号线→正向启动按钮 SB2 动合触点或正向启动按钮 SB4 动合触点（按下时闭合中）→7 号线→反向接触器 KM2 动断触点→9 号线→正向接触器 KM1 线圈→4 号线→热继电器 FR 动断触点→2 号线→控制变压器 TC 二次绕组 04 号线。接触器 KM1 线圈获 36V 的工作电压动作，接触器 KM1 动合触点闭合自保。主回路中正向接触器 KM1 三个主触点同时闭合，电动机绕组获得按 L1、L2、L3 排列的三相 380V 交流电源，电动机正向运转。

接触器 KM1 动合触点→15 号线→信号灯 HL2 得电，亮灯表示电动机正方向运转。

（2）正方向停机。按停止按钮 SB1 或 SB3 动断触点断开，接触器 KM1 断电释放，电动机停止正向运转。

3. 电动机反向运转

（1）按下反向启动按钮 SB5 或 SB6。当手按下启动按钮 SB5 或 SB6 时，动断触点 SB5 或 SB6 先断开，切断正向接触器 KM1 控制电路。

按到反向启动按钮 SB5 或 SB6 动合触点接通时，变压器 TC 二次 03 号线→控制回路熔断器 FU0→1 号线→停止按钮 SB1 动断触点→3 号线→停止按钮 SB3 动断触点→5 号线→反向启动按钮 SB5 动合触点或反向启动按钮 SB6 动合触点（按下时闭合中）→11 号线→正向接触器 KM1 动断触点→13 号线→反向接触器 KM2 线圈→4 号线→热继电器 FR 动断触点→2 号线→控制变压器 TC 二次绕组 04 号线。接触器 KM2 线圈获 36V 的工作电压动作，接触器 KM2 动合触点闭合自保。

反向接触器 KM2 三个主触点同时闭合，电动机绕组获得按 L3、L2、L1 排列的三相 380V 交流电源，电动机反向运转。

反向接触器 KM2 动合触点→17 号线→信号灯 HL3 得电，亮灯表示电动机反方向运转。

（2）反方向停机。按停止按钮 SB3 或停止按钮 SB1 动断触点断开，接触器 KM2 断电释放，电动机停止反向运转。

4. 电动机过负荷停机

电动机过负荷时，主回路中的热继电器 FR 动作，热继电器 FR 的动断触点断开。

电动机正方向运转，切断接触器 KM1 线圈电路，接触器 KM1 线圈断电，接触器 KM1 释放，接触器 KM1 的三个主触点同时断开，电动机绕组脱离三相 380V 交流电源，正方向转动停止，所拖动的机械设备停止工作。

电动机反方向运转，切断接触器 KM2 线圈电路，接触器 KM2 线圈断电，接触器 KM2 释放，接触器 KM2 的三个主触点同时断开，电动机绕组脱离三相 380V 交流电源，反方向转动停止，所拖动的机械设备停止工作。

例59 加有电流表双联锁的电动机正反转 380V 控制电路（见图 3-14）

1. 送电操作顺序

（1）合上隔离开关 QS。

（2）合上断路器 QF。

（3）合上控制回路熔断器 FU1、FU2。电动机回路具备启停操作条件。

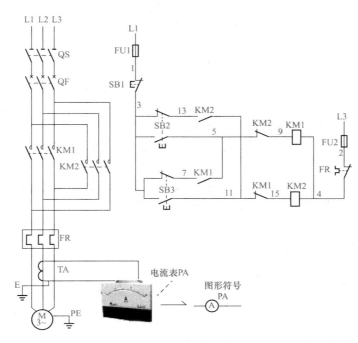

图 3-14　加有电流表双联锁的电动机正反转 380V 控制电路

2. 正向启动运转

按正向启动按钮 SB2 动合触点接通。电源 L1 相→控制回路熔断器 FU1→1 号线→停止按钮 SB1 动断触点→3 号线→启动按钮 SB2 动合触点（按下时闭合）→5 号线→反向接触器 KM2 动断触点→9 号线→正向接触器 KM1 线圈→4 号线→热继电器 FR 的动断触点→2 号线→控制回路熔断器 FU2→电源 L3 相。电路接通，接触器 KM1 线圈获 380V 的工作电压动作。

正向接触器 KM1 三个主触点同时闭合，电动机 M 绕组获得按 L1、L2、L3 排列的三相 380V 交流电源，电动机 M 正向启动运转。

正方向自保电路的工作过程：接触器 KM1 动合触点闭合，电源 L1 相→控制回路熔断器 FU1→1 号线→停止按钮 SB1 动断触点→3 号线→按钮 SB3 动断触点→7 号线→闭合的接触器 KM1 动合触点→5 号线→反向接触器 KM2 动断触点→9 号线→正向接触器 KM1 线圈→4 号线→热继电器 FR 的动断触点→2 号线→控制回路熔断器 FU2→电源 L3 相。通过按钮 SB3 动断触点→7 号线→闭合的接触器 KM1 动合触点，来维持接触器 KM1 的工作状态。

3. 电动机反向启动运转

按反向启动按钮 SB3 动合触点，电源 L1 相→控制回路熔断器 FU1→1 号线→停止按钮 SB1 动断触点→3 号线→启动按钮 SB3 动合触点（按下时闭合）→11 号线→正向接触器 KM1 动断触点→15 号线→反向接触器 KM2 线圈→4 号线→热继电器 FR 的动断触点→2 号线→控制回路熔断器 FU2→电源 L3 相。电路接通，接触器 KM2 线圈获 380V 的工作电压动作，主电路正向接触器 KM2 三个主触点同时闭合，电动机 M 绕组获得按 L3、L2、L1 排列的三相 380V 交流电源，电动机反向启动运转。

反方向自保电路的工作过程：接触器 KM2 动合触点闭合，电源 L1 相→控制回路熔断器 FU1→

1 号线→停止按钮 SB1 动断触点→3 号线→按钮 SB2 动断触点→13 号线→闭合的接触器 KM2 动合触点→11 号线→正向接触器 KM1 动断触点→15 号线→反向接触器 KM2 线圈→4 号线→热继电器 FR 的动断触点→2 号线→控制回路熔断器 FU2→电源 L3 相。通过按钮 SB2 动断触点→13 号线→闭合的接触器 KM2 动合触点，来维持接触器 KM2 的工作状态。

4. 何谓电动机正反转控制电路中的接触器触点联锁

把正向接触器 KM1 的辅助动断触点串入反向接触器线圈 KM2 控制电路中，把反向接触器 KM2 的辅助动断触点串入正向接触器 KM1 线圈控制电路中，采用这样的接线方式称为接触器联锁即开关联锁。KM1 线圈获电动作时，将反向接触器线圈 KM2 电路隔离。KM2 线圈获电动作时，将正向接触器 KM1 线圈电路隔离，达到开关相互制约，防止两台接触器同时吸合之目的。

5. 电动机停止运转

按下停止按钮 SB1，切断运行中接触器 KM1 或运行的接触器 KM2 的控制电路，接触器 KM1 或 KM2 断电释放，接触器 KM2 主触点断开，电动机 M 断电，停止运转。

例 60　接触器触点联锁向前限位的电动机正反转 380V 控制电路（见图 3-15）

1. 回路送电操作

（1）合上主电路中的隔离开关 QS。

（2）合上断路器 QF。

（3）合上控制回路熔断器 FU1、FU2 后，电动机具备启动条件。

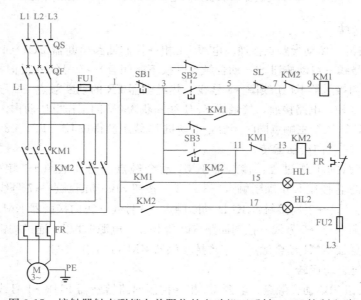

图 3-15　接触器触点联锁向前限位的电动机正反转 380V 控制电路

2. 正向启动运转

按正向启动按钮 SB2 动合触点接通时，电源 L1 相→控制回路熔断器 FU1→1 号线→停止按钮 SB1 动断触点→3 号线→启动按钮 SB2 动合触点（按下时闭合）→5 号线→行程开关 SL 动断触点→7 号线→反向接触器 KM2 动断触点→9 号线→正向接触器 KM1 线圈→4 号线→热继电器 FR 的动断触点→2 号线→控制回路熔断器 FU2→电源 L3 相。电路接通，接触器 KM1 线圈获 380V

的工作电压动作，接触器 KM1 动合触点闭合自保，维持接触器 KM1 工作状态。

正向接触器 KM1 三个主触点同时闭合，电动机绕组获得按 L1、L2、L3 排列的三相 380V 交流电源，电动机正向启动运转。

接触器 KM1 动合触点闭合→15 号线→信号灯 HL1 得电灯亮，表示电动机正向运转。

3. 电动机反向启动运转

按反向启动按钮 SB3 动合触点接通时，电源 L1 相→控制回路熔断器 FU1→1 号线→停止按钮 SB1 动断触点→3 号线→启动按钮 SB3 动合触点（按下时闭合）→11 号线→正向接触器 KM1 动断触点→13 号线→反向接触器 KM2 线圈→4 号线→热继电器 FR 的动断触点→2 号线→控制回路熔断器 FU2→电源 L3 相。电路接通，接触器 KM2 线圈获 380V 的工作电压动作，接触器 KM2 动合触点闭合自保，维持接触器 KM2 工作状态。

反向接触器 KM2 三个主触点同时闭合，电动机 M 绕组获得按 L3、L2、L1 排列的三相 380V 交流电源，相序的改变电动机反向启动运转。

接触器 KM2 动合触点闭合→17 号线→信号灯 HL2 得电灯亮，表示电动机反向运转。

4. 过负荷停机

电动机过负荷时，负荷电流达到热继电器 FR 的整定值时，主回路中的热继电器 FR 动作，动断触点 FR 断开，切断运行中接触器 KM1 或 KM2 线圈电路，接触器 KM1 或 KM2 线圈断电释放，接触器 KM1 或 KM2 的三个主触点同时断开，电动机绕组脱离三相 380V 交流电源停止转动，机械设备停止工作。

例 61　主令开关选择方向一组按钮操作的电动机正反转 380V 控制电路（见图 3-16）

隔离开关 QS 已在合位，断路器 QF，控制回路熔断器 FU1、FU2 已在合位。

1. 电动机正向启动运转

主令开关 SA 已切换到正向运转位置，线号 5、7 接通。按启动按钮 SB2 动合触点闭合时。电源 L1 相→控制回路熔断器 FU1→1 号线→停止按钮 SB1 的动断触点→3 号线→启动按钮 SB2 动合触点（按下时闭合）→5 号线→主令开关 SA 接通的 2、1 触点→7 号线→反向接触器 KM2 的动断触点→9 号线→正向接触器 KM1 线圈→4 号线→热继电器 FR 的动断触点→2 号线→控制回路熔断器 FU2→电源 L3 相。接触器 KM1 线圈获得 380V 电源动作，动合触点 KM1 闭合自保，维持接触器 KM1 工作状态，正向接触器 KM1 三个主触点同时闭合，电动机获得按 L1、L2、L3 排列的三相 380V 交流电源，电动机正向启动运转。

动断点触点 KM1 断开，将反向接触器 KM2 控制电路切断，防止反向接触器 KM2 启动。

2. 电动机停止正向运转

按下停止按钮 SB1，切断接触器 KM1 的控制电路，接触器 KM1 断电释放，接触器 KM1 主触点断开，电动机 M 断电，停止正方向运转运。

3. 电动机反向启动运转

将主令开关 SA 切换到反向运转位置，线号 5、11 接通。按下启动按钮 SB2，电源 L1 相→控制回路熔断器 FU1→1 号线→停止按钮 SB1 动断触点→3 号线→启动按钮 SB2 动合触点（按下时闭合）→5 号线→主令开关 SA 接通的 3、4 触点→11 号线→正向接触器 KM1 动断触点→13 号线→反向接触器 KM2 线圈→4 号线→热继电器 FR 的动断触点→2 号线→控制回路熔断器 FU2→

电源 L3 相。电路接通，接触器 KM2 线圈获得 380V 电源动作。

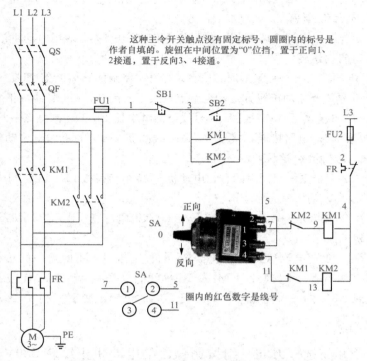

图 3-16　主令开关选择方向一组按钮操作的电动机正反转 380V 控制电路

动合触点 KM2 闭合自保，维持接触器 KM2 工作状态，反向接触器 KM2 三个主触点同时闭合，电动机 M 绕组获得按 L3、L2、L1 排列的三相 380V 交流电源，相序改变，电动机反向启动运转。动断点触点 KM2 断开，将正向接触器 KM1 控制电路切断，7 号线断电，防止正向接触器 KM1 启动。

4. 电动机停止反向运转

按下停止按钮 SB1，切断接触器 KM2 的控制电路，接触器 KM2 断电释放，三个主触点同时断开，电动机 M 断电，停止反方向运转。

5. 过负荷停机

电动机过负荷时，负荷电流达到热继电器 FR 的整定值时，主回路中的热继电器 FR 动作，动断触点 FR 断开，切断运行中接触器 KM1 或 KM2 线圈电路，接触器 KM1 或 KM2 线圈断电释放，接触器 KM1 或 KM2 的三个主触点同时断开，电动机 M 绕组脱离三相 380V 交流电源停止转动，机械设备停止工作。

例 62　一组按钮操作的电动机正反转 380V 控制电路（见图 3-17）

隔离开关 QS 已在合位，断路器 QF，控制回路熔断器 FU1、FU2 已在合位。

1. 电动机正向启动运转

选择开关 SA 已切换到正向运转位置，线号 5、7 接通。

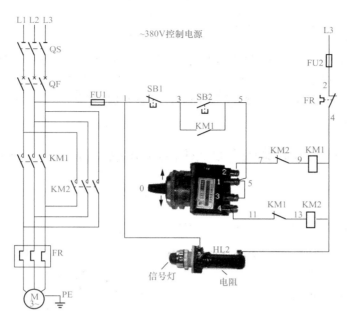

图 3-17   有控制电源信号一组按钮操作的电动机正反转 380V 控制电路

按下启动按钮 SB2，电源 L1 相→控制回路熔断器 FU1→1 号线→停止按钮 SB1 的动断触点→3 号线→启动按钮 SB2 动合触点（按下时闭合）→5 号线→选择开关 SA 接通的 1、2 触点→7 号线→反向接触器 KM2 的动断触点→9 号线→正向接触器 KM1 线圈→4 号线→热继电器 FR 的动断触点→2 号线→控制回路熔断器 FU2→电源 L3 相。接触器 KM1 线圈获得 380V 电源动作，动合触点 KM1 闭合自保，维持接触器 KM1 工作状态，正向接触器 KM1 三个主触点同时闭合，电动机 M 获得按 L1、L2、L3 排列的三相 380V 交流电源，电动机正向启动运转。接触器 KM1 动断点触点断开，将反向接触器 KM2 控制电路切断，防止反向接触器 KM2 启动。

2. 电动机停止正向运转

按下停止按钮 SB1，切断接触器 KM1 的控制电路，接触器 KM1 断电释放，接触器 KM1 主触点断开，电动机 M 断电，停止正方向运转运。

3. 电动机反向运转

将选择开关 SA 切换到反向运转位置，线号 5、11 接通。按下启动按钮 SB2，电源 L1 相→控制回路熔断器 FU1→1 号线→停止按钮 SB1 动断触点→3 号线→启动按钮 SB2 动合触点（按下时闭合）→5 号线→选择开关 SA 接通的 3、4 触点→11 号线→正向接触器 KM1 动断触点→13 号线→反向接触器 KM2 线圈→4 号线→热继电器 FR 的动断触点→2 号线→控制回路熔断器 FU2→电源 L3 相。电路接通，接触器 KM2 线圈获得 380V 电源动作。

动合触点 KM2 闭合自保，维持接触器 KM2 工作状态，反向接触器 KM2 三个主触点同时闭合，电动机绕组获得按 L3、L2、L1 排列的三相 380V 交流电源，相序改变，电动机反向启动运转。

KM1 电路中的动断点触点 KM2 断开，将正向接触器 KM1 控制电路切断，防止正向接触器 KM1 启动。

4. 停止电动机反向运转

按下停止按钮 SB1，切断接触器 KM2 的控制电路，接触器 KM2 断电释放，三个主触点同时断开，电动机 M 断电，停止反方向运转。

5. 过负荷停机

电动机过负荷时，负荷电流达到热继电器 FR 的整定值时，主回路中的热继电器 FR 动作，动断触点 FR 断开，切断运行中接触器 KM1 或 KM2 线圈电路，接触器 KM1 或 KM2 线圈断电释放，接触器 KM1 或 KM2 的三个主触点同时断开，电动机 M 绕组脱离三相 380V 交流电源停止转动，机械设备停止工作。

例63 接触器触点联锁的有状态信号的电动机正反转 380V 控制电路（见图 3-18）

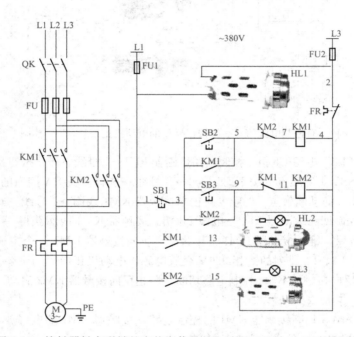

图 3-18 接触器触点联锁的有状态信号的电动机正反转 380V 控制电路

1. 回路送电操作

（1）合上主电路中的隔离开关 QS。

（2）合上主电路中的熔断器 FU。

（3）合上控制回路熔断器 FU1、FU2。

电源 L1 相→控制回路熔断器 FU1→1 号线→信号灯 HL1→2 号线→控制回路熔断器 FU2→电源 L3 相。信号灯 HL1 得电亮灯，表示电动机具备启停操作条件。

2. 电动机正向启动运转

按下正向启动按钮 SB2，电源 L1 相→控制回路熔断器 FU1→1 号线→停止按钮 SB1 动断触点→3 号线→启动按钮 SB2 动合触点（按下时闭合中）→5 号线→反向接触器 KM2 动断触点→7 号线→正向接触器 KM1 线圈→4 号线→热继电器 FR 的动断触点→2 号线→控制回路熔断器 FU2→电源 L3 相。电路接通，接触器 KM1 线圈获电动作，接触器 KM1 动合触点闭合自保，维持接触器 KM1 的工作状态。

正向接触器 KM1 三个主触点同时闭合，电动机绕组获得按 L1、L2、L3 排列的三相 220V 交流电源，电动机正向启动运转。

3. 停机

电动机在正方向运转中，只要按下停止按钮 SB1，切断接触器的电路，接触器断电释放，接触器主触点断开，电动机断电停止运转。

4. 电动机反向运转

按下反向启动按钮 SB3 动合触点闭合。电源 L1 相→控制回路熔断器 FU1→1 号线→停止按钮 SB1 动断触点→3 号线→启动按钮 SB3 动合触点（按下时闭合）→9 号线→正向接触器 KM1 动断触点→11 号线→反向接触器 KM2 线圈→4 号线→热继电器 FR 动断触点→2 号线→控制回路熔断器 FU2→电源 L3 相。电路接通，接触器 KM2 线圈获电动作，接触器 KM2 动合触点闭合自保，维持接触器 KM2 的工作状态。

反向接触器 KM2 的三个主触点同时闭合，电动机绕组获得按 L3、L2、L1 排列的三相 220V 交流电源，相序改变，电动机反向运转。

5. 电动机反向运转停止

电动机在反方向运转中，只要按下停止按钮 SB1，切断接触器 KM2 的电路，接触器 KM2 断电释放，接触器 KM2 主触点断开，电动机 M 断电停止运转。

6. 电动机过负荷

电动机过负荷时，负荷电流达到热继电器 FR 的整定值时，热继电器 FR 动作，动断触点 FR 断开，正方向运转中，切断接触器 KM1 线圈控制电路，接触器 KM1 断电释放，三个主触点同时断开，电动机 M 绕组脱离三相 380V 交流电源，停止转动，机械设备停止工作。

反方向运转中，切断接触器 KM2 线圈控制电路，接触器 KM2 线圈断电释放，三个主触点同时断开，电动机绕组脱离三相 380V 交流电源，停止转动，机械设备停止工作。

第四章　星三角启动的电动机控制电路

例64　自动转换与手动转换的星三角启动的电动机 220V 控制电路

自动转换与手动转换的星三角启动的电动机 220V 控制电路如图 4-1 所示。

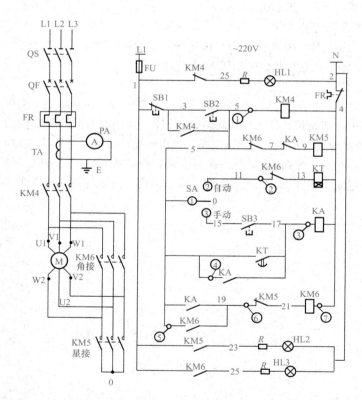

图 4-1　自动转换与手动转换的星三角启动的电动机 220V 控制电路

1. 主电路与控制回路送电

检查电动机具备启动条件，进行电动机主电路与控制回路送电。

（1）合上主回路隔离开关 QS。

（2）合上主回路空气断路器 QF。

（3）合上控制回路熔断器 FU 后，信号灯 HL1 应该亮灯，信号灯 HL1 不亮，一般有两点：

1）信号灯 HL1 的灯泡灯丝断。

2）接触器 KM4 动断触点接触不良。

2. 降压启动电动机的操作与电路工作原理

控制开关 SA 置于自动位置，触点①、②接通。

按下启动按钮 SB2 动合触点闭合，电源 L1 相→控制回路熔断器 FU→1 号线→停止按钮 SB1 动断触点→3 号线→启动按钮 SB2 动合触点（按下时闭合）→5 号线→分三路：

（1）→接触器 KM4 线圈→4 号线→热继电器 FR 动断触点→2 号线→电源 N 极。

（2）→接触器 KM6 动断触点→7 号线→接中间继电器 KA 动断触点→9 号线→接触器 KM5 线圈→4 号线→热继电器 FR 动断触点→2 号线→电源 N 极。

接触器 KM4 线圈、接触器 KM5 线圈同时得电动作，接触器 KM4 动合触点闭合自保。接触器 KM4 三个主触点同时闭合，提供电源，接触器 KM5 的三个主触点同时闭合，把电动机绕组短接成星形接线，电动机启动慢速运转。

接触器 KM5 动合触点闭合，电源 L1 相→控制回路熔断器 FU→1 号线→闭合的接触器 KM5 动合触点→23 号线→信号灯 HL2→2 号线→电源 N 极。信号灯 HL2 得电灯亮，表示电动机处于星启动运转状态。

接触器 KM5 动断触点断开，将接触器 KM6 控制电路隔离。

（3）接通的控制开关 SA 自动位置的触点①、②→11 号线→接触器 KM6 动断触点→13 号线→时间继电器 KT 线圈→4 号线→热继电器 FR 动断触点→2 号线→电源 N 极。

时间继电器 KT 线圈得电动作，开始计时 3s。

3. 自动转换到电动机正常运转的电路工作原理

时间继电器 KT 达到整定值（3s）时，时间继电器 KT 延时闭合的动合触点闭合，电源 L1 相→控制回路熔断器 FU→1 号线→停止按钮 SB1 动断触点→3 号线→闭合的接触器 KM4 动合触点→5 号线→闭合的时间继电器 KT 延时闭合的动合触点→17 号线→中间继电器 KA 线圈→4 号线→热继电器 FR 动断触点→2 号线→电源 N 极。

中间继电器 KA 得电动作。中间继电器 KA 动合触点闭合，将时间继电器 KT 延时闭合的动合触点短接，为中间继电器 KA 线圈电路自保。

接触器 KM5 控制电路中的中间继电器 KA 动断触点断开，切断 KM5 线圈电路，KM5 断电释放其主触点断开，电动机绕组星点断开，电动机处于惯性运转中。KM4 在吸合中，电动机仍在通电状态。

中间继电器 KA 动合触点闭合，电源 L1 相→控制回路熔断器 FU→1 号线→停止按钮 SB1 动断触点→3 号线→闭合的接触器 KM4 动合触点→5 号线→闭合的中间继电器 KA 动合触点→19 号线→复位的接触器 KM5 动断触点→21 号线→接触器 KM6 线圈→4 号线→热继电器 FR 动断触点→2 号线→电源 N 极。

接触器 KM6 线圈得电动作，KM6 的 3 个主触点同时闭合，电动机绕组接成△形连接，电动机进入正常运行状态。

连接在接触器 KM5 控制电路中的接触器 KM6 的动断触点首先断开，将接触器 KM5 控制电路隔离。信号灯 HL3 得电灯亮，表示电动机正常运行状态。

注意：

电动机处于正常运行中，中间继电器 KA 一直处于吸合的工作状态。

4. 电动机降压启动后，手动转换到正常运转的电路工作原理

电动机降压启动后，需要手动转换到正常运转时，把控制开关 SA 置于手动位置，触点

①、③接通。

当电动机的转速度接近正常，3s 的时间，按下正常运转按钮 SB3 动合触点闭合。

电源 L1 相→控制回路熔断器 FU→1 号线→停止按钮 SB1 动断触点→3 号线→闭合的接触器 KM4 动合触点→5 号线→接通的控制开关 SA 手动位置①、③触点→15 号线→正常运转按钮 SB3 动合触点（按下时闭合）→17 号线→中间继电器 KA 线圈→4 号线→热继电器 FR 动断触点→2 号线→电源 N 极。

中间继电器 KA 得电动作。中间继电器 KA 动合触点闭合，将时间继电器 KT 延时闭合的动合触点短接，为中间继电器 KA 线圈电路自保。

接触器 KM5 控制电路中的中间继电器 KA 动断触点断开，切断 KM5 线圈电路，KM5 断电释放其主触点断开，解除电动机绕组星连接，电动机处于惯性运转中。KM4 在吸合中，电动机仍在通电状态。

中间继电器 KA 动合触点闭合，电源 L1 相→控制回路熔断器 FU→1 号线→停止按钮 SB1 动断触点→3 号线→闭合的接触器 KM4 动合触点→5 号线→闭合的中间继电器 KA 动合触点→19 号线→复位的接触器 KM5 动断触点→21 号线→接触器 KM6 线圈得电动作，KM6 动合触点闭合自保。接触器 KM6 的 3 个主触点同时闭合，电动机绕组接成△形连接，电动机进入正常运行状态。

连接在接触器 KM5 控制电路中的接触器 KM6 的动断触点断开，将接触器 KM5 控制电路隔离。信号灯 HL3 得电灯亮，表示电动机正常运行状态。

5. 停机

需要停止时，不管 SA 是在自动位置还是手动位置操作，只要按下停止按钮 SB1 控制电路断电，接触器 KM4 控制电路断电释放，接触器 KM4 三个主触点同时断开，电动机脱离电源停止转动，被驱动的机械设备泵、风机、压缩机等停止工作。

6. 过负荷停机

电动机发生过负荷时故障，主回路中的热继电器 FR 动作，热继电器 FR 的动断触点断开，切断接触器 KM4 线圈控制电路，接触器 KM4 断电并释放，三个主触点同时断开，电动机绕组脱离三相 380V 交流电源，停止转动，拖动的机械设备停止运行。

7. 常见故障

（1）按启动按钮 SB2 动合触点闭合，电动机启动降压运行，合上控制开关 SA 时，控制电路不执行转换，电动机不能进入（△形连接）正常运行工作状态的原因，有如下几点：

1）图 4-1 中，⑤→指向的位置，接触器 KM6 动合触点上的 5 号线断；接触器 KM6 动作，KM6 动合触点上的 5 号线断。触点上没有电，虽然 KM6 动合触点闭合，接触器 KM6 不能自保。

2）图 4-1 中，⑥→指向的位置，接触器 KM5 动断触点上的 19 号线断线，⑦→指向的位置，接触器 KM6 线圈上的 4 号线断线。接触器 KM6 缺一相电源不能得电工作。

（2）按下启动按钮 SB2 动合触点闭合，接触器 KM4 没有动作，接触器 KM5 动作，电路会出现这种现象原因有如下几点：

图 4-1 中，①→指向的位置，接触器 KM4 线圈端子上的 5 号线断线（从接线端子上脱落），按下启动按钮 SB2 动合触点闭合，接触器 KM4 线圈由于 5 号线的脱落，接触器 KM4 线圈得不到电源，不能得电动作。

再按下启动 SB2 动合触点闭合。电源 L1 相→控制回路熔断器 FU→1 号线→停止按钮 SB1 动断触点→3 号线→启动按钮 SB2 动合触点闭合→5 号线→接触器 KM6 动断触点→7 号线→中间继电器 KA 动断触点→9 号线→接触器 KM5 线圈→4 号线→热继电器 FR 动断触点→2 号线→电源

N 极。

接触器 KM5 线圈得电动作，当手离开 SB2 时动合触点断开，由于 KM4 的动合触点处于断开状态，不能为 KM4 控制电路自保，手离开 SB2 时，接触器 KM5 线圈断电释放。因此，接触器 KM5 的三个主触点闭合，只是瞬时间把电动机绕组短接成星形接线。

（3）思考下列的故障点。

1）图 4-1 中，②→指向的位置，接触器 KM6 动断触点上的 11 号线断，时间继电器 KT 得不到电源。

2）图 4-2 中，③→指向的位置，中间继电器 KA 线圈上的 17 号线断线。④→指向的位置，中间继电器 KA 动合触点上的 5 号线断线。

例 65　采用手动转换的电动机星三角启动 220V 控制电路（见图 4-2）

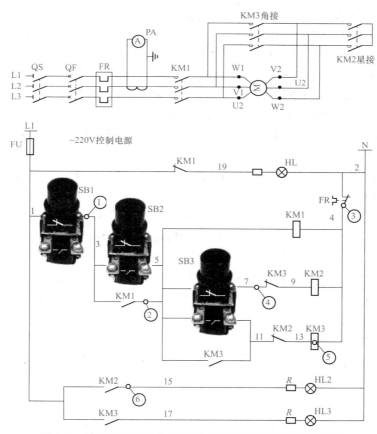

图 4-2　采用手动转换的电动机星三角启动 220V 控制电路

1. 主电路与控制回路送电

（1）合上主回路隔离开关 QS。

（2）合上主回路空气断路器 QF。

（3）合上控制回路熔断器 FU。

合上控制回路熔断器 FU 后，通过接触器 KM1 动断触点，19 号线，信号灯 HL 得电灯亮，表示这台电动机具备启动条件。

2. 启动电动机

按下启动按钮SB2动合触点闭合，电源L1相→控制回路熔断器FU1→1号线→停止按钮SB1动断触点→3号线→启动按钮SB2动合触点（按下时闭合）→5号线→分两路：

(1) ①→接触器KM1线圈→4号线→热继电器FR动断触点→2号线→电源N极。

(2) ②→按钮SB3动断触点→7号线→接触器KM3动断触点→9号线→接触器KM2线圈→4号线→热继电器FR动断触点→2号线→电源N极。

接触器KM1线圈、接触器KM2线圈同时得电动作，接触器KM1动合触点闭合自保。接触器KM1三个主触点同时闭合提供电源，接触器KM2的三个主触点同时闭合，把电动机M定子绕组短接成星形接线，电动机启动运转。

接触器KM2动合触点闭合→15号线→信号灯HL2得电灯亮，表示电动机处于星启动运转状态。

3. 电动机进入正常运行状态电路工作原理

待电动机的转速达到接近额定转速时，即电流表开始回落接近电动机额定电流值的3/2时，时间约3s时，按下正常运行按钮SB3。

刚按下按钮开关SB3时，动断触点SB3断开，切断接触器KM2线圈控制电路，接触器KM2断电释放，所带的三个主触点同时断开，解除电动机的星形接线，结束电动机降压运行状态。

按到按钮开关SB3动合触点闭合时，电源L1相→控制回路熔断器FU→1号线→停止按钮SB1动断触点→3号线→接触器KM1闭合的动合触点→5号线→按钮SB3闭合的动合触点（按下时）→11号线→接触器KM2动断触点→13号线→接触器KM3线圈→4号线→热继电器FR动断触点→2号线→电源N极。

接触器KM3线圈得电动作，接触器KM3的三个主触点同时闭合，将电动机的绕组接成三角形接线方式，电动机进入角形接线的正常运行状态。

接触器KM3动合触点闭合→17号线→信号灯HL3得电灯亮，表示电动机处于角运转状态。

接触器KM2线圈控制电路、接触器KM3动断触点断开，将接触器KM2控制电路隔离。

4. 停机

按下停止按钮SB1动断触点断开，接触器KM1控制电路断电释放，接触器KM1、接触器KM3的主触点同时断开，电动机脱离电源停止转动，被驱动的机械设备停止工作。

5. 过负荷停机

电动机发生过负荷时故障，主回路中的热继电器FR动作，热继电器FR的动断触点断开，切断接触器KM1线圈控制电路，接触器KM1断电并释放，三个主触点同时断开，电动机绕组脱离三相380V交流电源，停止转动，拖动的机械设备停止运行。

6. 故障现象原因

(1) 图4-2中，①→指向的位置，停止按钮SB1动断触点与启动按钮SB2动合触点上的连接的3号线，从停止按钮SB1动断触点上脱落。

(2) 图4-2中，②→指向的位置，接触器KM1动合触点上的5号线断。

(3) 图4-2中，③→指向的位置，热继电器FR动作后，没有复位。

(4) 图4-2中，④→指向的位置，接触器KM3动断触点上的7号线断线。

(5) 图4-2中，⑤→指向的位置，接触器KM3线圈内部故障。

(6) 图4-2中，⑥→指向的位置，接触器KM2动合触点上的15号线断。

例66　过载报警的手动转换的电动机星三角启动控制电路

过载报警的手动转换的电动机星三角启动控制电路如图4-3所示。

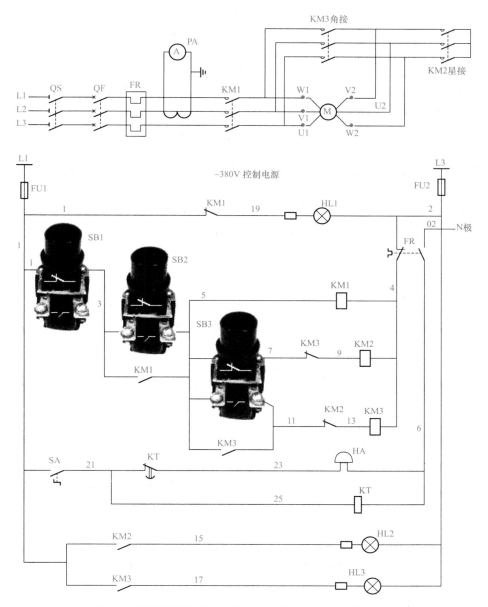

图4-3　过载报警的手动转换的电动机星三角启动控制电路

1. 主电路与控制回路送电

（1）合上主回路隔离开关QS。

（2）合上主回路空气断路器QF。

（3）合上控制回路熔断器FU1、FU2。

合上控制回路熔断器 FU1、FU2 后，通过接触器 KM1 动断触点，19 号线，信号灯 HL 得电灯亮，表示这台电动机具备启动条件。

2. 启动电动机（星形接线）

按下启动按钮 SB2 动合触点闭合，电源 L1 相→控制回路熔断器 FU1→1 号线→停止按钮 SB1 动断触点→3 号线→启动按钮 SB2 动合触点（按下时闭合）→5 号线→分两路：

（1）→接触器 KM1 线圈→4 号线→热继电器 FR 动断触点→2 号线→控制回路熔断器 FU2→电源 L3 相。

（2）→按钮 SB3 动断触点→7 号线→接触器 KM3 动断触点→9 号线→接触器 KM2 线圈→4 号线→热继电器 FR 动断触点→2 号线→控制回路熔断器 FU2→电源 L3 相。

接触器 KM1 线圈、接触器 KM2 线圈同时得电动作，接触器 KM1 动合触点闭合自保。接触器 KM1 三个主触点同时闭合提供电源，接触器 KM2 的三个主触点同时闭合，把电动机 M 定子绕组短接成星形接线，电动机启动慢速运转。

接触器 KM2 动合触点闭合→15 号线→信号灯 HL2 得电灯亮，表示电动机处于星启动运转状态。

待电动机的转速达到接近额定转速时，即电流表 PA 开始回落接近电动机额定电流值的 3/2 时，时间约 3s 时，按下正常运行按钮 SB3 动合触点闭合。

3. 电动机降压启动后，手动转换到正常运转的电路工作原理

电动机降压启动后，电动机的转速度接近正常约 3s 的时间，手动转换到正常运转。

刚按下按钮开关 SB3 时，动断触点 SB3 断开，切断接触器 KM2 线圈控制电路，接触器 KM2 断电释放，所带的三个主触点同时断开，解除电动机的星形接线，结束电动机降压运行状态。电动机处于惯性运转中，接触器 KM1 在吸合中，电动机仍在通电状态。

按到正常运转按钮 SB3 动合触点闭合。

电源 L1 相→控制回路熔断器 FU1→1 号线→停止按钮 SB1 动断触点→3 号线→闭合的接触器 KM1 动合触点→5 号线→正常运转按钮 SB3 动合触点（按下时闭合）→11 号线→接触器 KM2 动断触点→13 号线→接触器 KM3 线圈→4 号线→热继电器 FR 动断触点→2 号线→控制回路熔断器 FU1→电源 L3 相。

接触器 KM3 线圈得电动作，其三个主触点同时闭合，电动机绕组接成△形连接，电动机进入正常运行状态。

连接在接触器 KM2 控制电路中的接触器 KM3 的动断触点断开，将接触器 KM2 控制电路隔离。

接触器 KM3 动合触点闭合→17 号线→信号灯 HL3 得电灯亮，表示电动机正常运行状态。

4. 停机

按下停止按钮 SB1，控制电路断电，接触器 KM1 控制电路断电释放，接触器 KM1 三个主触点同时断开，电动机脱离电源停止转动，被驱动的机械设备停止工作。

5. 过负荷停机与报警

电动机发生过负荷时故障，主回路中的热继电器 FR 动作，热继电器 FR 的动断触点断开，切断接触器 KM1 线圈控制电路，接触器 KM1 断电并释放，三个主触点同时断开，电动机绕组脱离三相 380V 交流电源，停止转动，拖动的机械设备停止运行。

报警电源控制开关 SA 在合位，热继电器 FR 的动合触点闭合。

电源 L1 相→控制回路熔断器 FU→1 号线→报警电源控制开关 SA 触点接通→21 号线→分两路：

（1）时间继电器 KT 延时断开的动断触点→23 号线→报警电铃 HA 线圈→6 号线→热继电器 FR 动合触点→02 号线→电源 N 极。

（2）时间继电器 KT 线圈→6 号线→热继电器 FR 动合触点→02 号线→电源 N 极。

时间继电器 KT 线圈开始计时，报警电铃 HA 线圈得电铃响报警，整定的时间到，电铃 HA 回路中的延时断开触点 KT 断开，电铃 HA 断电铃响终止。

例 67　只能按时间定时自动转换的星三角启动电动机 220V 控制电路（见图 4-4）

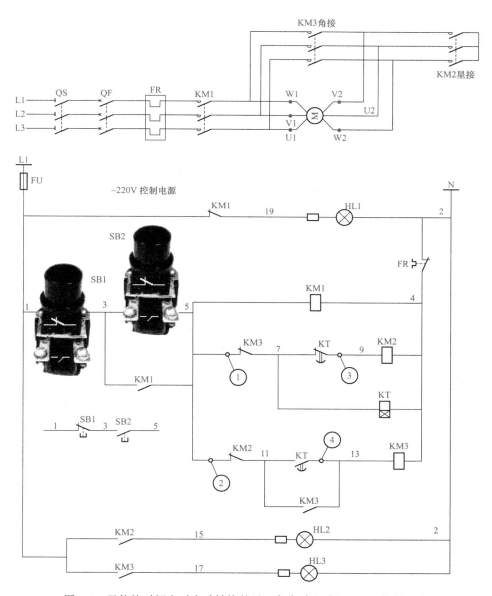

图 4-4　只能按时间定时自动转换的星三角启动电动机 220V 控制电路

图 4-4 这一线路中，采用时间继电器的两个触点，即一个延时断开的动断触点，一个延时闭合的动合触点，用于星—三角转换过程的时间控制。

按下启动按钮 SB2，接触器 KM1 动作，先接通电源→接触器 KM2 动作→接触器 KM2 动断触点断开→切断接触器 KM3 电路→主触点把电动机绕组接成星形并运转→整定时间到动断触点断开→切断接触器 KM2 控制电路→KM2 主触点断开→解除星形接线→整定时间到，KT 延时闭合的动合触点→接触器 KM2 动断触点复归→接触器 KM3 得电动作→接触器 KM3 三个主触点闭合，把电动机 M 绕组接成三角形→电动机 M 进入正常的运行状态。

1. 主电路与控制回路送电

(1) 合上主回路隔离开关 QS。

(2) 合上主回路空气断路器 QF。

(3) 合上控制回路熔断器 FU。

电源 L1 相→控制回路熔断器 FU→接触器 KM1 动断触点→19 号线→信号灯 HL1→2 号线→电源 N 极。信号灯 HL1 电路接通，信号灯 HL1 灯亮，表示这台电动机具备启动条件，电动机 M 进入热备用状态。

2. 启动电动机

按下启动按钮 SB2 动合触点闭合，电源 L1 相→控制回路熔断器 FU→1 号线→停止按钮 SB1 动断触点→3 号线→启动按钮 SB2 动合触点（按下时闭合）→5 号线→分两路：

(1) ①→接触器 KM1 线圈→4 号线→热继电器 FR 动断触点→2 号线→电源 N 极。

(2) ②→接触器 KM3 动断触点→7 号线→分两路：

1) 时间继电器 KT 延时断开的动断触点→9 号线→接触器 KM2 线圈→4 号线→热继电器 FR 动断触点→2 号线→电源 N 极。

2) 时间继电器 KT 线圈→4 号线→热继电器 FR 动断触点→2 号线→电源 N 极。

接触器 KM1 线圈、接触器 KM2 线圈、时间继电器 KT 线圈同时得电动作，KM1 动合触点闭合自保。

KM2 的三个主触点同时闭合，把电动机 M 定子绕组短接成星形接线，接触器 KM1 三个主触点闭合，提供电源，电动机启动运转。

接触器 KM2 动合触点闭合→15 号线→信号灯 HL2 得电灯亮，表示电动机处于星启动运转状态。

待时间继电器 KT 达到整定值时，KM2 电路中的时间继电器 KT 动断触点延时断开，切断 KM2 线圈电路，KM2 断电释放，电动机 M 绕组星点断开，电动机处于惯性运转中。KM1 在吸合中，电动机 M 仍在通电状态，时间继电器 KT 动合触点延时闭合，角接运行接触器 KM3 线圈电路是这样接通的。

电源 L1 相→控制回路熔断器 FU→1 号线→停止按钮 SB1 动断触点→3 号线→接触器 KM1 闭合的（自保）动合触点→5 号线→接触器 KM2 动断触点→11 号线→时间继电器 KT 延时闭合的动合触点→13 号线→接触器 KM3 线圈→4 号线→热继电器 FR 动断触点→2 号线→电源 N 极。

角接运行接触器 KM3 线圈电路接通，接触器 KM3 得电动作。接触器 KM3 动合触点闭合，将时间继电器 KT 延时闭合的动合触点短接，同时为角接运行接触器 KM3 线圈电路自保。

接触器 KM3 的三个主触点同时闭合，把电动机 M 定子绕组短接成三角形接线。接触器 KM1 的三个主触点仍在闭合中，由于接触器 KM3 三个主触点同时闭合，电动机 M 获得 380V 交流电压启动运转。进入三角形接线的（正常）运行状态。

接触器 KM3 动合触点闭合→17 号线→信号灯 HL3 得电灯亮，表示电动机正常运行状态。

3. 正常停止

按下停止按钮 SB1 控制电路断电，接触器 KM1 和接触器 KM3 线圈同时断电释放，接触器 KM1、KM3 的三个主触点断开，电动机 M 脱离电源，停止转动，被驱动的机械设备烟道通风机、泵、压缩机等停止工作。

4. 故障原因现象

（1）图 4-4 中，①→指向的位置，接触器 KM3 动断触点上的 5 号线断线。

（2）图 4-4 中，③→指向的位置，时间继电器 KT 动断触点上的 9 号线断。

（3）图 4-4 中，②→指向的位置，接触器 KM2 动断触点上的 5 号线断线。

（4）图 4-4 中，④→指向的位置，时间继电器 KT 动合触点上的 13 号线断，接触器 KM3 线圈得不到电源，不能动作。电动机不能进入正常运转状态。

例 68　只能按时间定时自动转换的星三角启动电动机控制电路，接线过程中的时间继电器 KT 延时触点接反的故障

图 4-5 是一个有接线错误的星三角启动的电动机控制电路。就是把图 4-4 中的时间继电器的触点接错了位置。如图 4-5（a）中，①→指向的位置，时间继电器 KT 的动合触点，错误串接到接触器 KM2 线圈控制电路中。图 4-5（a）中，②→指向的位置，时间继电器 KT 动断触点错误串接到接触器 KM3 线圈控制电路中。时间继电器 KT 的触点、线圈标志如图 4-5（b）所示。

错误的电路图按下启动按钮 SB2 后所出现的现象如下。

按下启动按钮 SB2 时动合触点闭合，电源 L1 相→控制回路熔断器 FU→1 号线→停止按钮 SB1 动断触点→3 号线→启动按钮 SB2 动合触点（按下时闭合）→5 号线→分 3 路：

（1）①→接触器 KM1 线圈→4 号线→热继电器 FR 动断触点→2 号线→电源 N 极。接触器 KM1 线圈得电动作、动合触点 KM1 闭合自保。

（2）②→接触器 KM3 动断触点→7 号线→时间继电器 KT 线圈→4 号线→热继电器 FR 动断触点→2 号线→电源 N 极。时间继电器 KT 线圈控制电路得电动作。

（3）③→时间继电器 KT 延时断开的动断触点接通中。

电源 L1 相→控制回路熔断器 FU→1 号线→停止按钮 SB1 动断触点→3 号线→接触器 KM1 闭合的（自保）动合触点→5 号线→接触器 KM2 动断触点→11 号线→时间继电器 KT 延时断开的动断触点→13 号线→接触器 KM3 线圈→4 号线→热继电器 FR 动断触点→2 号线→控制回路熔断器 FU2→电源 N 极。

角接运行接触器 KM3 线圈电路接通，接触器 KM3 得电动作。接触器 KM3 动合触点闭合，将时间继电器 KT 延时闭合的动合触点短接，同时为角接运行接触器 KM3 线圈电路自保。

接触器 KM3 的三个主触点同时闭合，把电动机定子绕组，短接成三角形接线。KM1 的三个主触点仍在闭合中，由于接触器 KM3 三个主触点同时闭合，电动机获得 380V 交流电压启动运转。进入三角形接线的启动运行状态。接触器 KM3 动合触点闭合，信号灯 HL3 得电灯亮，表示电动机处于三角形运转状态。

接触器 KM2 控制电路中的接触器 KM3 动断触点断开。切断接触器 KM2 控制电路。虽然时间继电器 KT 延时的动合触点闭合，但电路被接触器 KM3 动断触点切断，故接触器 KM2 线圈不能得电。

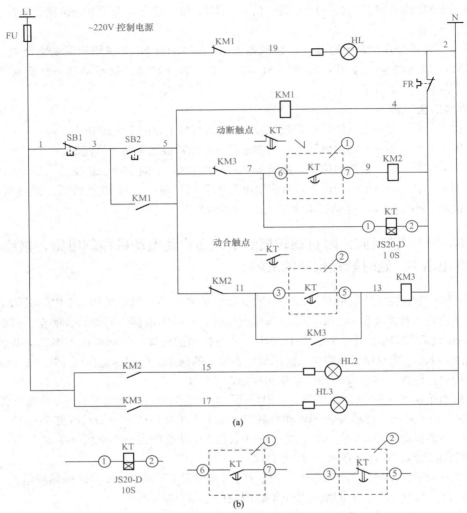

图 4-5　有接线错误的星三角启动的电动机控制电路

（a）时间继电器 KT 延时触点接反的故障；（b）时间继电器 KT 线圈触点的标志

　　按停止按钮 SB1 动断触点断开，接触器 KM1、KM3 同时断电，主触点断开，电动机停止运转。

　　错误接线的结果是电动机没有经过减压启动过程，直接全电压启动了电动机。

　　处理方法：断开断路器 QF，控制回路熔断器 FU，查看时间继电器触点接错的地方，把时间继电器 KT 的触点改到正确的连接端子上。

例 69　手动与自动转换的星三角降压启动电动机 220V 控制电路

　　可选择手动与自动转换的星三角降压启动电动机 220V 控制电路如图 4-6 所示，在启动电动机的过程中，在规定的时间内电动机不能自动转换时，操作人员可以将选择开关 SA 切换到手动位置，按下正常启动按钮 SB3，接触器 KM2 就会吸合，将电动机绕组短接成三角形接线，使电动机进入正常运行状态。

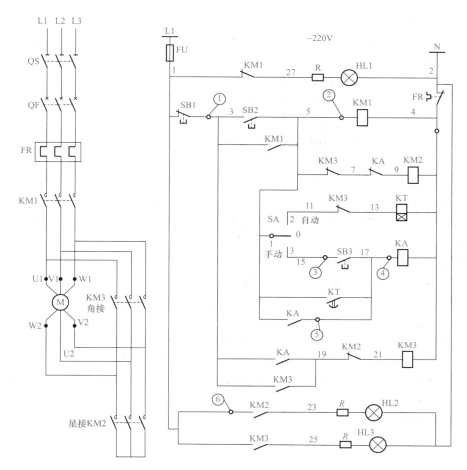

图 4-6　可选择手动与自动转换的星三角降压启动电动机 220V 控制电路

1. 主电路与控制回路送电

（1）合上主回路隔离开关 QS。

（2）合上主回路空气断路器 QF。

（3）合上控制回路熔断器 FU。

合上控制回路熔断器 FU 后，通过接触器 KM1 动断触点→27 号线信号灯 HL1→得电灯亮，表示这台电动机具备启动条件。

2. 启动电动机降压运转

电动机启动前，应当把选择开关 SA 切换到自动位置，触点①→②接通，为自动转换电路做准备。

按下启动按钮 SB2 动合触点闭合，发出电动机启动指令，电源 L1 相→控制回路熔断器 FU→1 号线→停止按钮 SB1 动断触点→3 号线→启动按钮 SB2 动合触点（按下时闭合）→5 号线→分三路：

（1）接触器 KM1 线圈→4 号线→热继电器 FR 动断触点→2 号线→电源 N 极。

（2）接触器 KM3 动断触点→7 号线→中间继电器 KA 动断触点→9 号线→接触器 KM2 线圈→4 号线→热继电器 FR 动断触点→2 号线→电源 N 极。

（3）选择开关 SA 自动位置①→②接通→11 号线→接触器 KM3 动断触点→13 号线→时间继

电器 KT 线圈→4 号线→热继电器 FR 动断触点→2 号线→电源 N 极。

接触器 KM1 线圈得电动作，接触器 KM1 动合触点闭合自保，维持接触器 KM1、接触器 KM2 的工作状态。接触器 KM1 的三个主触点同时闭合，提供电源。

接触器 KM2 线圈得电动作，接触器 KM2 的三个主触点同时闭合，把电动机 M 绕组短接成星形接线，电动机 M 得电启动运转（处于星运行，慢速运转状态）。

时间继电器 KT 线圈得电动作，开始计时。

3. 电动机按时间转换到三角形接线运行工作原理

电动机启动后，待电动机的转速达到接近额定转速时，也就是时间继电器 KT 的时间整定值（整定的时间 3s）。时间到，时间继电器 KT 延时闭合的动合触点闭合。

电源 L1 相→控制回路熔断器 FU→1 号线→停止按钮 SB1 动断触点→3 号线→接触器 KM1 闭合的动合触点→5 号线→时间继电器 KT 延时闭合的动合触点→17 号线→中间继电器 KA 线圈→4 号线→热继电器 FR 动断触点→2 号线→电源 N 极。中间继电器 KA 线圈得电动作。

中间继电器 KA 所属触点的作用如下。

（1）中间继电器 KA 动断触点断开，切断接触器 KM3 线圈控制电路。

（2）中间继电器 KA 动合触点闭合，将时间继电器 KT 延时闭合的动合触点短接，为中间继电器 KA 线圈电路自保。

中间继电器 KA 动合触点闭合，角接运行接触器 KM3 线圈电路是这样接通的：

电源 L1 相→控制回路熔断器 FU→1 号线→停止按钮 SB1 动断触点→3 号线→中间继电器 KA 闭合的动合触点→19 号线→复位的接触器 KM2 动断触点→21 号线→接触器 KM3 线圈→4 号线→热继电器 FR 动断触点→2 号线→电源 N 极。

角接运行接触器 KM3 线圈电路接通，接触器 KM3 得电动作。接触器 KM3 动合触点闭合自保。接触器 KM3 的三个主触点同时闭合，将电动机的绕组接成三角形接线方式，电动机进入角形接线的正常运行状态。

接触器 KM3 动断触点断开，时间继电器 KT 线圈电路断电释放。时间继电器 KT 完成电动机由星形启动，按时间自动地切换到角形运行的指令。

接触器 KM3 动合触点闭合→25 号线→信号灯 HL3 得电亮灯，表示电动机处于正常运行状态。

4. 手动转换到正常运行状态的控制电路工作原理

电动机启动前，应当把选择开关 SA 切换到手动位置，触点①→③接通，15 号线带电，为手动转换电路做准备。

（1）启动电动机降压运转。电动机启动前，应当把选择开关 SA 切换到自动位置，触点①→③接通，为手动转换电路做准备。

按下启动按钮 SB2 动合触点闭合，发出电动机启动指令：电源 L1 相→控制回路熔断器 FU→1 号线→停止按钮 SB1 动断触点→3 号线→启动按钮 SB2 动合触点（按下时闭合）→5 号线→分三路：

1）接触器 KM1 线圈→4 号线→热继电器 FR 动断触点→2 号线→电源 N 极。

2）接触器 KM3 动断触点→7 号线→中间继电器 KA 动断触点 9 号线→接触器 KM2 线圈→4 号线→热继电器 FR 动断触点→2 号线→电源 N 极。

3）选择开关 SA 自动位置①→③接通→11 号线得电。为手动转换作电路准备。

接触器 KM1 线圈得电、接触器 KM1 动合触点闭合自保。接触器 KM1 的三个主触点同时闭合，接通电动机 M 定子绕组的电源。接触器 KM3 的三个主触点同时闭合，把电动机 M 绕组短接成星形接线，电动机 M 处于星启动降压运行状态。

（2）手动转换到电动机正常运转。待电动机的转速达到接近额定转速时，即电流表开始回落接近电动机额定电流值时，按下正常运行按钮 SB3，按到按钮开关 SB3 动合触点闭合时，电源 L1相→控制回路熔断器 FU→1 号线→停止按钮 SB1 动断触点→接触器 KM1 闭合的动合触点→5 号线→选择开关 SA 的①→③触点接通中→15 号线→按钮 SB3 闭合的动合触点（按下时）→17 号线→中间继电器 KA 线圈→4 号线→热继电器 FR 动断触点→2 号线→电源 N 极，中间继电器 KA得电动作。

中间继电器 KA 所属触点作用如下。

1）中间继电器 KA 动断触点断开，切断接触器 KM2 线圈控制电路。

2）中间继电器 KA 动合触点闭合，为中间继电器 KA 线圈电路自保。

中间继电器 KA 动合触点闭合，角接运行接触器 KM2 线圈电路是这样接通的：

电源 L1 相→控制回路熔断器 FU→1 号线→中间继电器 KA 闭合的动合触点→19 号线→复位的接触器 KM2 动断触点→21 号线→接触器 KM3 线圈→4 号线→热继电器 FR 动断触点→2 号线→电源 N 极。

接触器 KM3 线圈得电动作，接触器 KM3 的三个主触点同时闭合，将电动机的绕组接成三角形接线方式，电动机进入角形接线的正常运行状态。

接触器 KM3 动合触点闭合→25 号线→信号灯 HL3 得电亮灯，表示电动机处于正常运行状态。

5. 正常停止

需要停机时，不管 SA 是在自动位置还是手动位置，只要按下停止按钮 SB1 动断触点断开，接触器 KM1 控制电路断电释放，接触器 KM1 三个主触点同时断开，电动机 M 脱离电源，停止转动，被驱动的机械设备停止工作。

6. 故障现象原因

（1）图 4-6 中，①→指向的位置，停止按钮 SB1 动断触点与启动按钮 SB2 动合触点上的连接的 3 号线，从停止按钮 SB1 动断触点上脱落。

（2）图 4-6 中，②→指向的位置，接触器 KM1 线圈上的 5 号线断，出现按下启动 SB2 动合触点闭合，接触器 KM1 不能动作。接触器 KM2 得电动作，松手离开启动按钮 SB2 动合触点断开，接触器 KM2 释放。

（3）图 4-6 中，③→指向的位置，启动按钮 SB3 动合触点上的 15 号线断线。

（4）图 4-6 中，④→指向的位置，中间继电器 KA 线圈上的 17 号线断线。

（5）图 4-6 中，⑤→指向的位置，中间继电器 KA 动合触点上的 17 号线断线。

（6）图 4-6 中，⑥→指向的位置，接触器 KM2 动合触点上的 1 号线断，降压启动后，信号灯HL2 灯不亮。

例70　自动转换的星三角降压启动常用泵电动机 220V 控制电路

图 4-7、图 4-8 是两台相互备用的电动机控制电路，其常用泵电动机的控制电路工作电压为220V，备用泵电动机的控制电路工作电压为 380V。为了实现电动机相互备用的自启动，控制电路中各加一只自投控制开关。

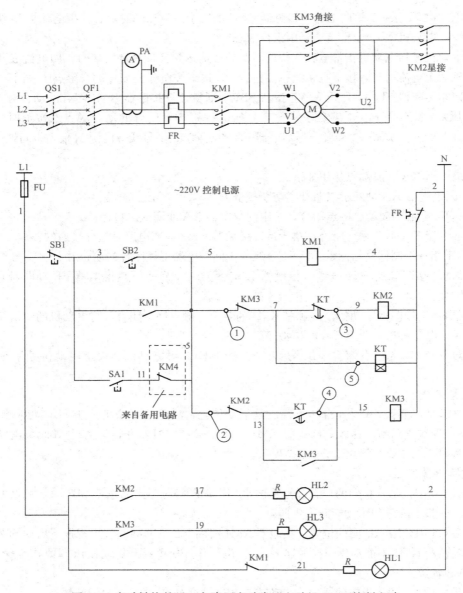

图 4-7　自动转换的星三角降压启动常用电动机 220V 控制电路

　　图 4-7 中，自投控制开关 SA1 的动合触点与备用泵接触器 KM4 动断触点串联接线后，再与常用泵启动按钮 SB2 的动合触点并联。

　　图 4-8 中，自投控制开关 SA2 的动合触点与常用泵接触器 KM1 动断触点串联接线后，与备用泵启动按钮 SB4 的动合触点并联，构成了两台泵电动机相互备用的自启的控制电路。

　　这样，常用泵运转时发生故障停机，需要备用泵能够自动投入运行，合上备用泵控制电路中的自投控制开关 SA2。

　　备用泵运转时发生故障停机，需要常用泵自动投入运行，合上常用泵控制电路中的自投控制开关 SA1。

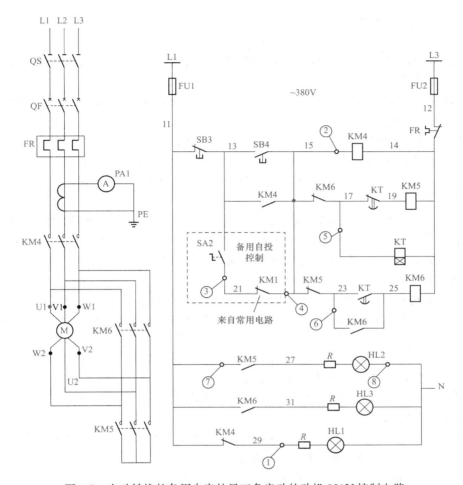

图 4-8　自动转换的备用自启的星三角启动的动机 380V 控制电路

1. 降压启动常用泵电动机控制电路工作原理

（1）主电路与控制回路送电。

1）合上主回路隔离开关 QS1。

2）合上主回路空气断路器 QF1。

3）检查常用泵自投控制开关 SA 在断开状态。

4）合上控制回路熔断器 FU。

合上控制回路熔断器 FU 后，通过接触器 KM1 动断触点→21 号线信号灯 HL1→得电灯亮，表示这台电动机具备启动条件。

（2）常用泵电动机降压启动的电路工作原理。按下图 4-7 中启动按钮 SB2，其动合触点闭合，发出电动机启动指令：

电源 L1 相→控制回路熔断器 FU→1 号线→停止按钮 SB1 动断触点→3 号线→启动按钮 SB2 动合触点（按下时闭合）→5 号线→分三路：

1）接触器 KM1 线圈→4 号线→热继电器 FR 动断触点→2 号线→电源 N 相。接触器 KM1 线圈得电动作，接触器 KM1 动合触点闭合自保。维持接触器 KM1 吸合工作状态。接触器 KM1 的三个主触点同时闭合，接通电动机电源。

2）接触器 KM3 动断触点→7 号线→分两路：

a）时间继电器 KT 线圈→4 号线→热继电器 FR 动断触点→2 号线→电源 N 相。时间继电器 KT 得电动作，开始计时。

b）时间继电器 KT 延时断开的动断触点→9 号线→接触器 KM2 线圈→4 号线→热继电器 FR 动断触点→2 号线→电源 N 极。

接触器 KM2 线圈得电动作，接触器 KM2 的三个主触点同时闭合，把电动机绕组短接成星形接线，电动机 M 处于星启动慢速运行状态。

待电动机的转速达到接近额定转速时，也就是时间继电器 KT 的时间整定值（整定的时间为 2～3s）。

（3）自动转换到角形接线方式下运转的电路原理。时间到，接触器 KM2 控制电路中的 KT 延时断开的动断触点断开，接触器 KM2 电路断电释放，接触器 KM2 的三个主触点同时断开，解除电动机绕组的星形接线。电动机断电，但处于惯性运转状态。

接触器 KM2 的动断触点复位接通状态。

电源 L1 相→控制回路熔断器 FU→1 号线→停止按钮 SB1 动断触点→3 号线→接触器 KM1 闭合的动合触点→5 号线→复位的接触器 KM2 的动断触点→13 号线→时间继电器 KT 延时闭合的动合触点→15 号线→接触器 KM3 线圈→4 号线→热继电器 FR 动断触点→2 号线→电源 N 极。

角接运行接触器 KM3 线圈电路接通，接触器 KM3 得电动作。接触器 KM3 动合触点闭合自保。接触器 KM3 的三个主触点同时闭合，将电动机的绕组接成三角形接线方式，电动机进入角形接线的正常运行状态。

接触器 KM3 动断触点断开，时间继电器 KT 线圈电路断电释放。时间继电器 KT 完成电动机由星形启动按时间自动地切换到角形运行的指令。

接触器 KM3 动断触点断开，将接触器 KM2 控制电路隔离。

接触器 KM3 动合触点闭合→19 号线→信号灯 HL3 得电亮灯，表示电动机处于正常运行状态。

2. 启动备用泵电动机控制电路工作原理

（1）备用泵自动投入的电路工作原理。在常用泵运行后，常用泵故障停机时，为使备用泵能够自动投入运转，必须合上控制开关 SA2。

自投控制开关 SA2 在接通状态，常用电动机接触器 KM1 动断触点复归，等于按下启动按钮 SB4，备用泵电动机自启动的电路工作原理如下。

电源 L1 相→控制回路熔断器 FU1→11 号线→停止按钮 SB3 动断触点→13 号线→换自投控制开关 SA2 接通的触点→21 号线→复归的接触器 KM1 动断触点→15 号线→分下面几路。

1）接触器 KM4 线圈→14 号线→热继电器 FR1 动断触点→12 号线→控制回路熔断器 FU2→电源 L3 相。

接触器 KM4 线圈得电动作，接触器 KM4 动合触点闭合自保。维持接触器 KM4 吸合工作状态。接触器 KM4 的三个主触点同时闭合，接通电动机电源。

2）→接触器 KM6 动断触点→17 号线→分两路：

a）时间继电器 KT 线圈→14 号线→热继电器 FR 动断触点→2 号线→控制回路熔断器 FU2→电源 L3 相。时间继电器 KT 得电动作，开始计时。

b）时间继电器 KT 延时断开的动断触点→19 号线→接触器 KM5 线圈→14 号线→热继电器 FR 动断触点→12 号线→控制回路熔断器 FU2→电源 L3 相。

接触器 KM5 线圈得电动作，接触器 KM5 的三个主触点同时闭合，把电动机绕组短接成星形接线，接触器 KM4、KM5 线圈得电动作，备用电动机处于星启动慢速运行状态。

待电动机的转速达到接近额定转速时，也就是时间继电器 KT 的时间整定值（整定的时间为 2～3s）。

（2）自动转换到角形接线方式下运转的电路原理。时间继电器 KT 延时断开的动断触点断开，接触器 KM5 断电释放，接触器 KM5 的三个主触点同时断开，解除电动机绕组的星形接线。接触器 KM6 电路中的接触器 KM5 动断触点复位。

时间继电器 KT 延时闭合的动合触点闭合。

电源 L1 相→控制回路熔断器 FU1→11 号线→停止按钮 SB3 动断触点→13 号线→自投控制开关 SA2 接通的触点→21 号线→复归的接触器 KM1 动断触点→15 号线→复位的接触器 KM5 动断触点→23 号线→时间继电器 KT 延时闭合的动合触点→25 号线→接触器 KM6 线圈→14 号线→热继电器 FR1 动断触点→12 号线→控制回路熔断器 FU2→电源 L3 相。

角接运行接触器 KM6 线圈得电动作，接触器 KM6 动合触点闭合自保。维持接触器 KM6 的吸合工作状态。

接触器 KM6 的三个主触点同时闭合，将电动机的绕组接成三角形接线方式，电动机进入角形接线的正常运行状态。

接触器 KM6 动断触点断开，时间继电器 KT 线圈电路断电释放，时间继电器 KT 完成电动机由星形启动按时间自动地切换到角形运行的指令。

接触器 KM6 动断触点断开，将接触器 KM5 控制电路隔离。

接触器 KM6 动合触点闭合→31 号线→信号灯 HL3 得电亮灯，表示电动机处于正常运行状态。

（3）正常停止。需要停止时，不管 SA1 是在自动位置还是手动位置操作，只要按下停止按钮 SB1 控制电路断电接触器 KM1 控制电路断电释放，接触器 KM1 三个主触点同时断开，电动机 M 脱离电源，停止转动，被驱动的机械设备泵、风机、压缩机等停止工作。

（4）故障原因现象。

1）图 4-7 中，①→指向的位置，备用自投控制开关 SA 触点上的 3 号线断线。

2）图 4-7 中，②→指向的位置，接触器 KM4 动断触点上的 5 号线断。

3）图 4-7 中，③→指向的位置，中间继电器 KA 动合触点上的 17 号线断线。

4）图 4-7 中，④→指向的位置，接触器 KM3 动断触点上的 17 号线断线。

5）图 4-7 中，⑤→指向的位置，时间继电器 KT 线圈的 7 号线断。

例 71　自动转换的备用自启的星三角启动的电动机 380V 控制电路

1. 降压启动备用泵电动机控制电路工作原理

（1）主电路与控制回路送电。

1）合上主回路隔离开关 QS。

2）合上主回路空气断路器 QF。

3）检查自投控制开关 SA2 在断开状态。

4）合上控制回路熔断器 FU1、FU2。

合上控制回路熔断器 FU1、FU2 后，通过接触器 KM4 动断触点→29 号线→信号灯 HL1→得电灯亮，表示这台电动机具备启动条件。

（2）备用泵电动机降压启动的电路工作原理。按下图 4-8 中启动按钮 SB4，其动合触点闭合，发出电动机启动指令。

电源 L1 相→控制回路熔断器 FU1→11 号线→停止按钮 SB3 动断触点→13 号线→启动按钮 SB4 动合触点（按下时闭合）→15 号线→分如下几路：

1）接触器 KM4 线圈→14 号线→热继电器 FR1 动断触点→12 号线→控制回路熔断器 FU2→电源 L3 相。

接触器 KM4 线圈得电动作，接触器 KM4 动合触点闭合自保。维持接触器 KM4 吸合工作状态。接触器 KM4 的三个主触点同时闭合，接通电动机电源。

2）接触器 KM6 动断触点→17 号线→分两路：

a）时间继电器 KT 线圈→14 号线→热继电器 FR 动断触点→12 号线→控制回路熔断器 FU2→电源 L3 相。时间继电器 KT 得电动作，开始计时。

b）时间继电器 KT 延时断开的动断触点→19 号线→接触器 KM5 线圈→14 号线→热继电器 FR 动断触点→12 号线→控制回路熔断器 FU2→电源 L3 相。

接触器 KM5 线圈得电动作，接触器 KM5 的三个主触点同时闭合，把电动机绕组短接成星形接线，电动机 M 处于星启动慢速运行状态。

待电动机的转速达到接近额定转速时，也就是时间继电器 KT 的时间整定值（整定的时间为 2~3s）。

时间到，接触器 KM5 控制电路中的 KT 延时断开的动断触点断开，接触器 KM5 电路断电释放，接触器 KM5 的三个主触点同时断开，解除电动机绕组的星形接线。电动机断电，但处于惯性运转状态，接触器 KM5 的动断触点复位接通状态。

电源 L1 相→控制回路熔断器 FU1→11 号线→停止按钮 SB3 动断触点→13 号线→接触器 KM4 动合触点闭合→15 号线→复位的接触器 KM5 的动断触点→23 号线→时间继电器 KT 延时闭合的动合触点→25 号线→接触器 KM6 线圈→14 号线→热继电器 FR 动断触点→12 号线→控制回路熔断器 FU2→电源 L3 相。

接触器 KM6 三个主触点同时闭合，电动机获得 380V 交流电压启动运转，进入三角形接线的（正常）运行状态。

接触器 KM6 动合触点闭合→31 号线→信号灯 HL3 得电灯亮，表示电动机 M 处于三角形运转状态。

2. 启动常用泵电动机控制电路工作原理

（1）常用泵的自启动工作原理。当备用电动机故障停机或误停时，图 4-7 中，接触器 KM4 的动断触点复归接通。自投控制开关 SA1 在接通状态，备用电动机接触器 KM4 动断触点复归，等于按下启动按钮 SB2，电动机启动运转，电路工作原理如下。

电源 L1 相→控制回路熔断器 FU→1 号线→停止按钮 SB1 动断触点→3 号线→自投控制开关 SA1 接通的触点→11 号线→复归的接触器 KM4 动断触点→5 号线→分下面几路：

1）接触器 KM1 线圈→4 号线→热继电器 FR 动断触点→2 号线→电源 N 极。

接触器 KM1 线圈得电动作，接触器 KM1 动合触点闭合自保。接触器 KM1 三个主触点闭合接通电源，接触器 KM1 动断触点断开，信号灯 HL 断电灯灭。

2）接触器 KM3 动断触点→7 号线→分两路：

a）时间继电器 KT 线圈→4 号线→热继电器 FR 动断触点→2 号线→电源 N 相。时间继电器 KT 得电动作，开始计时。

b）时间继电器 KT 延时断开的动断触点→9 号线→接触器 KM2 线圈→4 号线→热继电器 FR 动断触点→2 号线→电源 N 相。

接触器 KM2 线圈得电动作，接触器 KM2 的三个主触点同时闭合，把电动机 M 定子绕组短接成星形接线，接触器 KM1 主触点闭合提供电源，电动机绕组获电启动慢速运转。

接触器 KM2 动合触点闭合→17 号线→信号灯 HL2 得电灯亮，表示电动机处于星启动运转状态。

待时间继电器 KT 达到整定值时，接触器 KM2 电路中的时间继电器 KT 动断触点延时断开，切断 KM2 线圈电路，接触器 KM2 断电释放，主触点断开，解除电动机 M 绕组星点，电动机处于惯性运转中。接触器 KM1 在吸合中，电动机 M 仍在通电状态。

（2）电动机进入△形接线运行的工作原理。时间继电器 KT 动合触点延时闭合，角接运行接触器 KM3 线圈电路是这样接通的。

电源 L1 相→控制回路熔断器 FU→1 号线→停止按钮 SB1 动断触点→3 号线→接触器 KM1 闭合的（自保）动合触点→5 号线→接触器 KM2 动断触点→13 号线→时间继电器 KT 延时闭合的动合触点→15 号线→接触器 KM3 线圈→4 号线→热继电器 FR 动断触点→2 号线→电源 N 相。

角接运行接触器 KM3 线圈电路接通，接触器 KM3 线圈得电动作。接触器 KM3 动合触点闭合，将时间继电器 KT 延时闭合的动合触点短接，同时为角接运行接触器 KM3 线圈电路自保。

接触器 KM3 的三个主触点同时闭合，把电动机 M 定子绕组，短接成三角形接线，接触器 KM1 的三个主触点仍在闭合中。

接触器 KM3 三个主触点同时闭合，电动机获得 380V 交流电压启动运转。进入三角形接线的（正常）运行状态。接触器 KM3 动合触点闭合→19 号线→信号灯 HL3 得电灯亮，表示电动机 M 处于三角形正常运转状态。当电动机运行后，应该及时地断开自投控制开关 SA1。

3. 正常停止

按下停止按钮 SB3 控制电路断电，接触器 KM4 和接触器 KM6 断电释放，接触器 KM4 的三个主触点断开，电动机 M 脱离电源，停止转动，被驱动的机械设备停止工作。

4. 故障原因现象

（1）图 4-8 中，①→指向的位置，信号灯 HL1 端子上的 29 号线断线。合上控制熔断器 FU1，信号灯 HL1 不亮。

（2）图 4-8 中，②→指向的位置，接触器 KM4 线圈上的 15 号线断。

（3）图 4-8 中，③→指向的位置，控制开关 SA2 触点上的 21 号线断线。

（4）图 4-8 中，④→指向的位置，接触器 KM1 动断触点上的 15 号线断线。

（5）图 4-8 中，⑤→指向的位置，时间继电器 KT 线圈的 17 号线，时间继电器 KT 不能得电动作。

（6）图 4-8 中，⑥→指向的位置，接触器 KM6 动合触点上的 23 号线断。

（7）图 4-8 中，⑦→指向的位置，接触器 KM5 动合触点上的 11 号线断。

（8）图 4-8 中，⑧→指向的位置，信号灯 HL2 端子上的 2 号线断线。

例72 有过载报警只能自动转换的星三角启动电动机的127V控制电路（见图4-9）

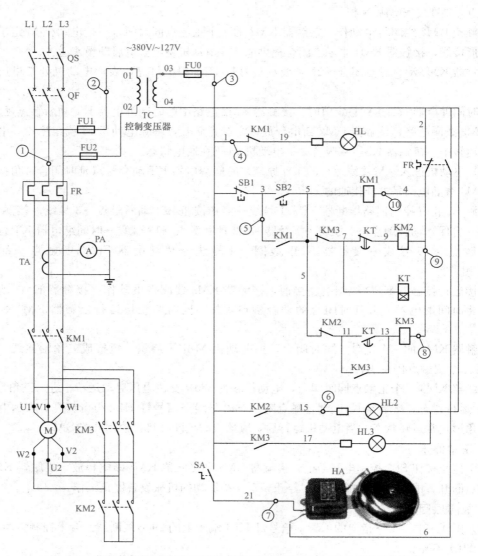

图4-9 有过载保护只能自动转换的星三角启动电动机构127V控制电路

1. 主回路与控制电路送电操作

（1）合上电源隔离开关QS。

（2）合上电源断路器QF。

（3）合上控制回路熔断器FU1、FU2。

合上控制变压器TC一次电源熔断器FU1、FU2，变压器绕组一次侧有电。合上控制变压器TC二次熔断器FU0。接触器KM3动断触点→19号线→信号灯HL灯亮，表示控制变压器TC二次侧有127V电压，为电动机控制回路提供127V的控制电源。

2. 启动电动机降压运转

按下启动按钮 SB2 动合触点闭合，控制变压器 TC 二次电源 03→二次熔断器 FU0→1 号线→停止按钮 SB1 动断触点→3 号线→启动按钮 SB2 动合触点（按下时闭合）→5 号线→分两路。

（1）→接触器 KM1 线圈→4 号线→热继电器 FR 动断触点→2 号线→控制变压器 TC 二次绕组一端 04 上。

接触器 KM1 线圈得电动作，接触器 KM1 动合触点闭合自保。接触器 KM1 三个主触点闭合，提供电源。

（2）接触器 KM3 动断触点→7 号线→分两路：

1）时间继电器 KT 延时断开的动断触点→9 号线→接触器 KM2 线圈→4 号线→热继电器 FR 动断触点→2 号线→控制变压器 TC 二次绕组一端 04 上。

接触器 KM2 线圈得电动作，接触器 KM2 动断触点断开，隔离接触器 KM3 电路。

接触器 KM1 主触点闭合提供电源，接触器 KM2 的三个主触点同时闭合，把电动机 M 定子绕组短接成星形接线，电动机绕组获电启动慢速运转。

接触器 KM2 动合触点闭合→15 号线→信号灯 HL2 得电灯亮，表示电动机处于星启动运转状态。

2）时间继电器 KT 线圈→4 号线→热继电器 FR 动断触点→2 号线→控制变压器 TC 二次绕组一端 04 上。

时间继电器 KT 线圈得电动作，开始计时。待时间继电器 KT 达到整定值（3～4s）时，接触器 KM2 控制电路中的时间继电器 KT 动断触点延时断开，切断接触器 KM2 线圈电路，接触器 KM2 断电释放，电动机 M 绕组星点断开，电动机处于惯性运转中。接触器 KM1 在吸合中，但电动机仍在通电状态中。

接触器 KM2 动断触点断开，信号灯 HL2 断电，灯灭表示电动机结束星启动状态。

3. 按时间自动转换的△形接线方式（正常）运行

时间继电器 KT 延时闭合的动合触点闭合，控制变压器 TC 二次电源 03→二次熔断器 FU0→1 号线→停止按钮 SB1 动断触点→3 号线→闭合的接触器 KM1 动合触点→5 号线→复位的接触器 KM2 动断触点→11 号线→时间继电器 KT 延时闭合的动合触点→13 号线→接触器 KM3 线圈→4 号线→热继电器 FR 动断触点→2 号线→控制变压器 TC 二次绕组一端 04 上。

接触器 KM3 获得 127V 的工作电压动作，接触器 KM3 动合触点闭合自保。接触器 KM3 的三个主触点同时闭合，将电动机的绕组接成三角形接线方式，电动机进入角形接线的正常运行状态。

接触器 KM3 动断触点断开，切断了时间继电器 KT、接触器 KM2 控制电路，时间继电器 KT 完成了定时转换任务。

接触器 KM3 动合触点闭合→17 号线→信号灯 HL3 得电灯亮，表示电动机处正常运转工作状态

4. 正常停止

按下停止按钮 SB1 控制电路断电，回路中所有吸合的接触器，继电器断电释放，接触器 KM1 控制电路断电释放，接触器的主触点同时断开，电动机 M 脱离电源，停止转动，被驱动的机械设备泵、风机、压缩机等停止工作。

5. 过负荷停机与报警

（1）过负荷停机。电动机发生过负荷时故障，主回路中的热继电器 FR 动作，热继电器 FR

的动断触点断开，切断接触器 KM4 线圈控制电路，接触器 KM4 断电并释放，三个主触点同时断开，电动机绕组脱离三相 380V 交流电源，停止转动，拖动的机械设备停止运行。

（2）报警。报警回路中，热继电器 FR 的动合触点闭合，电源 1 号线→报警开关 SA 在合位→21 号线→电铃 HA 线圈→6 号线→闭合的热继电器 FR 的动合触点→2 号线→控制变压器 TC 二次绕组一端 04 上。电铃 HA 线圈得电铃响报警。断开开关 SA，铃响终止。

6. 故障现象原因

（1）图 4-9 中，①→指向的位置，接触器 KM1 主触点中相电源侧过热烧断，电动机单相运转。

（2）图 4-9 中，②→指向的位置，控制变压器 TC 一次绕组 01 号线断线。

（3）图 4-9 中，③→指向的位置，控制变压器 TC 二次熔断器下的 1 号线断线。

（4）图 4-9 中，④→指向的位置，接触器 KM1 动合触点上的 1 号线断线。

（5）图 4-9 中，⑤→指向的位置，接触器 KM1 动合触点上 3 号线断线。

（6）图 4-9 中，⑥→指向的位置，信号灯 HL2 上的 15 号线断线。

（7）图 4-9 中，⑦→指向的位置，报警电铃 HA 线圈上的 21 号线断线。

（8）图 4-9 中，⑧→指向的位置，接触器 KM3 线圈上的 4 号线断线。

（9）图 4-9 中，⑨→指向的位置断线，时间继电器 KT 线圈、接触器 KM3 线圈缺一相电源。

（10）如果在接线过程中，将时间继电器 KT 线圈的 7 号线连接到接触器 KM2 的动断触点上，会出现什么现象？

例 73　星三角启动采用手动转换电动机 380V/36V 控制电路（见图 4-10）

1. 主回路与控制电路送电操作

（1）合上电源隔离开关 QS。

（2）合上电源断路器 QF。

（3）合上控制回路熔断器 FU1、FU2。

合上控制变压器 TC 一次电源熔断器 FU1、FU2 后。信号灯 HL1 得电，灯亮表示变压器一次有电。合上控制变压器 TC 二次熔断器 FU0。控制变压器 TC 二次有 36V 电压，为电动机控制回路提供 36V 的控制电源。

2. 启动电动机降压运转

按下启动按钮 SB2 动合触点闭合，控制变压器 TC 二次电源 03→二次熔断器 FU0→1 号线→停止按钮 SB1 动断触点→3 号线→启动按钮 SB2 动合触点（按下时闭合）→5 号线→分两路：

（1）→接触器 KM1 线圈→4 号线→热继电器 FR 动断触点→2 号线→控制变压器 TC 二次绕组一端 04 上。

（2）→按钮 SB3 动断触点→7 号线→接触器 KM3 动断触点→9 号线→接触器 KM2 线圈→4 号线→热继电器 FR 动断触点→2 号线→控制变压器 TC 二次绕组一端 04 上。

接触器 KM1 线圈、接触器 KM2 线圈同时获得 36V 交流电压动作，KM1 动合触点闭合自保。接触器 KM2 的三个主触点同时闭合，把电动机 M 定子绕组短接成星形接线，接触器 KM1 三个主触点闭合，提供电源，电动机启动运转。

接触器 KM2 动合触点闭合→15 号线→信号灯 HL2 得电灯亮，表示电动机处于星启动运转状态。

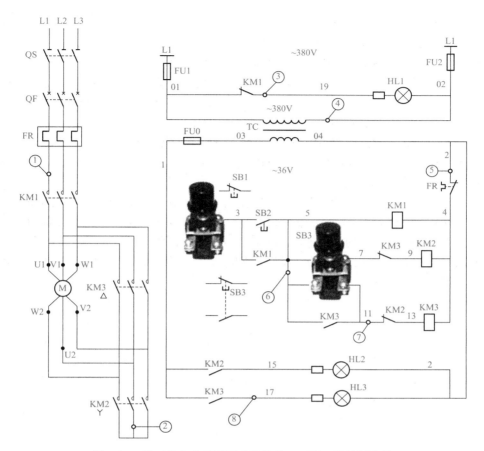

图 4-10　星三角启动采用手动转换的 380V/36V 控制电路

3. 手动转换到△形接线运行的工作原理

电动机启动后，约 3s，电动机的转速，也可以根据电动机运转声音，觉得转速接近正常时，按下按钮 SB3 动断触点断开，切断接触器 KM2 控制电路，接触器 KM2 断电释放，接触器 KM2 的三个主触点同时断开，电动机 M 绕组星点解除，电动机处于惯性运转中。接触器 KM1 在吸合中，电动机 M 仍在通电状态。

按下启动按钮 SB3 动合触点闭合，控制变压器 TC 二次电源 03→二次熔断器 FU0→1 号线→停止按钮 SB1 动断触点→3 号线→闭合的接触器 KM1 动合触点→5 号线→按钮 SB3 动合触点（按下时闭合）→11 号线→复位的接触器 KM2 动断触点→13 号线→接触器 KM3 线圈→4 号线→热继电器 FR 动断触点→2 号线→控制变压器 TC 二次绕组一端 04 上。

接触器 KM3 获得 36V 交流电压动作，接触器 KM3 动合触点闭合自保。接触器 KM3 的三个主触点同时闭合，将电动机的绕组接成三角形接线方式，电动机进入角形接线的正常运行状态。

接触器 KM3 动断触点断开，切断了接触器 KM2 控制电路，将接触器 KM2 控制电路隔离。接触器 KM3 动合触点闭合→17 号线→信号灯 HL3 得电灯亮，表示电动机进入正常运转状态。

4. 正常停止

按下停止按钮 SB1 控制电路断电，回路中所有吸合的接触器、继电器断电释放，接触器 KM1 控制电路断电释放，接触器的主触点同时断开，电动机 M 脱离电源，停止转动，被驱动的机械设备停止工作。

5. 故障现象原因

(1) 图 4-10 中，①→指向的位置，接触器 KM1 主触点电源侧过热烧断，电动机缺相运转。

(2) 图 4-10 中，②→指向的位置，接触器 KM2 主触点负荷侧断线，星形接线缺一相电源。

(3) 图 4-10 中，③→指向的位置，接触器 KM1 动断触点上的 19 号线断线。合上控制回路熔断器 FU 后，接触器 KM1 动断触点上的 19 号线断线，19 号线没有电，信号灯 HL1 不亮。

(4) 图 4-10 中，④→指向的位置，控制变压器 TC 一次绕组断线，变压器 TC 不能投入。

(5) 图 4-10 中，⑤→指向的位置，热继电器 FR 动断触点上的 2 号线断线，控制回路缺一相电源，控制电路不能工作，

(6) 图 4-10 中，⑥→指向的位置，5 号线在端子排上断线。按 SB3，切断星接接触器 KM2 电路，按到 SB3 动合触点闭合，由于缺一相电源 11 号线没有电，接触器 KM3 不能得电吸合。

(7) 图 4-10 中，⑦→指向的位置，启动按钮 SB3 到接触器 KM2 动断触点上的 11 号线断线。

(8) 图 4-10 中，⑧→指向的位置，接触器 KM3 动合触点上的 17 号线断线。电动机进入正常运行，信号灯 HL3 没有显示。

第五章 自耦降压启动的电动机控制电路

例74 二次保护的万能转换控制操作自耦降压启动电动机 220V 控制电路

二次保护的万能转换控制操作自耦降压启动电动机 220V 控制电路如图 5-1 所示。

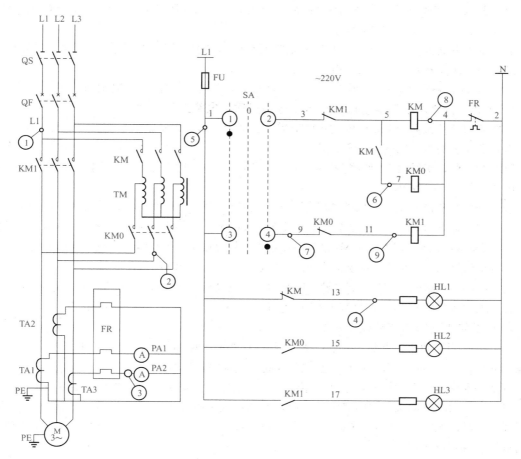

图 5-1 二次保护的万能转换控制操作自耦降压启动电动机 220V 控制电路

1. 主回路和控制回路送电操作顺序

（1）合上隔离开关 QS。

（2）合上断路器 QF。

（3）合上控制回路熔断器 FU。

合上熔断器 FU 后，电源 L1 相→控制回路熔断器 FU→1 号线→接触器 KM 动断触点→13 号线→信号灯 HL1→2 号线→电源 N 极。绿色信号灯 HL1 得电灯亮，说明电动机回路处于热备用状态，电动机具备了启停操作条件，随时可以启动。

2. 降压启动操作与电路工作原理

将控制选择开关 SA 扳到"1"位置，控制选择开关 SA 触点①、②接通，电源 L1 相→控制回路熔断器 FU→1 号线→控制选择开关 SA 触点①、②接通→3 号线→接触器 KM1 动断触点→5 号线→降压启动接触器 KM 线圈→4 号线→热继电器 FR 动断触点→2 号线→电源 N 极。

接触器 KM 线圈得到 220V 的工作电压动作，接触器 KM 的三个主触点同时闭合。

接触器 KM 动合触点闭合，电源 L1 相→控制回路熔断器 FU→1 号线→控制选择开关 SA 触点①、②接通→3 号线→接触器 KM1 动断触点→5 号线→闭合的接触器 KM 动合触点→7 号线→接触器 KM0 线圈→4 号线→热继电器 FR 动断触点→2 号线→电源 N 极。

接触器 KM0 得电动作，接触器 KM0 的三个主触点接通降压启动主回路电源，将自耦变压器绕组 80% 处的抽头与电动机绕组连接。

经过串入电动机主回路中的自耦变压器部分绕组，电动机获得的电压低于额定（80%）的电压启动运转，转速开始上升，启动电流下降。

KM0 的动合触点闭合→15 号线→信号灯 HL2 得电灯亮，表示电动机降压运行状态。

3. 从降压运行切换到电动机全电压运行的操作与电路工作原理

一般采用手动转换的电路中安装有电流表，目的为了观察电动机的电流以便进行转换。

看到电流表的指针回落接近额定电流值时，或觉得转速达到正常转速时，将控制选择开关 SA 扳到"0"位，接触器 KM0 线圈断电释放，接触器 KM0 的三个主触点同时断开，电动机 M 脱离电源，仍在高速惯性运转中。

接着将控制选择开关 SA 扳到"2"位置，控制选择开关 SA 触点③、④接通。电源 L1 相→控制回路熔断器 FU→1 号线→控制选择开关 SA 触点③、④接通→9 号线→接触器 KM0 动断触点→11 号线→正常运行接触器 KM1 线圈→4 号线→热继电器 FR 动断触点→2 号线→电源 N 极。正常运行接触器 KM1 线圈电路接通并动作，接触器 KM1 动合触点闭合自保。

主回路中，接触器 KM1 三个主触点同时闭合，电动机 M 获得额定电压进入正常运行。KM1 的动合触点闭合→17 号线→信号灯 HL3 得电灯亮，表示电动机进入正常运行状态。

4. 正常停机与过负荷故障停机

按下停机 SB1 动断触点断开，运行接触器 KM1 控制电路断电，接触器 KM1 释放，主回路中接触器 KM1 三个主触点同时断开，电动机 M 脱离电源停止运转。

电动机发生过负荷时故障，电流互感器二次回路中的热继电器 FR 动作，热继电器 FR 的动断触点断开，切断电动机控制回路电源，运行中的中间继电器 KA 线圈和接触器 KM1 线圈断电并释放，接触器 KM1 主触点三个同时断开，电动机绕组脱离三相 380V 交流电源，停止转动，拖动的机械设备停止运行。

5. 常见故障点

（1）图 5-1 中①→指向的位置，断路器 QF 负荷侧，由于过热氧化接触不良，导致控制回路没有电。过热氧化接触不良，这种故障眼睛可以看到的，断开断路器 QF，然后处理，把螺丝拧紧。

（2）图 5-1 中②→指向的位置，接触器 KM0 负荷侧 L2 相断线，电动机降压启动时，由于接触器 KM0 负荷侧过热，烧断，造成电动机单相运转，一般情况下热继电器 FR 会动作。

（3）图 5-1 中③→指向的位置，电流表 PA2 线圈断线，电动机运行过程中，电流表 PA2 没有显示。

（4）图 5-1 中④→指向的位置，信号灯 HL1 上的 13 号线断线，合上控制回路熔断器 FU 后，信号灯 HL1 不亮。

（5）图 5-1 中⑤→指向的位置，1 号线断线，将控制开关 SA 置于降压启动位置时（触点 1、2 接通），电动机启动 3s 后，将控制开关 SA 置于正常运行位置（触点 3、4 接通），电动机不能启动。

（6）图 5-1 中⑥→指向的位置，接触器 KM0 线圈上的 7 号线断，将控制开关 SA 置于降压启动位置时（触点 1、2 接通），接触器 KM 虽然动作，只是把自耦变压器部分绕组串入电动机绕组中，7 号线断，接触器 KM0 不能得电，不会动作，电动机得不到电源不能启动。

（7）图 5-1 中⑦→指向的位置，9 号线断线或接触器 KM 的动断触点接触不良，或⑨指向的位置 11 号线断线，将控制开关 SA 置于正常运行位置时（触点 3、4 接通），接触器 KM1 线圈缺一相电源，接触器 KM1 不能动作。电动机不能启动。

（8）图 5-1 中⑧→指向的位置，接触器 KM 线圈上的 4 号线断线。将控制开关 SA 置于降压启动位置时（触点 1、2 接通）但接触器 KM 缺一相电源（N 极），接触器 KM 不能启动。

例 75　主令开关直接操作的自耦降压启动电动机 220V 控制电路

主令开关直接操作的自耦降压启动电动机 220V 控制电路如图 5-2 所示。

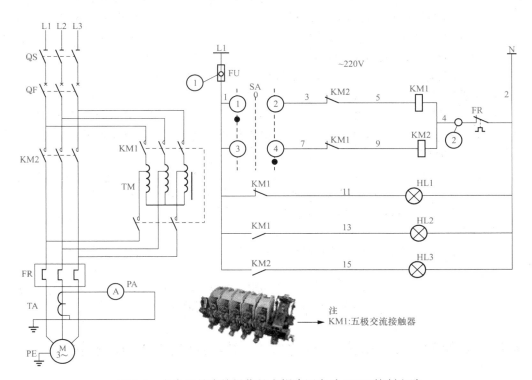

图 5-2　主令开关直接操作的自耦降压启动 220V 控制电路

1. 主回路和控制回路送电操作顺序

（1）合上隔离开关 QS。

（2）合上断路器 QF。

（3）合上控制回路熔断器 FU。

合上熔断器 FU 后，电源 L1 相→控制回路熔断器 FU→1 号线→接触器 KM1 动断触点→11 号线→信号灯 HL1→2 号线→电源 N 极。绿色信号灯 HL1 得电灯亮，说明电动机回路处于热备用状态，电动机具备了启停操作条件，随时可以启动。

2. 降压启动操作与电路工作原理

将控制选择开关 SA 扳到"1"位置，控制选择开关 SA 触点 1、2 接通，电源 L1 相→控制回路熔断器 FU→1 号线→控制选择开关 SA 触点 1、2 接通→3 号线→接触器 KM2 断触点→5 号线→降压启动接触器 KM1 线圈→4 号线→热继电器 FR 动断触点→2 号线→电源 N 极。

接触器 KM 线圈得到 220V 的工作电压动作，接触器 KM1 五个主触点同时闭合，两个主触点将自耦变压器绕组 80%处的两个抽头，串入电动机主回路中，三个主触点接通降压启动主回路电源，经过串入电动机主回路中的自耦变压器部分绕组，电动机获得的电压低于额定电压（20%）启动运转，转速开始上升，启动电流下降。

看到电流表的指针回落接近额定电流值时，或觉得转速达到正常转速时，将控制选择开关 SA 扳到"0"位，接触器 KM1 线圈断电释放，接触器 KM1 主触点五个同时断开，电动机 M 脱离电源，电动机 M 仍在高速惯性运转中。

3. 电动机进入正常运行的操作与电路工作原理

将控制选择开关 SA 扳到"2"位置，控制选择开关 SA 触点③、④接通，电源 L1 相→控制回路熔断器 FU→1 号线→控制选择开关 SA 触点③、④接通→7 号线→接触器 KM1 动断触点→9 号线→正常运行接触器 KM2 线圈→4 号线→热继电器 FR 动断触点→2 号线→电源 N 极。

接触器 KM2 线圈得电动作，接触器 KM2 的三个主触点同时闭合，接通主回路电源，电动机 M 获得额定电压启动运转，进入正常运行。

接触器 KM2 动合触点闭合→15 号线→信号灯 HL3→2 号线→电源 N 极。信号灯 HL3 得电，亮灯表示电动机进入正常运行状态。

需要停机时，将控制选择开关 SA 扳到"0"位，触点③、④断开，切断接触器 KM2 线圈控制电路，KM2 断电释放，接触器 KM2 的三个主触点断开，电动机 M 脱离电源停止运转。

4. 过负荷故障停机

电动机发生过负荷时故障，热继电器 FR 动作，热继电器 FR 的动断触点断开，切断电动机控制回路电源，运行中的接触器 KM2 线圈断电并释放，接触器 KM2 主触点三个同时断开，电动机绕组脱离三相 380V 交流电源，停止转动，拖动的机械设备停止运行。

5. 故障现象

（1）图 5-2 中①→指向的位置，控制回路熔断器 FU 熔断，控制回路无法得电，信号灯 HL1 不亮。

（2）图 5-2 中②→指向的位置，热继电器 FR 动断触点上的 4 号线断线，无论控制开关 SA 转换到降压启动位置还是正常运行位置，接触器 KM1、KM2 都不动作。

例76　按钮操作与手动转换的自耦降压启停电动机 380V 控制电路

按钮操作与手动转换的自耦降压启停电动机 380V 控制电路如图 5-3 所示。

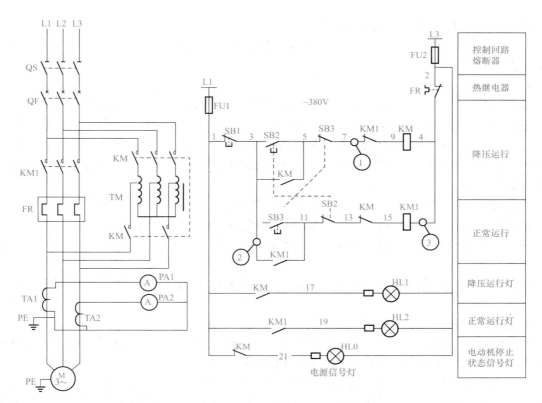

图 5-3　按钮操作与手动转换的自耦降压启停电动机 380V 控制电路

1. 送电操作顺序

（1）合上主回路隔离开关 QS。

（2）合上主回路断路器 QF。

（3）合上控制回路熔断器 FU1、FU2。

合上控制回路熔断器 FU1、FU2 后。电源 L1 相→控制回路熔断器 FU1→1 号线→接触器 KM 动断触点→21 号线→电源信号灯 HL0→2 号线→控制回路熔断器 FU2→电源 L3 相。信号灯 HL0 电路接通，信号灯 HL0 得电，灯亮表示以已送电，电动机回路进入热备用状态。电动机具备随时启动条件。

2. 减压启动电动机，按下启动按钮 SB2 动合触点闭合

刚按下 SB2 时，串入接触器 KM1 线圈电路中的按钮 SB2 的动断触点先断开，切断接触器 KM1 线圈电路，避免同时启动。

按到动合触点 SB2 闭合时：电源 L1 相→控制回路熔断器 FU1→1 号线→停止按钮 SB1 动断触点→3 号线→启动按钮 SB2 动合触点（按下时闭合）→5 号线→按钮 SB3 动断触点→7 号线→接触器 KM1 动断触点→9 号线→降压启动接触器 KM 线圈→4 号线→热继电器 FR 动断触点→2 号线→控制回路熔断器 FU2→电源 L3 相。

接触器 KM 线圈得电动作，动合触点 KM 闭合自保。图 5-3 中降压启动接触器 KM 的五个主触点同时闭合，三个主触点接通电源，自耦变压器绕组的一部分通过接触器 KM 的两个主触点接入电动机绕组（电动机绕组阻抗增加）。电动机绕组获得比电源电压值低 20％ 的电压，启动运转。

电动机转速逐渐上升，电动机的启动电流下降，看到电流表的指针回落，接近额定电流值，或觉得转速达到正常转速时，进行手动切换。

按一下停止按钮 SB1 动断触点断开，接触器 KM 线圈电路断电释放，电动机 M 脱离电源，仍处于高速惯性运转中。

3. 正常运转的操作

看电流表 PA1、PA2 的指针回 "0" 时，按下正常运转启动按钮 SB3 动合触点闭合。

电源 L1 相→控制回路熔断器 FU1→1 号线→停止按钮 SB1 动断触点→3 号线→启动按钮 SB3 动合触点（按下时闭合）→11 号线→按钮 SB2 动断触点→13 号线→接触器 KM 动断触点→15 号线→正常运行接触器 KM1 线圈→4 号线→热继电器 FR 动断触点→2 号线→控制回路熔断器 FU2→电源 L3 相。

正常运行接触器 KM1 线圈电路接通并动作→接触器 KM1 动合触点闭合自保。图 5-3 主回路中，接触器 KM1 三个主触点同时闭合，电动机 M 获得额定电压进入正常运行。

刚按下按钮 SB3 时，串入接触器 KM 线圈电路中的按钮 SB3 的动断触点先断开，切断接触器 KM 线圈电路。

接触器 KM1 动合触点闭合→19 号线→红色信号灯 HL2 得电灯亮，表示电动机 M 进入正常运转状态。

4. 正常停机与过负荷故障停机

按下停机 SB1 动断触点断开，运行接触器 KM1 控制电路断电，接触器 KM1 释放，主回路中接触器 KM1 三个主触点同时断开，电动机脱离电源停止运转。

电动机发生过负荷时故障，主电路中的热继电器 FR 动断触点断开，切断电动机控制回路电源，运行中的接触器 KM1 线圈断电并释放，接触器 KM1 主触点三个同时断开，电动机绕组脱离三相 380V 交流电源停止转动，泵停止工作。

5. 故障点

(1) 图 5-3 中，①→指向的位置，接触器 KM1 动断触点上的 7 号线断线。按下启动 SB2 动合触点闭合，电路没有反应，由于 7 号线断线，接触器 KM 线圈缺一相电源，不能得电动作。

(2) 图 5-3 中，②→指向的位置，接触器 KM1 动合触点上的 3 号线断。出现按下正常运行 SB3 时，接触器 KM1 得电动作，电动机启动，松手接触器 KM1 断电释放，电动机不能进入正常运行。

(3) 图 5-3 中，③→指向的位置，接触器 KM1 线圈上的 4 号线断。按下启动 SB3 动合触点闭合，KM3 电路没有反应，由于接触器 KM1 线圈上 4 号线脱落、断线，接触器 KM1 线圈缺一相电源，不能得电动作。

例77　手动与自动转换的自耦降压启动的电动机 220V 控制电路

手动与自动转换的自耦降压启动的电动机 220V 控制电路，如图 5-4 所示。控制电路适用于额定功率 75kW 以上的电动机。

本电路可以通过选择开关 SA 选择自动转换、手动转换的操作方式，切除降压启动回路，而使电动机转换到额定电压下正常运行。

1. 送电操作顺序

(1) 合上主回路隔离开关 QS。

(2) 合上主回路断路器 QF。

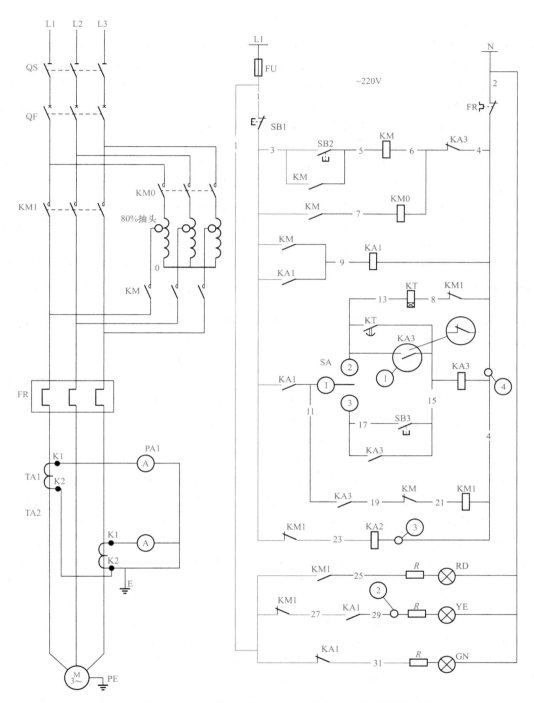

图 5-4 手动与自动转换的自耦降压启动的电动机 220V 控制电路

（3）合上控制回路熔断器 FU。

合上控制回路熔断器 FU 后，电源 L1 相→控制回路熔断器 FU→1 号线→中间继电器 KA1 动断触点→31 号线→信号灯 GN→2 号线→电源 N 极。信号灯 GN 电路接通，信号灯 GN 灯亮，表示电动机回路已送电。

2. 电动机降压启动

按下启动按钮 SB2，电源 L1 相→控制回路熔断器 FU→1 号线→停止按钮 SB1 动断触点→3 号线→启动按钮 SB2 动合触点（按下时闭合）→5 号线→启动接触器 KM 线圈→6 号线→中间继电器 KA3 动断触点→4 号线→热继电器 FR 动断触点→2 号线→电源 N 极。接触器 KM 线圈得电动作，动合触点 KM 闭合自保。图 5-4 主回路中，接触器 KM 的三个主触点同时闭合，把自耦变压器 TM 一部分绕阻串入电动机主回路中，为降压运行做电路准备。

接触器 KM 动作，动合触点 KM 的闭合，电源 L1 相→控制回路熔断器 FU→1 号线→停止按钮 SB1 动断触点→3 号线→闭合的接触器 KM 动合触点→7 号线→接触器 KM0 线圈→6 号线→中间继电器 KA3 动断触点→4 号线→热继电器 FR 动断触点→2 号线→电源 N 极。接触器 KM0 线圈得电动作，图 5-4 主回路中，接触器 KM0 的三个主触点同时闭合，接通主电路电源。自耦变压器 TM 一部分绕阻串入电动机主回路中。电动机绕组获得比电源电压值低 20% 的电压启动运转。电动机降压运行状态。

接触器 KM 动作时，动合触点 KM 的闭合，电源 L1 相→控制回路熔断器 FU→1 号线→闭合的接触器 KM 动合触点→9 号线→中间继电器 KA1 线圈→4 号线→热继电器 FR 动断触点→2 号线→电源 N 极。中间继电器 KA1 线圈得电动作，动合触点 KA1 闭合自保。

闭合的中间继电器 KA1 动合触点作用是：转换回路中的动合触点 KA1 闭合→11 号线充电，为转换回路提供电源。

中间继电器 KA1 动断触点断开，31 号线断电，信号灯 GN 断电灯灭。

中间继电器 KA1 动合触点闭合，电源 L1 相→控制回路熔断器 FU→1 号线→接触器 KM1 动断触点→27 号线→闭合的中间继电器 KA1 动合触点→29 号线→信号灯 YE→2 号线→电源 N 极。信号灯 YE 得电，灯亮表示电动机降压运行状态。

3. 电动机降压启动后自动切换到正常运行状态

选择开关 SA 在启动前已经置于自动位置，选择开关 SA 的触点①、②接通，为自动切换作电路准备。电动机降压启动后。由于中间继电器 KA1 的动作，动合触点 KA1 的闭合。

电源 L1 相→控制回路熔断器 FU→1 号线→停止按钮 SB1 动断触点→3 号线→闭合的中间继电器 KA1 动合触点→11 号线→选择开关 SA 的触点①、②接通→13 号线→时间继电器 KT 线圈→8号线→接触器 KM1 动断触点→4 号线→热继电器 FR 动断触点→2 号线→电源 N 极。

时间继电器 KT 获电动作，时间继电器 KT 延时 3S 闭合的动合触点闭合→15 号线→中间继电器 KA3 线圈→4 号线→热继电器 FR 动断触点→2 号线→电源 N 极。中间继电器 KA3 得电动作，动合触点 KA3 闭合自保。

中间继电器 KA3 动断触点断开，使接触器 KM 及接触器 KM0 线圈断电释放，中间继电器 KA3 动断触点的断开，同时起到隔离接触器 KM、KM0 控制电路的作用。

中间继电器 KA3 动合触点闭合，电源 L1 相→控制回路熔断器 FU→1 号线→停止按钮 SB1 动断触点→3 号线→中间继电器 KA1 动合触点闭合中→11 号线→闭合中的中间继电器 KA3 动合触点→19 号线→复位的接触器 KM 动断触点→21 号线→接触器 KM1 线圈→4 号线→热继电器 FR 动断触点→2 号线→电源 N 极。接触器 KM1 得电动作，图 5-4 主回路中接触器 KM1 的三个主触点同时闭合，电动机 M 获得额定电压启动运转，电动机进入正常运行状态，驱动机械设备工作。

接触器 KM1 动断触点断开，23 号线断电，中间继电器 KA2 断电释放，与 TA 二次回路中热继电器 FR 发热元件并联的动合触点 KA2 断开，热继电器 FR 发热元件流过电流，起到过载保护作用。

串入降压启动信号灯回路中的接触器 KM1 动断触点断开，27 号线断电，切断降压启动信号灯 YE 回路灯灭。灯灭表示结束降压运行，接触器 KM1 动合触点闭合→25 号线→红色信号灯 RD 得电灯亮，表示电动机进入正常运转状态。

主回路中，接触器 KM1 的三个主触点同时闭合，电动机获得三相交流电源启动运转。电动机进入正常运转状态。

电动机进入全压运行后，控制箱上只有红灯是亮着的，电动机在正常运行中，中间继电器 KA1 一直在工作中。

4. 电动机降压启动后手动切换到正常运行状态

在整定的时间，电动机不能切换到正常运行时，应该立即把选择开关 SA 置于手动位置，选择开关 SA 的触点①、③接通，为手动切换电路作电路准备。

电动机的转数上升，观察电流表显示的启动电流接近额定值时，按下正常运行按钮 SB3 其动合触点闭合。

电源 L1 相→控制回路熔断器 FU→1 号线→停止按钮 SB1 动断触点→3 号线→闭合的中间继电器 KA1 动合触点→11 号线→控制开关 SA 的触点①、③接通→17 号线→正常运行按钮 SB3 动合触点（闭合中）→15 号线→中间继电器 KA3 线圈→4 号线→热继电器 FR 动断触点→2 号线→电源 N 极。中间继电器 KA3 得电动作，正常运行按钮 SB3 动合触点下的动合触点 KA3 闭合自保。

中间继电器 KA3 动断触点断开，切断降压启动接触器 KM 控制电路，接触器 KM 断电释放，接触器 KM 三个主触点断开，接触器 KM 动合触点的断开，接触器 KM0 断电释放，接触器 KM0 三个主触点断开，电动机断电脱离电源，但电动机仍然高速惯性旋转中，接触器 KM1 控制电路中的 KM 动断触点的复位（接通）。

由于动合触点 KA3 闭合，KM 动断触点的复位。

电源 L1 相→控制回路熔断器 FU→1 号线→停止按钮 SB1 动断触点→3 号线→闭合的中间继电器 KA1 动合触点→11 号线→闭合的中间继电器 KA3 动合触点→19 号线→复位的接触器 KM 动断触点→21 号线→接触器 KM1 线圈→4 号线→热继电器 FR 动断触点→2 号线→电源 N 极。

接触器 KM1 得电动作，图 5-4 主回路中接触器 KM1 的三个主触点同时闭合，电动机获得额定电压启动运转，电动机进入正常运行状态，驱动水泵工作。

接触器 KM1 动断触点断开，23 号线断电，中间继电器 KA2 断电释放，与 TA 二次回路中热继电器 FR 发热元件并联的动合触点 KA2 断开，热继电器 FR 发热元件流过电流，起到过载保护作用。

接触器 KM1 动合触点闭合→25 号线→红色信号灯 RD 得电灯亮，表示电动机进入正常运转状态。接触器 KM1 动断触点断开，27 号线断电，降压运转信号灯 YE 灯灭。

5. 故障现象原因与处理

（1）图 5-4 中，①→指向的位置，正确的触点应该是中间继电器 KA3 动合触点，处理故障过程中 KA3 接成动断触点。

（2）图 5-4 中，②→指向的位置，降压运转信号灯 YE 上的 29 号线断线，接触器 KM 动合触点虽然闭合，信号灯 YE 得不到电源，信号灯 YE 不亮。

（3）图 5-4 中，③→指向的位置，中间继电器 KA2 线圈上的 4 号线断线，合上控制回路熔断器 FU，KA2 线圈电路缺相，KA2 不能得电动作。

（4）图 5-4 中，④→指向的位置，中间继电器 KA3 线圈上的 4 号线断线，自动位置时间继电器 KT 延时动合触点闭合，中间继电器 KA3 不会得电动作。自动位置时，按 SB3 动合触点闭合，中间继电器 KA3 不能得电动作。

例78　手动与自动转换的自耦降压启动的电动机 380V 控制电路

手动与自动转换的自耦降压启动的电动机 380V 控制电路，如图 5-5 所示，控制电路适用于额定功率 75kW 以上的电动机。

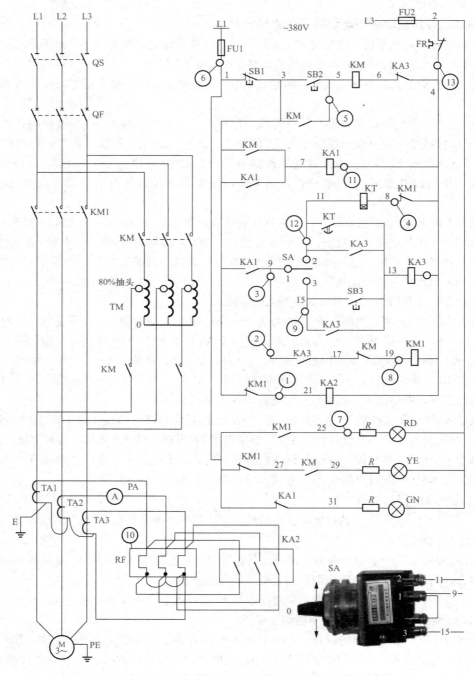

图 5-5　手动与自动转换的自耦降压启动 380V 控制电路

1. 送电操作顺序

（1）合上主回路隔离开关 QS。

（2）合上主回路断路器 QF。

（3）合上控制回路熔断器 FU1、FU2。

合上控制回路熔断器后，电源 L1 相→控制回路熔断器 FU1→1 号线→中间继电器 KA1 动断触点→31 号线→信号灯 GN→2 号线→控制回路熔断器 FU2→电源 L3 相。信号灯 GN 电路接通，信号灯 GN 灯亮，表示电动机回路已送电。

合上控制回路熔断器 FU1、FU2 后，电源 L1 相→控制回路熔断器 FU1→1 号线→停止按钮 SB1 动断触点→3 号线→接触器 KM1 动断触点→21 号线→中间继电器 KA2 线圈→4 号线→热继电器 FR 动断触点→2 号线→控制回路熔断器 FU2→电源 L3 相。中间继电器 KA2 线圈得电动作，电流互感器 TA1、TA2、TA3 回路中与热继电器 FR 发热元件并联的 KA2 动合触点闭合，将热继电器 FR 发热元件短接。在电动机启动过程中的启动电流不经过 FR 的发热元件，此时电动机具备启动条件，电动机进入热备用状态。

本电路可以通过控制开关 SA 选择自动转换、手动转换的操作方式，切除降压启动回路，而使电动机转换到额定电压下正常运行。

2. 电动机降压启动

按下启动按钮 SB2，电源 L1 相→控制回路熔断器 FU1→1 号线→停止按钮 SB1 动断触点→3 号线→启动按钮 SB2 动合触点（按下时闭合）→5 号线→启动接触器 KM 线圈→6 号线→中间继电器 KA3 动断触点→4 号线→热继电器 FR 动断触点→2 号线→控制回路熔断器 FU2→电源 L3 相。接触器 KM 线圈得电动作，动合触点 KM 闭合自保。图 5-5 主回路中，接触器 KM 的五个主触点同时闭合，三个接通主电路电源 L1、L2、L3。两个把自耦变压器 TM 一部分绕阻串入电动机主回路中，电动机得电启动运转，电动机降压运行状态。

由于接触器 KM 动作，动合触点 KM 的闭合。电源 L1 相→控制回路熔断器 FU1→1 号线→接触器 KM1 动断触点→27 号线→闭合的接触器 KM 动合触点→29 号线→信号灯 YE→2 号线→控制回路熔断器 FU2→电源 L3 相。信号灯 YE 得电，灯亮表示电动机降压运行状态。

接触器 KM 动作，动合触点 KM 的闭合。电源 L1 相→控制回路熔断器 FU1→1 号线→闭合的接触器 KM 动合触点→7 号线→中间继电器 KA1 线圈→4 号线→热继电器 FR 动断触点→2 号线→控制回路熔断器 FU2→电源 L3 相。中间继电器 KA1 线圈得电动作，动合触点 KA1 闭合自保。

闭合的中间继电器 KA1 动合触点作用是：转换回路中的动合触点 KA1 闭合→9 号线充电，为转换回路提供电源。

3. 电动机降压启动后手动切换到正常运行状态

把选择开关 SA 置于手动位置，选择开关 SA 的触点 1、3 接通，为手动切换电路作电路准备。

电动机的转数上升，观察电流表显示的启动电流接近额定值时，按下正常运行按钮 SB3，其动合触点闭合。电源 L1 相→控制回路熔断器 FU1→1 号线→停止按钮 SB1 动断触点→3 号线→闭合的中间继电器 KA1 动合触点→9 号线→控制开关 SA 的触点 1、3 接通→15 号线→运行按钮 SB3 动合触点→13 号线→中间继电器 KA3 线圈→4 号线→热继电器 FR 动断触点→2 号线→控制回路熔断器 FU2→电源 L3 相。中间继电器 KA3 得电动作，正常运行按钮 SB3 动合触点下的动合触点 KA3 闭合自保。

中间继电器 KA3 动断触点断开，切断降压启动接触器 KM 控制电路，接触器 KM 断电释放，接触器 KM 的五个主触点同时断开，电动机断电，仍然高速旋转中，接触器 KM1 控制电路中的

KM 动断触点的复位（接通）。

由于动合触点 KA3 闭合，电源 L1 相→控制回路熔断器 FU1→1 号线→停止按钮 SB1 动断触点→3 号线→闭合的中间继电器 KA1 动合触点→9 号线→闭合的中间继电器 KA3 动合触点→17 号线→复位的接触器 KM 动断触点→19 号线→接触器 KM1 线圈→4 号线→热继电器 FR 动断触点→2 号线→控制回路熔断器 FU2→电源 L3 相。

接触器 KM1 得电动作，图 5-5 主回路中，接触器 KM1 的三个主触点同时闭合，电动机获得额定电压启动运转，电动机进入正常运行状态，驱动水泵工作。

接触器 KM1 动断触点断开，21 号线断电，中间继电器 KA2 断电释放，与 TA 二次回路中热继电器 FR 发热元件并联的动合触点 KA2 断开，热继电器 FR 发热元件流过电流，起到过载保护作用。

接触器 KM1 动合触点闭合→25 号线→红色信号灯 RD 得电灯亮，表示电动机进入正常运转状态。接触器 KM1 动断触点断开，27 号线断电，降压运转信号灯 YE 灯灭。

4. 电动机降压启动后自动切换到正常运行状态

选择开关 SA 在启动前已经置于自动位置，选择开关 SA 的触点 1、2 接通，为自动切换作电路准备。电动机降压启动后。由于中间继电器 KA1 的动作，动合触点 KA1 的闭合。

电源 L1 相→控制回路熔断器 FU1→1 号线→停止按钮 SB1 动断触点→3 号线→闭合的中间继电器 KA1 动合触点→9 号线→选择开关 SA 的触点 1、2 接通→11 号线→时间继电器 KT 线圈→8 号线→运行接触器 KM1 动断触点→4 号线→热继电器 FR 动断触点→2 号线→控制回路熔断器 FU2→电源 L3 相。

时间继电器 KT 获电动作，时间继电器 KT 延时 3s 闭合的动合触点闭合→13 号线→中间继电器 KA3 线圈→4 号线→热继电器 FR 动断触点→2 号线→控制回路熔断器 FU2→电源 L3 相。中间继电器 KA3 得电动作，动合触点 KA3 闭合自保。

中间继电器 KA3 动合触点闭合，电源 L1 相→控制回路熔断器 FU1→1 号线→停止按钮 SB1 动断触点→3 号线→中间继电器 KA1 动合触点闭合中→9 号线→中间继电器 KA3 动合触点 KA3 闭合中→17 号线→复位的接触器 KM 动断触点→19 号线→接触器 KM1 线圈→4 号线→热继电器 FR 动断触点→2 号线→控制回路熔断器 FU2→电源 L3 相。

接触器 KM1 得电动作，图 5-5 主回路中，接触器 KM1 的三个主触点同时闭合，电动机获得额定电压启动运转，电动机进入正常运行状态，驱动水泵工作。

接触器 KM1 动断触点断开，21 号线断电，中间继电器 KA2 断电释放，与 TA 二次回路中热继电器 FR 发热元件并联的动合触点 KA2 断开，热继电器 FR 发热元件流过电流，起到过载保护作用。

接触器 KM1 动合触点闭合→25 号线→红色信号灯 RD 得电灯亮，表示电动机进入正常运转状态。接触器 KM1 动断触点断开，27 号线断电，切断降压启动信号灯回路。

串入降压启动信号灯回路中的动断触点 KM1 断开，降压运行指示灯 YE 灯灭，表示结束降压运行，动合触点 KM1 闭合，红色信号灯 RD 得电灯亮，表示电动机正常运行状态。

主回路中，接触器 KM1 的三个主触点同时闭合，电动机获得三相交流电源启动运转。电动机进入正常运转状态。

电动机进入全压运行后，控制箱上只有红灯是亮着的，电动机在正常运行中，中间继电器 KA1 一直在工作中。

5. 故障现象原因与处理

（1）图 5-5 中，①→指向的位置，接触器 KM1 动断触点上的 21 号线断线，中间继电器 KA2

不会得电动作。

（2）图 5-5 中，②→指向的位置，中间继电器 KA3 动合触点上的 9 号断线。③→指向的位置，中间继电器 KA1 动合触点上的 9 号线断线。⑧→指向的位置，接触器 KM1 线圈上的 19 号线脱落断线。这 3 点故障都会导致接触器 KM1 缺一相电源，不能得电，电动机不能转换到正常运行工作状态。

（3）图 5-5 中，⑨→指向的位置，15 号线在⑨→指向的位置断线，这个用于手动控制回路的 KA3 自保触点上的 15 号线断线。按下按钮 SB3 动合触点闭合，继电器 KA3 得电动作，松手继电器 KA3 断电释放。自保触点上的 15 号线断线出现的现象。

（4）图 5-5 中，④→指向的位置，时间继电器 KT 线圈到接触器 KM1 动断触点的 8 号线断线。时间继电器 KT 线圈缺一相电源不能动作。电动机不能自动的转换到正常运行的工作状态。

（5）图 5-5 中，⑦→指向的位置，信号灯 RD 上的 25 号线断线，当接触器 KM1 得电动作，电动机进入正常工作状态。由于信号灯 RD 上的 25 号线断线，表示电动机正常运行的机前信号灯 RD 不亮。

（6）图 5-5 中，⑥→指向的位置，控制回路熔断器 FU1 熔断。⑬→指向的位置，热继电器 FR 动断触点上的 4 号线断线。这两点故障使控制电路缺一相电源，电路中所有的开关、继电器、接触器等均不能得电动作。

（7）图 5-5 中，⑤→指向的位置，接触器 KM 线圈到动合触点上的 5 号线断线或虚连接触。按启动按钮 SB2 动合触点闭合，电动机转动一下，松手接触器 KM 断电释放。5 号线断线，使接触器 KM 不能自保。

（8）图 5-5 中，⑩→指向的位置，热继电器 FR 热元件过热端子烧断一相，电动机单相运转。

（9）图 5-5 中，⑪→指向的位置，中间继电器 KA1 线圈上的 4 号线断线。中间继电器 KA1 没有电不能动作，不能进行转换，降压时间长将会造成自耦变压器 TM 绕组过热，烧毁。

（10）图 5-5 中，⑫→指向的位置，11 号线断线，时间继电器 KT 线圈缺一相电源不能动作。电动机不能按时间进入正常运行工作状态。

例 79　两处操作自耦减压启动的电动机自动转换 380V 控制电路

两处操作自耦减压启动的电动机自动转换 380V 控制电路如图 5-6 所示。

该电路可以通过时间继电器 KT 整定的时间，通过时间继电器 KT 延时断开的动断触点，切除降压启动回路，时间继电器 KT 延时闭合的动合触点闭合，而使电动机转换到额定电压下正常运行。

1. 送电操作顺序
（1）合上主回路隔离开关 QS。
（2）合上主回路断路器 QF。
（3）合上控制回路熔断器 FU1、FU2。

合上控制回路熔断器 FU1、FU2，电源 L1 相→控制回路熔断器 FU1→1 号线→接触器 KM1 动断触点→23 号线→接触器 KM 的动断触点→27 号线→信号灯 HL1→2 号线→控制回路熔断器 FU2 电源 L3 相。信号灯 HL1 电路接通，信号灯 HL1 灯亮，表示电动机回路已送电。

2. 启动电动机
按下启动按钮 SB2 或 SB4 动合触点闭合，电源 L1 相→控制回路熔断器 FU1→1 号线→停止

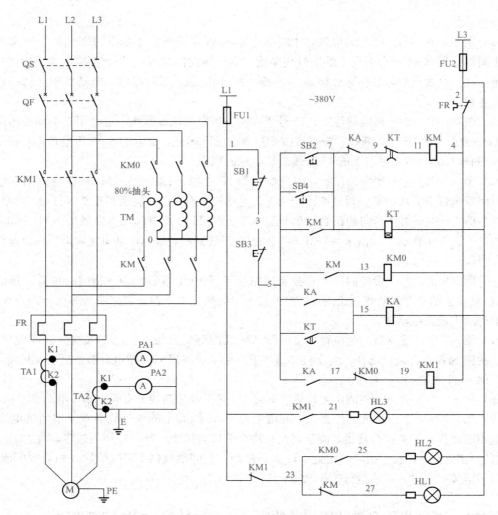

图 5-6　两处操作自耦减压启动的电动机自动转换 380V 控制电路

按钮 SB1 动断触点→3 号线→停止按钮 SB3 动断触点→5 号线→启动按钮 SB2 或 SB4 动合触点（按下时闭合）→7 号线→分两路：

（1）→中间继电器 KA 动断触点→9 号线→时间继电器 KT 延时断开的动断触点→11 号线→接触器 KM 线圈→4 号线→热继电器 FR 动断触点→2 号线→控制回路熔断器 FU2→电源 L3 相。接触器 KM 得电动作，接触器 KM 动合触点闭合自保，维持接触器 KM 工作状态。

（2）→时间继电器 KT 线圈→2 号线→控制回路熔断器 FU2→电源 L3 相。时间继电器 KT 线圈得电动作，开始计时。

接触器 KM 动合触点闭合→13 号线→接触器 KM0 线圈→4 号线→热继电器 FR 动断触点→2 号线→控制回路熔断器 FU2→电源 L3 相。接触器 KM0 得电动作。

降压主电路中的接触器 KM 三个主触点同时闭合，自耦变压器绕组的一部分接入电动机绕组（阻抗增加）。接触器 KM0 三个主触点同时闭合，接通主电路电源，电动机绕组获得比电源电压值低 20% 的电压，启动运转。

接触器 KM0 动合触点闭合→25 号线→黄色信号灯 HL2 得电灯亮，表示电动机降压运转状态。

KT 整定的 5s 时间到，接触器 KM 线圈电路中的时间继电器 KT 动断触点断开，接触器 KM 断电释放，接触器 KM 动合触点断开，接触器 KM0 和时间继电器 KT 同时断电，电动机 M 瞬间脱离电源，惯性运转。信号灯 HL2 回路中的 KM0 动合触点断开，降压运行指示灯 HL2 断电灯灭。

闭合的时间继电器 KT 延时动合触点（达到整定的时间闭合），电源 L1 相→控制回路熔断器 FU1→1 号线→停止按钮 SB1 动断触点→3 号线→停止按钮 SB3 动断触点→5 号线→闭合的时间继电器 KT 延时动合触点→15 号线→中间继电器 KA 线圈→2 号线→控制回路熔断器 FU2→电源 L3 相。中间继电器 KA 得电动作，中间继电器 KA 的动合触点闭合，为中间继电器 KA 线圈电路自保，所属触点动作后的作用如下。

（1）串入接触器 KM 线圈电路中的中间继电器 KA 的动断触点断开，将接触器 KM 线圈电路隔离。

（2）由于中间继电器 KA 动合触点闭合，接触器 KM0 动断触点的复归接通状态。

电源 L1 相→控制回路熔断器 FU1→1 号线→停止按钮 SB1 动断触点→3 号线→停止按钮 SB3 动断触点→5 号线→闭合的中间继电器 KA 动合触点→17 号线→接触器 KM0 动断触点→19 号线→接触器 KM1 线圈→4 号线→热继电器 FR 动断触点→2 号线→控制回路熔断器 FU2→电源 L3 相。运行接触器 KM1 线圈电路接通，接触器 KM1 得电动作，主回路中，接触器 KM1 的三个主触点同时闭合，电动机获得额定电压启动运转，进入正常运行状态，驱动机械设备（如水泵）工作。

接触器 KM1 动合触点闭合→21 号线→红色信号灯 HL3 得电灯亮，表示电动机进入正常运转状态。

3. 正常停机与过载停机

按下停机 SB1 或 SB3 时，运行接触器 KM1 控制电路断电，接触器 KM1 释放，主回路中接触器 KM1 三个主触点同时断开，电动机 M 脱离电源停止运转。

电动机发生过负荷时故障，主回路中的热继电器 FR 动作，热继电器 FR 的动断触点断开，切断电动机控制回路电源，运行中的中间继电器 KA 线圈和接触器 KM1 线圈断电并释放，接触器 KM1 主触点三个同时断开，电动机绕组脱离三相 380V 交流电源，停止转动，拖动的机械设备停止运行。

例 80　按时间自动转换的自耦减压启动的电动机 380V 控制电路

按时间自动转换的自耦减压启动的电动机 380V 控制电路如图 5-7 所示。电路用了三台 CJX2-63 三极式交流接触器，两台接触器用于降压启动回路，接触器 KM1 主触点闭合接通电源，接触器 KM2 的三个主触点闭合，把自耦变压器三相绕组中的一部分绕组串入电动机绕组中。同时接通降压启动主电源，电动机减压运行。接触器 KM3 用于运行主电路中，交流接触器 KM3 得电动作，接触器 KM3 的三个主触点闭合，接通主回路电源，电动机进入正常运转。

1. 主回路和控制回路送电操作顺序

（1）合上隔离开关 QS。

（2）合上断路器 QF。

（3）合上控制回路熔断器 FU1、FU2。

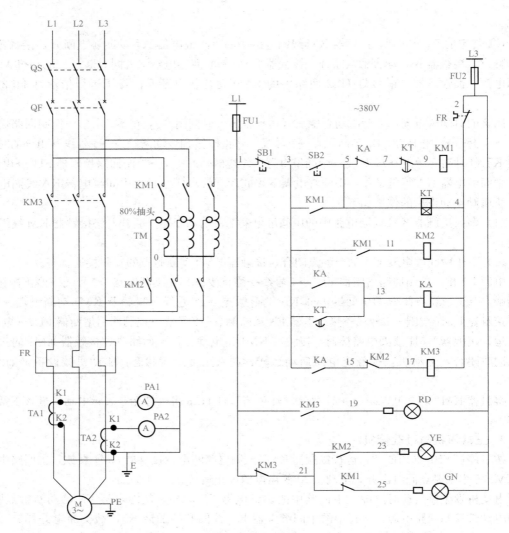

图 5-7　按时间自动转换的自耦减压启动的电动机 380V 控制电路

合上熔断器 FU1、FU2 后，电源 L1 相→控制回路熔断器 FU1→1 号线→接触器 KM3 动断触点→21 号线→接触器 KM1 动断触点→25 号线→信号灯 GN→2 号线→制回路熔断器 FU2→电源 L3 相。绿色信号灯 GN 得电灯亮，说明电动机回路处于热备用状态，电动机具备了启停操作条件，随时可以启动。

2. 降压启动的操作与工作原理

按下启动按钮 SB2，电源 L1 相→控制回路熔断器 FU1→1 号线→停止按钮 SB1 动断触点→3 号线→启动按钮 SB2 动合触点（按下时闭合）→5 号线→分两路：

（1）→中间继电器 KA 动断触点→7 号线→时间继电器 KT 延时断开的动断触点→9 号线→接触器 KM1 线圈→4 号线→热继电器 FR 动断触点→2 号线→控制回路熔断器 FU2→电源 L3 相。接触器 KM1 得电动作，接触器 KM1 动合触点闭合自保。降压启动主电路中的接触器 KM1 三个主触点同时闭合，接通降压启动电源并使自耦变压器绕组的一部分带电，为启动电动机做电路准备。

188

（2）→时间继电器 KT 线圈→4 号线→热继电器 FR 动断触点→2 号线→控制回路熔断器 FU2→电源 L3 相。时间继电器 KT 得电动作，开始计时。

接触器 KM1 动合触点闭合，电源 L1 相→控制回路熔断器 FU1→1 号线→停止按钮 SB1 动断触点→3 号线→接触器 KM1 动合触点闭合→11 号线→接触器 KM2 线圈→4 号线→热继电器 FR 动断触点→2 号线→控制回路熔断器 FU2→电源 L3 相。接触器 KM2 得电动作，接触器 KM2 的三个主触点同时闭合，自耦变压器绕组的一部分接入电动机绕组，同时电动机绕组获得比电源电压值低 20％ 的电压启动，由于电动机绕组的阻抗增加，电动机慢速运转。

由于接触器 KM2 的动合触点闭合，电源 L1 相→制回路熔断器 FU1→1 号线→接触器 KM3 动断触点→21 号线→闭合的接触器 KM2 动合触点→23 号线→信号灯 YE→2 号线→制回路熔断器 FU2→电源 L3 相。黄色信号灯 YE 得电灯亮，说明电动机回路处于降压运转工作状态。

3. 结束电动机降压运行

到达整定的时间 5s，串入接触器 KM1 线圈电路中的延时断开的动断触点 KT 断开，接触器 KM1 断电释放，闭合的接触器 KM1 动合触点断开，接触器 KM2 线圈断电释放，KM2 的三个主触点同时断开，电动机绕组脱离电源，惯性运转。

延时闭合的时间继电器 KT 动合触点闭合，电源 L1 相→控制回路熔断器 FU1→1 号线→停止按钮 SB1 动断触点→3 号线→闭合的 KT 延时闭合的动合触点→13 号线→中间继电器 KA 线圈得电动作，中间继电器 KA 的动合触点闭合，动合触点 KA 闭合为中间继电器 KA 线圈电路自保。

中间继电器 KA 动合触点闭合，接触器 KM2 动断触点的复归，运行接触器 KM3 线圈电路是这样接通的。

电源 L1 相→控制回路熔断器 FU1→1 号线→停止按钮 SB1 动断触点→3 号线→闭合的 KA 动合触点→15 号线→复位的接触器 KM2 动断触点→17 号线→运行接触器 KM3 线圈→4 号线→热继电器 FR 动断触点→2 号线→控制回路熔断器 FU2→电源 L3 相。接触器 KM3 线圈得电动作，图 5-7 主回路中的接触器 KM3 三个主触点同时闭合，电动机获得额定电压启动运转，电动机进入正常运行状态。

运行接触器 KM3 动合触点闭合→19 号线→红色信号灯 RD 得电灯亮，表示电动机进入正常运转状态。

4. 正常停机

按下停机按钮 SB1，其动断触点断开，运行接触器 KM3 控制电路断电释放，主回路中的接触器 KM3 三个主触点同时断开，电动机 M 脱离电源停止运转。

5. 过负荷故障停机

电动机发生过负荷时故障，主回路中的热继电器 FR 动作，热继电器 FR 的动断触点断开，切断电动机控制回路电源，运行中的中间继电器 KA 线圈和接触器 KM3 线圈断电并释放，接触器 KM3 主触点三个同时断开，电动机绕组脱离三相 380V 交流电源，停止转动，拖动的机械设备停止运行。

例 81　手动与自动转换的自耦降压启动的电动机 36V 控制电路（见图 5-8）

1. 送电操作顺序

（1）合上主回路隔离开关 QS。

（2）合上主回路断路器 QF。

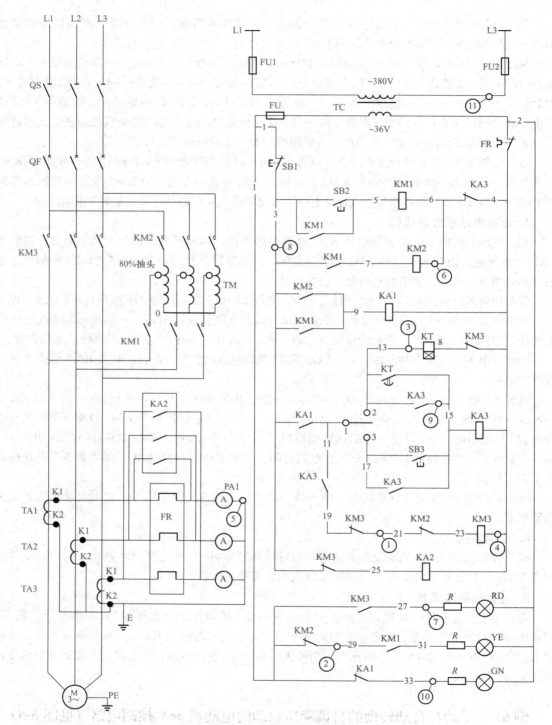

图 5-8　手动与自动转换的自耦降压启动 36V 控制电路

（3）合上控制回路熔断器 FU1、FU2，控制变压器 TC 一次侧有电。

（4）合上控制熔断器 FU，变压器 TC 二次侧有电，控制电路具备操作条件，可以启停电动机。

合上控制回路熔断器 FU，变压器 TC 二次侧→控制回路熔断器 FU→1 号线→中间继电器 KA1 动断触点→33 号线→信号灯 GN→2 号线→变压器 TC 二次侧端子上。信号灯 GN 电路接通，信号灯 GN 灯亮，表示回路已送电。合上控制回路熔断器 FU 后，变压器 TC 二次侧→控制回路熔断器 FU→1 号线→停止按钮 SB1 动断触点→3 号线→接触器 KM3 动断触点→25 号线→中间继电器 KA2 线圈→4 号线→热继电器 FR 动断触点→2 号线→变压器 TC 二次侧端子上。

中间继电器 KA2 线圈得电动作，电流互感器 TA1、TA2、TA3 回路中，与热继电器 FR 发热元件并联的 KA2 动合触点闭合，将热继电器 FR 发热元件短接。

电动机启动过程中的启动电流不经过 FR 的发热元件，而经过中间继电器 KA2 的动合触点，防止了电动机启动过程中的启动电流，使热继电器 FR 过载动作，满足了电动机的启动条件，电动机进入热备用状态。

2. 电动机降压启动

按下启动按钮 SB2 动合触点闭合，变压器 TC 二次侧→控制回路熔断器 FU→1 号线→停止按钮 SB1 动断触点→3 号线→启动按钮 SB2 动合触点（按下时闭合）→5 号线→接触器 KM1 线圈→6 号线→中间继电器 KA3 动断触点→4 号线→热继电器 FR 动断触点→2 号线→变压器 TC 二次侧另一侧端子。

接触器 KM1 线圈得电动作，动合触点 KM1 闭合自保。接触器 KM1 的三个主触点同时闭合，把自耦变压器 TM 一部分绕阻串入电动机主回路中。

接触器 KM1 的动合触点闭合，变压器 TC 二次侧→控制回路熔断器 FU→1 号线→停止按钮 SB1 动断触点→3 号线→闭合的接触器 KM1 动合触点→7 号线→接触器 KM2 线圈→6 号线→中间继电器 KA3 动断触点→4 号线→热继电器 FR 动断触点→变压器 TC 二次侧另一端子上即 2 号线。

接触器 KM2 线圈得电动作，接触器 KM2 的三个主触点同时闭合，接通主电路电源，电动机获得比电源低 20% 的电压，启动运转，电动机处于降压运行状态。

接触器 KM2 动作，动合触点 KM2 的闭合→9 号线→中间继电器 KA1 线圈→4 号线→热继电器 FR 动断触点→变压器 TC 二次另一端子即 2 号线。中间继电器 KA1 得电动作，动合触点 KA1 闭合自保，动合触点 KA1 闭合，为自动与手动转换提供控制电路。

中间继电器 KA1 动合触点闭合，变压器 TC 二次侧→控制回路熔断器 FU→1 号线→停止按钮 SB1 动断触点→3 号线→闭合的中间继电器 KA1 动合触点→11 号线→控制开关 SA 触点①、②→13 号线→时间继电器 KT 线圈→8 号线→接触器 KM3 动断触点→4 号线→热继电器 FR 动断触点→变压器 TC 二次另一端即 2 号线。时间继电器 KT 得电动作，开始计时 3s。

计时的 3s 时间到，KT 延时闭合的动合触点闭合。变压器 TC 二次侧→控制回路熔断器 FU→1 号线→停止按钮 SB1 动断触点→3 号线→中间继电器 KA1 动合触点闭合中→11 号线→控制开关 SA→闭合的 KT 延时闭合动合触点→15 号线→中间继电器 KA3 线圈→4 号线→热继电器 FR 动断触点→变压器 TC 二次侧另一端即 2 号线。中间继电器 KA3 得电动作，时间继电器 KT 动合触点下的中间继电器 KA3 动合触点闭合自保。

中间继电器 KA3 动断触点断开，同时切断降压启动接触器 KM1、KM2 控制电路，接触器 KM1、KM2 线圈断电释放，两个接触器的主触点同时断开，电动机断电，仍然处于高速旋转中。

3. 电动机自动转换到正常运行的电路工作原理

由于动合触点 KA3 闭合，变压器 TC 二次侧→控制回路熔断器 FU→1 号线→停止按钮 SB1 动断触点→3 号线→中间继电器 KA1 动合触点闭合中→11 号线→闭合的中间继电器 KA3 动合触点→19 号线→复位的接触器 KM1 动断触点→21 号线→复位的接触器 KM2 动断触点→23 号线→

接触器 KM3 线圈→4 号线→热继电器 FR 动断触点→变压器 TC 二次侧另一端即 2 号线。

接触器 KM3 得电动作,图 5-8 主回路中,接触器 KM3 的三个主触点同时闭合,电动机获得额定电压启动运转,电动机进入正常运行状态,驱动机械设备工作。

接触器 KM3 的动断触点断开,25 号线断电,中间继电器 KA2 断电释放,与 TA 二次回路中热继电器 FR 发热元件并联的动合触点 KA2 断开,热继电器 FR 发热元件流过电流,起到过载保护作用。

接触器 KM3 动合触点闭合→27 号线→红色信号灯 RD 得电,灯亮表示电动机进入正常运转状态。接触器 KM2 动合触点断开,29 号线断电,接触器 KM1 动合触点断开,31 号线断电,降压运行信号灯 YE 断电,灯灭。

4. 电动机降压启动后手动切换到正常运行状态的电路工作原理

时间继电器 KT 延时 3s 的时间已过,电动机仍然在惯性运转中,立即将控制开关 SA 切换到手动位置,SA 触点①、③接通。这时,按下应急按钮 SB3 动合触点闭合,变压器 TC 二次侧→控制回路熔断器 FU→1 号线→停止按钮 SB1 动断触点→3 号线→中间继电器 KA1 动合触点闭合中→11 号线→控制开关 SA 触点①、③接通中→17 号线→闭合的按钮 SB3 动合触点→15 号线→中间继电器 KA3 线圈→4 号线→热继电器 FR 动断触点→变压器 TC 二次另一端 2 号线。中间继电器 KA3 得电动作,动合触点 KA3 闭合自保。

中间继电器 KA3 动合触点闭合,变压器 TC 二次侧→控制回路熔断器 FU→1 号线→停止按钮 SB1 动断触点→3 号线→中间继电器 KA1 动合触点闭合中→11 号线→闭合的中间继电器 KA3 动合触点→19 号线→复位的接触器 KM1 动断触点→21 号线→复位的接触器 KM2 动断触点→23 号线→接触器 KM3 线圈→4 号线→热继电器 FR 动断触点→变压器 TC 二次另一端 2 号线。

接触器 KM3 得电动作,接触器 KM3 的三个主触点同时闭合,电动机获得额定电压启动运转,电动机进入正常运行状态,驱动机械设备工作。

接触器 KM3 动断触点断开,25 号线断电,中间继电器 KA2 断电释放,与 TA 二次回路中热继电器 FR 发热元件并联的动合触点 KA2 断开,热继电器 FR 发热元件流过电流,起到过载保护作用。

接触器 KM3 动合触点闭合→27 号线→红色信号灯 RD 得电灯亮,表示电动机正常运行状态。

电动机进入全压运行后,控制箱上只有红灯是亮着的,电动机在正常运行中,中间继电器 KA1 一直在工作中。

5. 停机

按下停止按钮 SB1 动断触点断开,切断接触器 KM3 线圈电路,接触器 KM3 线圈断电,释放,接触器 KM3 三个主触点同时断开,电动机 M 绕组脱离三相 380V 交流电源,停止转动,驱动的机械设备停止运行。

6. 故障现象原因与处理

(1) 图 5-8 中,①→指向的位置,接触器 KM1 动断触点到接触器 KM2 动断触点之间的 21 号线断线。④→指向的位置,接触器 KM3 线圈上的 4 号线断线。如果出现这两个故障中的一个,接触器 KM3 缺一相电源,接触器 KM3 不能得电动作,电动机不能进入正常的工作状态。

(2) 图 5-8 中,②→指向的位置,接触器 KM1 动断触点上的 29 号线断线,表示电动机降压启动后,信号灯 YE 灯不亮。

(3) 图 5-8 中,③→指向的位置,时间继电器 KT 线圈上的 13 号线断线,时间继电器 KT 线圈不能动作。

（4）图 5-8 中，⑤→指向的位置，电流表 PA1 线圈断线。电动机运行，电流表 PA1 没有电流显示。

（5）图 5-8 中，⑥→指向的位置，接触器 KM2 线圈的 6 号线断线。接触器 KM2 缺一相电源，接触器 KM1 动合触点闭合后，接触器 KM2 线圈没有构成回路，KM2 不能动作，时间长自耦变压器绕组过热。

（6）图 5-8 中，⑦→指向的位置，接触器 KM3 到信号灯 RD 上的 27 号线断线，信号灯 RD 不亮。

（7）图 5-8 中，⑧→指向的位置，停止按钮 SB1 动断触点上的 3 号线断线，所有开关设备均不能工作。

（8）图 5-8 中，⑨→指向的位置，中间继电器 KA3 动合触点上的 15 号线断线，中间继电器 KA3 不能自保。

（9）图 5-8 中，⑩→指向的位置，电源信号灯 GN 上的 33 号线断线，合上控制回路熔断器 FU 后，信号灯 GN 不亮。

（10）图 5-8 中，⑪→指向的位置，控制回路熔断器 FU2、FU2 后，变压器 TC 缺一相电源，变压器 TC 不能投入。

第六章　双梁抓斗桥式起重机控制电路

第一节　双梁抓斗桥式起重机的基本结构及专用电气设备

一、起重机的基本结构

图 6-1 为安装在生产石油焦炭车间出焦场的双梁抓斗桥式起重机的外貌双梁抓斗桥式起重机由桥架（大车）和小车及抓斗三大部组成。桥架横跨于厂房或露天货场上空，沿着混凝土梁上的轨道纵向运行。

图 6-1　双梁抓斗桥式起重机的外貌

1—大车；2—小车；3—抓斗

起重小车在桥架主梁上沿小车轨道横向运行。起重机有大车（桥架）运行机构，由装在桥架上的两台电动机 M2、M3 驱动，小车运行机构由电动机 M1 驱动。起重机主要部件名称如图 6-2 所示。

升降机构（包括抓斗）控制盘及所有调速电阻器就近安装在桥架上，全部的操作器件集中安装在驾驶室内。桥架上有大车行走用电动机两台，起重机小车上有卷扬机用电动机两台，小车行走用电动机一台。

图 6-2　双梁抓斗桥式起重机的各部分名称

1—大车（桥吊主梁）；2—起重机小车；3—抓斗；4—小车轨道；5—电阻箱；6—升降控制箱；
7—大车电动机；8—大车电动机（看不见）；9—起重机操纵室

二、起重机电气主电路配线

供给起重机的三相 380V 交流电源，由配电所配出至起重机的行车滑触线（角铁），然后经集电块、导线，进入控制室内动力箱刀闸开关 QS1。起重机电气配线简图如图 6-3 所示。

去大、小车电动机的电源线，经配电盘内电流继电器后，再经过大小车凸轮控制器（大小车电动机的电源线三相中只有两相通过大小车凸轮控制器，另一相直接接到电动机定子绕组上）去升降电源控制箱的电源线。三相电源线接在总电源接触器 KM0 的主触点负荷侧，其中一相经总过电流继电器 KL。

因此，起重机电源接触器 KM0 一旦吸合，起重机的大小车电动机绕组其中一相带电。对于大车和小车的行走操作，是用控制器直接启动和切除调速电阻的，电动机控制特点是可逆对称线路，转子串接不对称电阻。

对于提升机构（包括抓斗开闭）一般是用控制器来控制接触器动作，切除电阻或串入电阻实现调速。

桥式抓斗起重机采用双绳抓斗（即闭合绳和支持绳两套钢丝绳）有两套卷筒装置，可以同时或分别动作，实现抓斗升降与开闭。抓斗可在起升高度范围任意高度上开斗卸料和抓料。

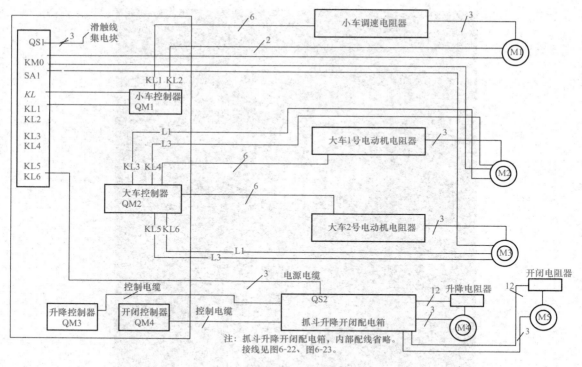

图 6-3　起重机电气配线简图

三、起重机用三相异步电动机与电磁制动器

（1）YZ、YZR 系列起重机用三相异步电动机如图 6-4 所示。额定电压为 380V，额定频率为 50Hz，基准工作制为 S3，基准负载持续率为 40%，一般环境用电动机外壳防护等级为 IP44，冶金环境用电动机外壳防护等级为 IP54，绝缘等级为 F、H 级两种：F 级适用于环境空气温度不超过 40℃的一般场所，H 级适用于不超过 60℃的冶金场所，两种电动机具有相同的参数。

（2）大车电磁制动器各部名称如图 6-5 所示。

图 6-4　YZ、YZR 起重用三相异步电动机

（3）电磁制动器及其线圈外形如图 6-6 所示。

四、起重机驾驶室内的电器

安装在起重机配电箱中的接触器与电流继电器如图 6-7 所示。

图 6-5　大车电磁制动器各部名称

1—动铁心；2—静铁心；3—线圈；4—弹簧；5—闸瓦；6—防护罩；7—调节螺帽；
8—调节螺杆；9—闸轮；10—杠杆；11—电动机；12—接线盒；13—电缆线

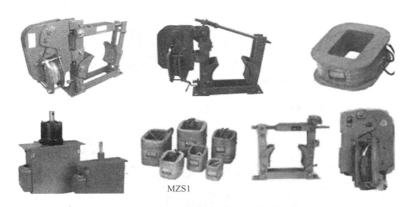

图 6-6　电磁制动器与其线圈外形

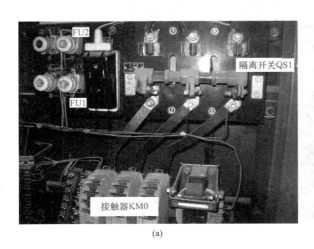

(a)

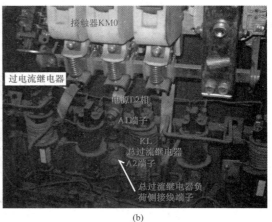

(b)

图 6-7　安装在起重机配电箱中的接触器与电流继电器

起重机常用的过电流继电器和直流电流继电器外形如图 6-8 所示。

(a)   (b)

图 6-8　过电流继电器和直流继电器外形

（a）过电流继电器；（b）直流继电器

五、起重机上常用的凸轮控制器

起重机上常用的凸轮控制器外形如图 6-9 所示。

图 6-9　起重机上常用的凸轮控制器外形

六、起重机电动机调速电阻器

为了实现电动机运行速度的调整，电动机的转子绕组串入电阻器，起重机常用的调速电阻器外形如图 6-10 所示。

图 6-10　起重机常用的调速电阻器外形

对于电阻器的规格选择，起重机制造厂已经按电动机的功率配置好的，如果，出现电阻器损坏，按原型号规格购买更换即可。

第二节　双梁抓斗桥式起重机的电路保护

由变电所供给吊车电源回路，自动空气断路器作为三相导电滑触线及起重机电路的短路保护，起重机的轨道必须可靠接零、接地。

1）起重机上所有电动机各自设有过电流继电器，安装在配电盘内的过电流继电器，如图 6-7（b）所示。作为分路过载保护。常用的过电流继电器，如图 6-8（a）所示。过电流继电器的整定值，按被保护电动机额定电流的 2.25～2.5 倍整定。总的过载保护过电流继电器 KL 是串接在公用线中，整定值不应超过全部电动机的额定电流总和的 1.5 倍。

2）起重机的控制回路中装有熔断器保护。

3）为防止人身触电事故，在舱口盖及横梁栏杆门边上装有行程开关，是为防止有人在电源没有断电的情况下，由驾驶室或从天车梁上跨入桥架上而发生意外所采取的安全措施。这些开关的触点都与过电流继电器触点相串联，只要其中的一对动断触点断开，使之接触器 K 的线圈电路断电、释放，起重机各部分都断电。

4）LX2 行程开关。安装在起重机围栏门底边下面的 LX2 行程开关外形如图 6-11 所示。

LX2-111  LX2-121  LX2-131

图 6-11　LX2 行程开关外形

大车与小车行走的限位保护如下：

（1）沿着天车大梁的方向，在大车两端装有行程终端（限位）开关（SQ1 和 SQ2），如图 6-12 所示。在桥架上起重小车轨道两侧安装有行程开关（SQ3 和 SQ4），如图 6-13 所示。

图 6-12　安装在大车车体上的行程开关

1—大车（东侧）行程开关 SQ1；2—大车（西侧）行程开关 SQ2；3—缓冲胶垫；4—电缆

图 6-13　安装在小车北侧（向后）的行程开关

1—大车行走轨道；2—小车行走轨道；3—小车北侧行程开关；4—行程开关拐臂；5—导线

安装在大车上的行程开关 SQ1、SQ2，小车上的行程开关 SQ3、SQ4 型号是相同的，打开护盖看到的行程开关内部部件如图 6-14 所示。

图 6-14　大车、小车行程开关各部件名称
1—护盖；2—行程开关拐臂滑轮；3—行程开关拐臂（操动臂）；4—定位弹簧；
5—凸轮；6—动断触点；7—导线；8—轴；9—行程开关

（2）当大车运行到极限时，碰上行程开关 SQ1 或 SQ2，动断触点断开，当小车运行到极限时碰上行程开关 SQ3 或 SQ4 动断触点断开，四个行程开关中只要其中一个动作，将总电源接触器 KM0 线圈电路切断，接触器 KM0 断电释放，KM0 主触点三个同时断开。起重机各部断电而使之大车或小车停止。

（3）为防止在提升中发生超限造成事故，在上升的终点近处，可以安装可调节的上升行程开关 SQ9、SQ10，其触点串联在抓斗上升接触器 KM1、KM3 线圈控制电路中。当提升达到这一极限时，SQ9、SQ10 动断触点断开，使之接触器 KM1、KM3 断电释放。

第三节　双梁抓斗桥式起重机总电源控制电路

总电源接触器 KM0 控制电路如图 6-15 所示。

1. 总电源接触器 KM 投入的基本条件

（1）驾驶室门及横梁栏杆门上装有行程开关（四门已关）SQ8、SQ7、SQ6、SQ5 的动合触点闭合。

（2）大车两端装有行程终端（限位）开关 SQ1、SQ2 的动断触点接通，大车不在大车轨道末端。

（3）桥架上起重小车轨道旁边行程开关 SQ3、SQ4 的动断触点接通。

（4）小车控制器 QM1 的手柄应在"0"挡位上，动断触点接通。

（5）大车控制器 QM2 的手柄应在"0"挡位上，动断触点接通。

由于上述的触点闭合，总电源接触器 KM0 线圈控制电路具备启动条件。

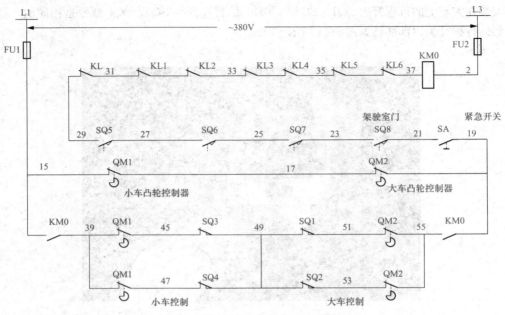

图 6-15　总电源接触器 KM0 控制电路

2. 总电源接触器 KM0 投入电路工作原理

合上紧急开关 SA，电源 L1 相→控制回路熔断器 FU1→15 号线→小车控制器 QM1→17 号线→大车控制器 QM2→19 号线→紧急开关 SA 在合位→21 号线→闭合的行程开关 SQ8、SQ7、SQ6、SQ5 动合触点→29 号线→总过流继电器 KL 动断触点→31 号线→小车过流继电器 KL1、KL2 动断触点→33 号线→1 号大车过流继电器 KL3、KL4 动断触点→35 号线→2 号大车过流继电器 KL5、KL6 动断触点→37 号线→总电源接触器 KM0 线圈→2 号线→控制回路熔断器 FU2→电源 L3 相。

总电源接触器 KM0 线圈得电动作，KM0 的两个触点闭合而使之大车、小车行程超限保护控制线路带电。

接触器 KM0 动作，接触器 KM0 主触点闭合，使之大车控制器 QM2，小车的控制器 QM1 电源侧触点带电（两相），另一相不经控制器而直接与电动机定子绕组相接，电动机绕组带电。由于控制器触点在开位，电动机绕组只是有一相有电，不能启动。抓斗升降与闭合控制控制箱内开关电源侧带电，这时起重机电气回路具备操作条件。

第四节　双梁抓斗桥式起重机小车大车操作与控制电路

凸轮控制器具有线路简单，维护方便，普遍用来直接控制起重机各电动机的正反向启动、运转、停止，同时用其触点的闭合、断开，切除电阻，进行调速。凡是采用凸轮控制器直接控制电动机方式，线路特点是可逆对称线路。

控制起升机构电动机重载下降时，电动机处于发电再生状态，下降稳定速度大于同步速度，不能得到稳定的低速。因此如需准确停车，只能靠采用"点动"的操作方法。

一、小车向"前"，小车向"后"移动的电路工作原理

1. 小车向"前"移动

小车控制电路如图 6-16 所示。小车向"前"移动或向"后"移动，是依靠控制器的触点切换

电动机进线相位来实现。小车运行机构使用一台电动机，用一台控制器控制。

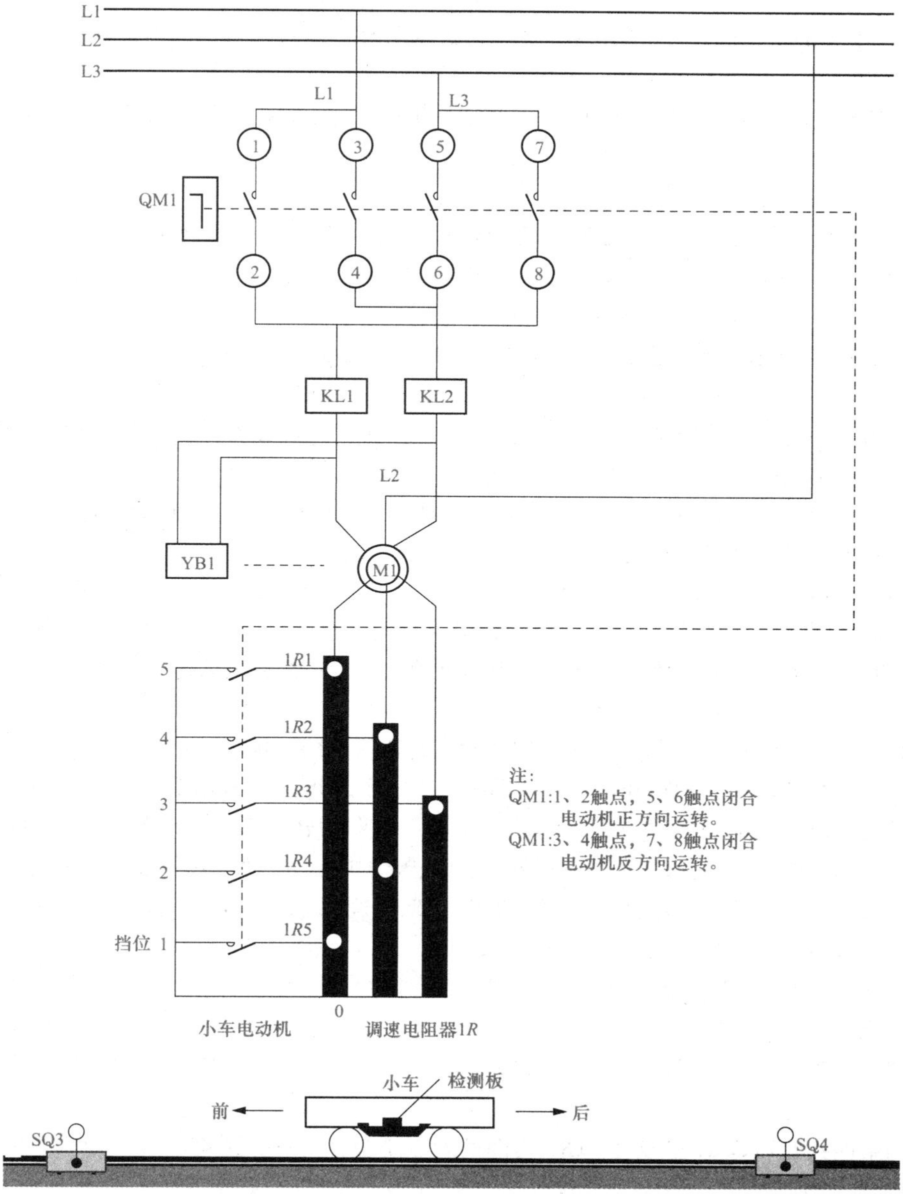

图 6-16 小车控制电路

将控制器 QM1 手柄从"0"挡位置，切换到右行第一挡时，触点①、②闭合，⑤、⑥闭合，小车电动机 M1 定子绕组同时接通 L1 相、L3 相电源，有一相（L2）直接接入小车的电动机绕组，电动机得电产生向右转的转矩，与此同时，电磁抱闸线圈 YB1 得电抱闸松开，小车电动机转子接入全部电阻，电动机产生的转矩小于额定转矩，获得较慢的速度。

切换到第一挡时，凸轮控制器 QM1 触点 0→1R5 之间的触点闭合，将转子的电阻切除一段，电动机产生的转矩增加，电动机开始加速。切换到第二挡时，QM1 触点 0→1R4 之间的触点闭合，同时分别将电阻又切除一段，电动机的转速又加快。

切换到第三挡时，QM1 触点 0→1R3 之间的触点闭合，分别将电阻又切除一段，电动机的转速再加快。

切换到第四挡时，QM1 触点 0→1R2 之间的触点闭合，同时分别将电阻又切除一段，电动机的转速又加快。

切换到第五挡时，QM1 触点 0→1R1 之间的触点闭合，分别将电阻又切除一段，电动机的转速最快。

2. 小车向"前"移动停机

要使小车从较快行走中，停止运转，将凸轮控制器逆向切换，离开第五挡时，凸轮控制器 QM1 触点 0→1R1 之间的触点断开，转子的电阻增加一段，电动机的转矩又减小，电动机减速运转。

切换到第四挡，凸轮控制器 QM1 触点 0→1R2 之间的触点断开，转子的电阻增加一段，电动机产生的转矩减小，电动机开始减速。

切换到第三挡时，凸轮控制器 QM1 触点 0→1R3 之间的触点断开，转子的电阻又增加一段，电动机产生的转矩又减小，电动机又减速。

切换到第二挡时，凸轮控制器 QM1 触点 0→1R4 之间的触点断开，转子的电阻又增加一段，电动机产生的转矩又减小，电动机再减速。

切换到第一挡时，凸轮控制器 QM1 触点 0→1R5 之间的触点断开，转子的电阻全部加入。电动机以最低的速度运转。将凸轮控制器 QM1 切换到"0"位，凸轮控制器 QM1 主触点①、②断开，⑤、⑥断开，电动机断电停止运转，但小车电动机绕组一相通电状态。

3. 小车向"后"移动

将控制器 QM1 手柄从"0"挡位置，切换到右行第一挡时，触点③、④闭合，触点⑦、⑧闭合，触点①、②断开，⑤、⑥断开，小车电动机 M1 定子绕组同时接通 L3 相、L1 相电源，接入小车电动机定子绕组的电源相序改变，电动机得电产生向后转的转矩（反转），与此同时，电磁抱闸线圈 YB1 得电抱闸松开，小车电动机转子接入全部电阻，电动机获得较慢的速度。

切换到第一挡时，凸轮控制器 QM1 触点 0→1R5 之间的触点闭合，将转子的电阻切除一段，电动机产生的转矩增加，电动机开始加速。

切换到第二挡时，QM1 触点 0→1R4 之间的触点闭合，同时分别将电阻又切除一段，电动机的转速又加快。

切换到第三挡时，QM1 触点 0→1R3 之间的触点闭合，分别将电阻又切除一段，电动机的转速再加快。

切换到第四挡时，QM1 触点 0→1R2 之间的触点闭合，同时分别将电阻又切除一段，电动机的转速又加快。

切换到第五挡时，QM1 触点 0→1R1 之间的触点闭合，分别将电阻又切除一段，电动机的转速最快。

4. 小车向"后"移动停机

要使小车从较快行走中，停止运转，将凸轮控制器逆向切换，离开第五挡时，凸轮控制器 QM1 触点 0→1R1 之间的触点断开，转子的电阻增加一段，电动机的转矩又减小，电动机减速运转。

切换到第四挡，凸轮控制器 QM1 触点 0→1R2 之间的触点断开，转子的电阻增加一段，电动机产生的转矩减小，电动机又减速。

切换到第三挡时，凸轮控制器 QM1 触点 0→1R3 之间的触点断开，转子的电阻又增加一段，电动机产生的转矩又减小，电动机又减速。

切换到第二挡时，凸轮控制器 QM1 触点 0→1R4 之间的触点断开，转子的电阻又增加一段，电动机产生的转矩又减小，电动机再减速。

切换到第一挡时，凸轮控制器 QM1 触点 0→1R5 之间的触点断开，转子的电阻全部加入。电动机以最低的速度运转。将凸轮控制器 QM1 切换到"0"位，凸轮控制器 QM1 主触点③、④断开，⑦、⑧断开，电动机断电停止运转，但小车电动机绕组一相通电状态。

这样控制器按顺序逐步将触点断开，即依次同时增加小车电动机转子回路中的调速电阻，最后改变电动机固有的机械特性而慢速运转。如果需要某一速度运转时就将小车凸轮控制器停在这一挡位上。

当运转中的电动机需要反向运转时，控制器应按 5-4-3-2-1 顺序将控制器手柄回"0"位后并停顿一下，再作反方向操作，这样可以减少反向时的冲击电流，同时也使传动机构获得平稳的反向过程。

当运转中的小车电动机需要停止时，应按 5-4-3-2-1 顺序将控制器手柄切换回"0"位后，电动机断电，小车平稳停下，启动小车时，按 1-2-3-4-5 顺序操作而使小车电动机逐步加速，反之操作减速。

二、大车向"东"、大车向"西"移动的电路工作原理

1. 大车向东移动（见图 6-17）

大车两台电动机的控制电路如图 6-17 所示。大车向"东"移动、向"西"移动是依靠控制器的触点切换电动机进线相位来实现。

大车运行结构使用两台电动机，用一台控制器 QM2 控制。两台电动机的转动方向是相反的，但与被驱动的大车运行方向相同。

将大车控制器 QM2 手柄从"0"挡的位置，切换到"东行"第一挡时，触点①、②闭合，⑤、⑥闭合，大车电动机 M2、M3 定子绕组同时接通 L1、L3 相电源，有一（L2）相直接接入大车的电动机绕组的，2 号电动机获得的电源相序为 L1、L2、L3，3 号电动机获得的电源相序为 L3、L2、L1，电动机 M2、M3 得电，与此同时电磁抱闸线圈 YB2、YB3 得电抱闸松开，电动机转子接入全部电阻，电动机获得较慢的速度，驱动大车向"东"移动。

切换到第一挡时，凸轮控制器 QM2 触点 0→2R5 之间的触点闭合，触点 0→3R5 与之间触点闭合，将转子的电阻切除一段，电动机产生的转矩增加，电动机开始加速。

切换第二挡时，凸轮控制器 QM2 触点 0→2R4 之间的触点闭合，QM2 触点 0→3R4 之间的触点闭合，同时分别将电阻又切除一段，电动机的转速又加快。

切换第三挡时，凸轮控制器 QM2 触点 0→2R3 之间的触点闭合，QM2 触点 0→3R3 之间的触点闭合，分别将电阻又切除一段，电动机的转速又加快。

切换第四挡时，凸轮控制器 QM2 触点 0→2R2 之间的触点闭合，QM2 触点 0→3R2 之间的触点闭合，同时分别将电阻又切除一段，电动机的转速又加快。

切换第五挡时，凸轮控制器 QM2 触点 0→2R1 之间的触点闭合，QM2 触点 0→3R1 之间的触点闭合，分别将电阻又切除一段，电动机的转速又加快。

按顺序将控制器 QM2 触点闭合，依次同时切除两台电动机转子回路中的调速电阻，最后，电动机达到最快的速度。如果需要某一速度运转时，就将大车凸轮控制器 QM2 停在这一挡位，

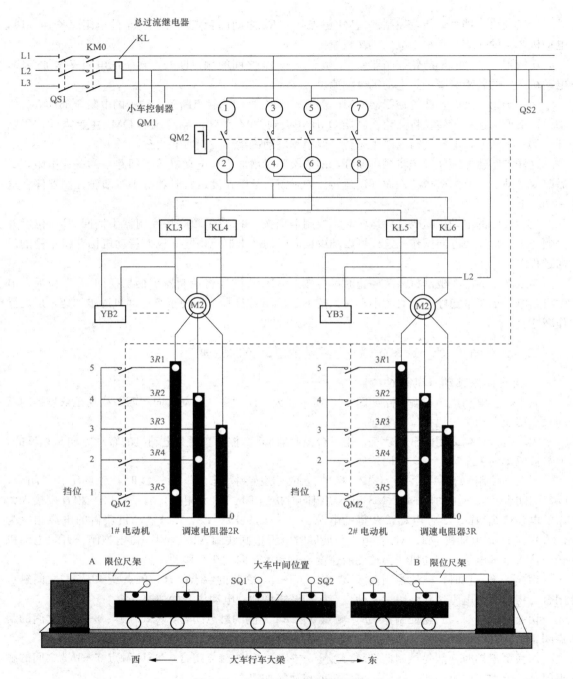

图 6-17　大车两台电动机的控制电路

保持大车运转速度。

2. 大车的向"东"移动停止

要使大车从较快行走中停止运转，将凸轮控制器 QM2 逆向切换，离开第五挡时，凸轮控制器 QM2 动合触点 0→2R1 之间的触点断开，QM2 的 0→3R1 之间的触点断开，转子的电阻增加一段，电动机的转矩又减小，电动机减速运转。

切换到第四挡，凸轮控制器 QM2 触点 0→2R2 之间的触点断开，QM2 的 0→3R2 之间的触点断开，转子的电阻增加一段，电动机产生的转矩减小，电动机开始减速。

切换到第三挡时，凸轮控制器 QM2 触点 0→2R3 之间的触点断开，QM2 的 0→3R3 之间的触点断开，转子的电阻又增加一段，电动机产生的转矩又减小，电动机又减速。

切换到第二挡时，凸轮控制器 QM2 触点 0→2R4 之间的触点断开，QM2 的 0→3R4 之间的触点断开，转子的电阻又增加一段，电动机产生的转矩又减小，电动机再减速。

切换到第一挡时，凸轮控制器 QM2 触点 0→2R5 之间的触点断开，QM2 的 0→3R5 之间的触点断开，转子的电阻全部加入。大车电动机以最低的速度运转。

将凸轮控制器 QM2 切换到"0"位，凸轮控制器 QM1 主触点①、②，⑤、⑥断开，电动机断电停止运转，大车停止向东移动，但大车电动机绕组一相通电状态。

3. 大车向"西"移动

将大车凸轮控制器 QM2 手柄从"0"挡的位置，切换到"西行"第一挡时，凸轮控制器 QM2 触点③、④闭合，⑦、⑧闭合，大车电动机 M2、M3 定子绕组同时接通 L3、L1 相电源，有一（L2）相直接接入大车的电动机绕组，2 号电动机获得的电源相序改变为 L3、L2、L1，3 电动机获得的电源相序改变为 L1、L2、L3。电动机得电与此同时电磁抱闸线圈 YB2、YB3 得电抱闸松开，电动机转子接入全部电阻，电动机获得较慢的速度，驱动大车向"西"移动。

切换到第一挡时，凸轮控制器 QM2 触点 0→2R5 之间的触点闭合，触点 0→3R5 与之间触点闭合，将转子的电阻切除一段，电动机产生的转矩增加，电动机开始加速。

切换第二挡时，凸轮控制器 QM2 触点 0→2R4 之间的触点闭合，QM2 触点 0→3R4 之间的触点闭合，同时分别将电阻又切除一段，电动机的转速又加快。

切换第三挡时，凸轮控制器 QM2 触点 0→2R3 之间的触点闭合，QM2 触点 0→3R3 之间的触点闭合，分别将电阻又切除一段，电动机的转速又加快。

切换第四挡时，凸轮控制器 QM2 触点 0→2R2 之间的触点闭合，同时分别将电阻又切除一段，电动机的转速又加快。

切换第五挡时，凸轮控制器 QM2 触点 0→2R1 之间的触点闭合，QM2 触点 0→3R1 之间的触点闭合，分别将电阻又切除一段，电动机的转速又加快。

按顺序将控制器 QM2 触点闭合，依次同时切除两台电动机转子回路中的调速电阻，最后，电动机达到最快的速度。如果需要某一速度运转时，就将大车凸轮控制器 QM2 停在这一挡位，保持大车向"西"运转速度。

4. 大车向"西"移动停止

要使大车从较快行走中停止运转，将凸轮控制器 QM2 逆向切换，离开第五挡时，凸轮控制器 QM2 动合触点 0→2R1 之间的触点断开，QM2 的 0→3R1 之间的触点断开，转子的电阻增加一段，电动机的转矩又减小，电动机减速运转。

切换到第四挡，凸轮控制器 QM2 触点 0→2R2 之间的触点断开，QM2 的 0→3R2 之间的触点断开，转子的电阻增加一段，电动机产生的转矩减小，电动机开始减速。

切换到第三挡时，凸轮控制器 QM2 触点 0→2R3 之间的触点断开，QM2 的 0→3R3 之间的触点断开，转子的电阻又增加一段，电动机产生的转矩又减小，电动机又减速。

切换到第二挡时，凸轮控制器 QM2 触点 0→2R4 之间的触点断开，QM2 的 0→3R4 之间的触点断开，转子的电阻又增加一段，电动机产生的转矩又减小，电动机再减速。

切换到第一挡时，凸轮控制器 QM2 触点 0→2R5 之间的触点断开，QM2 的 0→3R5 之间的触点断开，转子的电阻全部加入。大车电动机以最低的速度运转。将凸轮控制器 QM2 切换到"0"位，凸轮控制器 QM2 主触点③、④断开，⑦、⑧断开，电动机断电停止运转。但大车电动机 M2、M3 绕组一相通电状态。

运转中的电动机需要反向运转时，应按 5-4-3-2-1 顺序逐级返回，其触点断开，转子的电阻又增加，电动机速度减慢。控制器手柄回"0"位后，电动机停止运转。

当运转中的大车电动机需要停止时，应按 5-4-3-2-1 顺序，将控制器 QM2 手柄切换回"0"位后，电动机断电，大车平稳停下，启动大车时，按 1-2-3-4-5 顺序操作而使大车电动机逐步加速，反之操作减速。

第五节　起重机抓斗升降与开闭控制电路

一、抓斗升降与开闭开关设备

1. 抓斗升降与开闭合用的主令控制器

抓斗升降与开闭合用的主令控制器外形如图 6-18 所示。

图 6-18　抓斗升降与开闭合用的主令控制器外形

2. LX10 系列行程开关

行程开关如图 6-19 所示。LX10 系列行程开关用于起重机交流 50Hz、380V，直流 220V 的控制线路中，作为机构行程的终点保护之用，其长期电流为 10A。行程开关保证在下列条件下可靠地工作。

LX33-31、32重锤式行程开关

LX10系列行程开关外形

LX36-8型限位开关外部形状　　　　　　　LX36-8型限位开关内部结构

图 6-19　行程开关

（1）海拔高度不超过 1000m。

（2）周围介质温度不超过＋40℃及不低于－5℃（当温度低于－15℃时在摩擦部分应涂不冻结的润滑油）。

（3）空气相对湿度不大于 85％。

行程开关不适于下列条件下工作。

（1）在含有腐蚀金属和绝缘的气体蒸汽或尘埃的环境中。

（2）在含有导电尘埃的环境中。

（3）在有剧烈震动和剧烈颠簸的地方。

LX10 系列行程开关按操动臂的形式分为如下六种。

（1）LX10-10、12 型开关采用尺杆操动臂，用于惯性行程不甚大的平移机构。

（2）LX10-21、22 型开关带有滚子的叉型操动臂，用于惯性行程较大的平移机构。

（3）LX10-31、32 型开关带有平衡重锤的荷重杠状的操作动臂，用于限制提升机构的行程。

（4）LX10-41、42 型开关带有叉型操动臂，用于三个操作位置的平移机构。

（5）LX10-51、52 型开关带有荷重尺杆状的操动臂，用于速度不大的平移机构。

（6）LX10-61、62 型开关在外壳的两侧各有一个带滚子的操动臂，用于速度较大的平移机构。

行程开关按控制电路数分为单回路、双回路。

LX36-8 系列起重机用行程开关，主要用于交流 50～60Hz、额定电压 380V，直流额定工作电压 220V 的控制电路中，用以限制起重机旋转运动机构的工作角度和进行顺序控制。如桥式起重机的起升机构的上下极限位置的限位，港口门座起重机的起升机构的上下极限位置的限位和俯仰机构的上下极限位置的限位，港口集装箱起重机的起升机构的上下极限位置的限位、俯仰机构的上下极限位置的限位、小车运行机构的多点位置限位或信号输出，抓斗岸桥起重机的抓斗起升、抓斗开闭、小车位置限位和小车位置信号测定等多种用途。

L×36-8 型行程开关开关动作角度容易调整，在开关动作角度调定后，不会因为机械的振动而发生改变，且在调整某一对触点凸轮时其他凸轮不会随之改变。

二、起升机构交流控制屏送电时的现象

抓斗升降与闭合控制电路图如图 6-20 所示，电路送电准备如下。

（1）首先检查升降（起升）控制器 QM3、QM4 手柄在 0 挡位。

（2）合上升降机构（电动机）主回路电源开关，接触器 KM1、KM2、KM3、KM4 的电源侧触头端子带电。

（3）合上控制电源开关 SA1，由于控制器 QM3、QM4 在 0 位。电源 L1 相→控制开关 SA1→控制回路熔断器 FU3→301 号线→主令开关 QM3→303 号线→QM4 的触点在闭合中→305 号线→电流继电器 KL7 动断触点→电流继电器 KL8 动断触点→307 号线→电流继电器 KL9 动断触点→电流继电器 KL10 动断触点→309 号线→控制继电器 KA1 线圈→304 号线→控制回路熔断器 FU4→控制开关 SA1 触点→电源 L3 相。控制继电器 KA1 得电动作，控制继电器 KA1 的动合触点闭合。接通控制电路为操作抓斗上升下降与开闭作电路准备，控制继电器 KA1 动合触点闭合也为控制继电器 KA1 的线圈电路自保。控制继电器 KA1 触点闭合时，出现下列现象：控制回路有电后，电源 L1 相→控制开关 SA1→控制回路熔断器 FU3→控制继电器 KA1 闭合的动合触点→整流元件 VI→339 号线→

元件 V2→控制熔断器 FU4→控制开关 SA1 触点→电源 L3 相，直流继电器 KT1、KT2 同时得电动作。

直流继电器 KT1、KT2 瞬时断开的触点，分别切断电阻切除接触器 K1、K2 线圈电路的同时也切断电阻切除接触器 K3、K4、K5、K6 线圈电路，所属触点回归动断状态，这时

电源同时经
→电阻切除接触器 K1 动断接点→直流继电器 KT3 线圈→电阻 R_3
→电阻切除接触器 K2 动断接点→直流继电器 KT4 线圈→电阻 R_4
→电阻切除接触器 K3 动断接点→直流继电器 KT5 线圈→电阻 R_5
→电阻切除接触器 K4 动断接点→直流继电器 KT6 线圈→电阻 R_6
整流

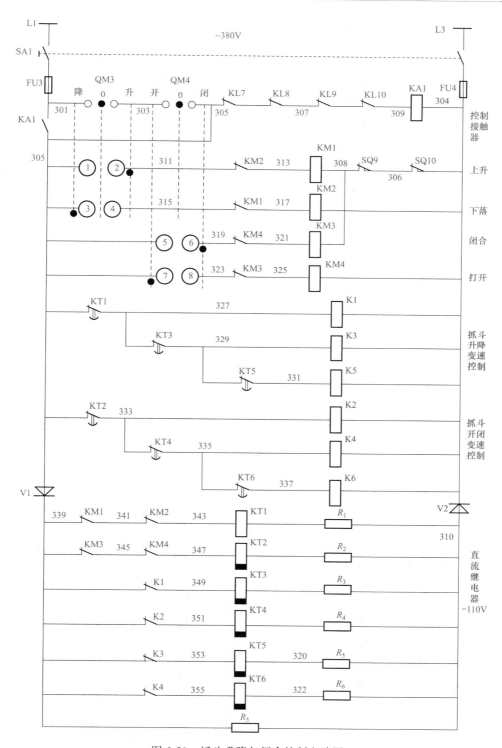

图 6-20　抓斗升降与闭合控制电路图

元件 V2→304 号线→控制回路熔断器 FU4→电源 L3 相。从而使之上述直流继电器 KT1、KT2、KT3、KT4、KT5、KT6 线圈，同时得电动作。各自所属的瞬时断开的动断触点断开，接触器

K1、K2、K3、K4、K5、K6线圈断电，其短接电阻用的主触点断开。电阻全部串入电动机转子绕组中，上述6个直流继电器吸合是正常状态。这就是合上控制开关SA1时，听到控制屏内发出的接触器吸合，释放动作的噼里啪啦的响声。听到响声后，说明切除电阻回路工作正常。

三、抓斗升降与闭合控制电路工作原理

主令控制器安装在起重机驾驶室内分为升降控制器与开闭控制器，抓斗升降与开闭电动机主电路，如图6-21所示。操作前检查两台主令控制器QM3、QM4的手柄均在零位时，控制电路接通，通过主令控制器QM3、QM4触点的闭合，断开来控制交流接触器的启动和停止，实现对升降电动机运转，开闭电动机及调速电阻的切除或接入（转子附加电阻采用三相平衡切除的方式）。

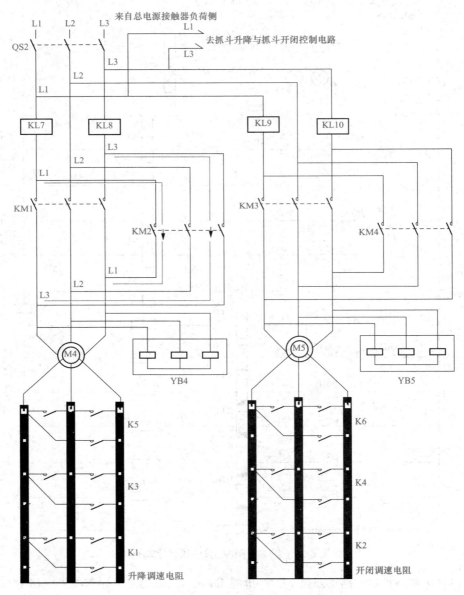

图6-21 抓斗升降与闭合主电路图

1. 抓斗升降与抓斗开闭操作过程

起重机主电路及起重机械部分具备使用条件后，即可进行起重机各方面的操作。抓斗升降与抓斗开闭操作过程简述如下。

先分别操作升降控制器 QM3 和开闭控制器 QM4，将钢丝绳拉紧后，控制器归零位，然后同时拉向上升挡，抓斗上升；推向下降挡，抓斗下降。

单推抓斗开闭控制器 QM4 至下降挡时，抓斗全打开后，同时将抓斗升降控制器 QM3、抓斗开闭控制器 QM4 拉向下降挡。抓斗下降到物料（焦炭、煤、砂石等）上时停止，然后将抓斗开闭用控制器 QM4 推向上升挡，抓斗开始闭合，物料进入抓斗，当抓斗完全闭合且钢丝绳拉紧后，再将抓斗升降控制器 QM3 推向上升挡，使之钢丝绳拉紧后，同时将抓斗升降控制器 QM3，抓斗开闭控制器 QM4 向上升挡，抓斗上升到所需高度。同时将抓斗升降控制器 QM3，抓斗开闭控制器 QM4 拉向零位，抓斗停止上升。

操作大、小车控制器，将抓斗移动到卸料地方且高度合适，将抓斗开闭控制器 QM4 拉向下降挡，抓斗打开物料自由落下。然后需要分别操作升降用控制器，抓斗开闭用控制器达到新的工作目的。抓斗升降与抓斗开闭动作示意，如图 6-22～图 6-24 所示。

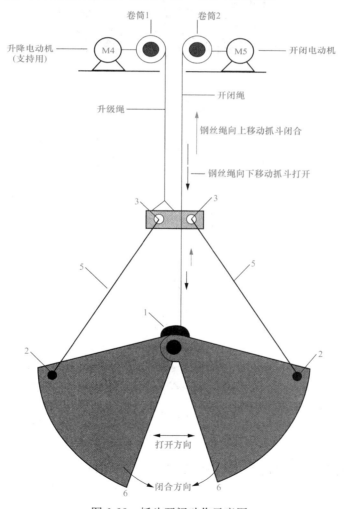

图 6-22　抓斗开闭动作示意图

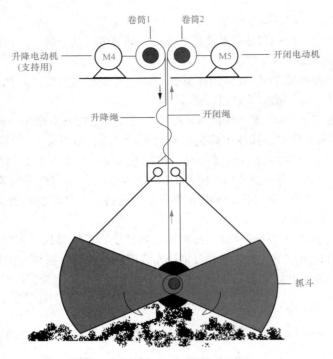

图 6-23　抓斗全开状态

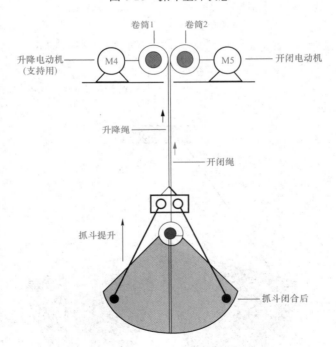

图 6-24　抓斗全闭合状态

　　当将抓斗升降用控制器推向上升挡或下降挡时，升降电动机转动，通过卷筒作用，使钢丝绳拉紧，升降控制器 QM3 拉或推到零位，升降电动机 M4 断电，使制动抱闸 YB4 圈断电，制动器在压力弹簧作用下抱闸，将电动机闸住，将抓斗定位在这一位置上。

这时操作开闭控制器 QM4 推向上升挡或拉向闭合挡，开闭用控制器 QM4 拉向下降（打开）挡，开闭电动机 M5 反转。

图 6-22 中黑色箭头方向，表示钢丝绳向下移动，由于抓斗中心重力作用向下落，加上支架 5 的限制，抓斗 6 点向两边展开到图 6-23 所示完全打开的状态。

开闭控制器 QM4 推向上升挡，开闭电动机 M5 正转，浅色箭头方向表示钢丝绳向上移动，向上移动的钢丝绳牵着抓斗中心轴向上移动，加上支架 5 的限制，抓斗 6 点由两边（箭头方向）向中心靠拢，直到最终闭合在一起，如图 6-24 所示的状态。

如果升降钢丝绳处于松弛状态，将抓斗升降控制器 QM3 推向上升挡时，升降电动机 M4 转动并通过卷筒作用，使钢丝绳拉紧后，升降控制器拉回"零位"升降电动机 M4 停止。然后把升降控制器 QM3，开闭控制器 QM4 同时推向上升挡，升降电动机 M4，开闭电动机 M5 同时转动，向上运动。控制抓斗的升降定位，抓斗的打开与闭合。

2. 抓斗上升控制电路工作原理

将升降控制器 QM3 推向上升挡位时，图 6-20 中上升挡位触点①→②接通。这时电源由 L1 相→控制开关 SA1→控制回路熔断器 FU3→升降控制器 QM3 上升挡位触点①→②接通中→311 号线→下降接触器 KM2 动断触点→313 号线→上升接触器 KM1 线圈→308 号线→上升行程开关 SQ9 动断触点→306 号线→开闭上升行程开关 SQ10 动断触点→304 号线→控制回路熔断器 FU4→电源 L3 相。

接触器 KM1 线圈得电动作，图 6-21 中上升接触器 KM1 主触点闭合，抱闸电磁铁 YB4 圈得电松闸。电动机 M4 得电转动起来，转子线路串接着调速电阻，驱动卷筒慢速转动，将钢绳丝卷起，抓斗随之上升。

切除调速电阻的过程如下。

由于图 6-20 上升接触器 KM1 的动作，接入直流电路中的接触器 KM1 动断触点断开，继电器 KT1 线圈断电并释放，继电器 KT1 延时 0.3s 动断触点复归接通，短接电阻接触器 K1 线圈得电动作。图 6-21 接触器 K1 主触点闭合，将第一段电阻短接，电动机转速增快。

图 6-20 中，接触器 K1 动作动断触点断开，继电器 KT3 线圈断电并释放，继电器 KT3 延时 0.3s 动断触点复归接通，短接电阻接触器 K3 线圈得电动作。图 6-21 中接触器 K3 主触点闭合，将第二段电阻短接，电动机转速又增快一些。

图 6-20 中，接触器 K3 动作其动断触点断开，继电器 KT5 线圈断电并释放，继电器 KT5 延时 0.3s 动断触点复归，接通电阻短接用接触器 K5 线圈得电动作。图 6-21 接触器 K5 主触点闭合，将第三段电阻短接，电动机转子获得额定电压，电动机额定转速运行。要控制速度就要灵活正确的操作升降控制器。

3. 抓斗下降控制电路工作原理

当将升降控制器 QM3 推向下降挡位时，图 6-20 中升降控制器 QM3 触点③→④接通。电源由 L1 相→控制开关 SA1→控制熔断器 FU3→升降控制器 QM3 下降挡位触点③→④接通中→315 号线→上升接触器 KM1 动断触点→317 号线→下降接触器 KM2 线圈→304 号线→控制熔断器 FU4→电源 L3 相。下降接触器 KM2 线圈得电动作，图 6-21 中下降接触器 KM2 主触点闭合，抱闸电磁铁 YB4 线圈得电、松闸。升降电动机 M4 得电转动起来，电动机 M4 的转子线路串接着调速电阻，驱动卷筒慢速反方向转动，钢丝绳下落抓斗随之下降。

切除调速电阻的过程。

由于下降接触器 KM2 的动作，接入直流电路中的接触器 KM2 动断触点断开，继电器 KT1

线圈断电并释放，继电器KT1延时0.3s动断触点复归接通电阻短接用接触器K1线圈得电动作。接触器K1主触点闭合，将第一段电阻短接，电动机转速增快。

接触器K1动作动断触点断开继电器KT3线圈断电并释放，继电器KT3延时0.3s动断触点复归接通电阻，短接用接触器K3线圈得电动作。图6-21中接触器K3主触点闭合，将第二段电阻短接，电动机转速又增快一些。

接触器K3动作动断触点断开，继电器KT5线圈断电并释放，继电器KT5延时0.3s动断触点复归接通，电阻短接用接触器K5线圈得电动作。图6-20中接触器K5主触点闭合，将第三段电阻短接，电动机转子获得额定电压，电动机额定转速运行。要控制速度就要灵活正确的操作升降控制器来实现的。

抓斗电动机重载快速下降时，电动机处于发电再生状态，下降稳定速度大于同步速度，不能得到稳定的低速。因此如需准确停车，只能靠采用"点动"的操作方法。

4. 抓斗闭合控制电路工作原理

当将开闭控制器QM4推向闭合挡位时，图6-20中闭合挡位触点⑤→⑥接通，这时电源由L1相→控制开关SA1→控制熔断器FU3→开闭控制器QM4闭合挡位触点⑤→⑥接通中→319号线→接触器KM4动断触点→321号线→闭合接触器KM3线圈→308号线→上升行程开关SQ9动断触点→306号线→开闭上升行程开关SQ10动断触点→304号线→控制熔断器FU4→电源L3相。

接触器KM3线圈得电动作，图6-21中闭合接触器KM3主触点闭合，抱闸电磁铁YB5圈得电、松闸。开闭电动机M5得电转动起来，电动机M5的转子线路串接着调速电阻，驱动卷筒慢速转动，将钢丝绳卷起，抓斗随之闭合。

切除调速电阻的过程如下。

由于上升接触器KM3的动作，接入直流电路中的接触器KM3动断触点断开，继电器KT2线圈断电并释放，继电器KT2延时0.3s动断触点复归接通，电阻短接用接触器K2线圈得电动作。图6-21中接触器K2主触点闭合，将第一段电阻短接，电动机转速增快。

接触器K2动作动断触点断开继电器KT4线圈断电并释放，继电器KT4延时0.3s动断触点复归接通电阻短接用接触器K4线圈得电动作。接触器K4主触点闭合，将第二段电阻短接，电动机转速又增快一些。

接触器K4动作动断触点断开继电器KT6线圈断电并释放，继电器KT6延时0.3s动断触点复归接通，短接电阻接触器K6线圈得电动作。图6-23中接触器K6主触点闭合，将第三段电阻短接，电动机转子获得额定电压，电动机处于额定转速运行。要控制速度就要灵活正确的操作开闭控制器来实现的。

5. 抓斗打开控制电路工作原理

当将抓斗开闭控制器QM4推向抓斗打开挡位时，图6-20中，开闭控制器QM4打开挡位触点⑦→⑧接通。这时电源由L1相→控制开关SA1→控制熔断器FU3→抓斗开闭控制器QM3下降挡位触点⑦→⑧接通中→323号线→抓斗闭合接触器KM3动断触点→325号线→抓斗打开接触器KM4线圈→304号线→控制熔断器FU4→电源L1相。抓斗打开接触器KM4线圈得电动作，图6-21中，抓斗打开接触器KM4主触点闭合，抱闸电磁铁YB5线圈得电、松闸。开闭电动机M5得电转动起来，开闭电动机M5的转子线路串接着调速电阻，驱动卷筒慢速反方向转动，钢丝绳下落抓斗随之打开。

切除调速电阻的过程如下。

由于图6-20中的抓斗打开接触器KM4的动作，接入直流电路中的接触器KM4动断触点断开→347 号线断电，继电器 KT2 线圈断电并释放，继电器 KT2 延时 0.3s 动断触点复归接通，短接电阻接触器 K2 线圈得电动作。图 6-21 中接触器 K2 主触点闭合，将第一段电阻短接，电动机转速增快。

接触器 K2 动作动断触点断开，继电器 KT4 线圈断电并释放，继电器 KT4 延时 0.3s 动断触点复归接通，短接电阻用接触器 K4 线圈得电动作。图 6-21 中接触器 K4 主触点闭合，将第二段电阻短接，电动机转速又增快一些。

图 6-20 中，接触器 K4 动作其动断触点断开→继电器 KT6 线圈断电并释放，继电器 KT6 延时 0.3s 动断触点复归接通→短接电阻用接触器 K6 线圈得电动作。图 6-21 中，接触器 K6 主触点闭合，将第三段电阻短接，电动机转子获得额定电压，电动机额定转速运行。要控制速度就要灵活正确的操作抓斗开闭控制器 QM4 来实现的。

6. 抓斗上升的极限保护

当抓斗上升到超过规定位置时，上升行程开关 SQ9 或 SQ10 动作，其动断触点 SQ9 或 SQ10 断开，使控制电路断电，上升回路继电器、接触器等断电、释放，电动机断电，上升终止。

操作员应将控制器从上升挡拉到 0 挡，再下拉向下降挡，使抓斗下降，离开行程开关 SQ9 或 SQ10 后行程开关复归。

第六节　桥式起重机的电气故障

一、电气故障因素

抓斗桥式起重机由于频繁操作，其电器常常受到振动，螺栓容易松动，线头脱落。室外线路受到雨水、腐蚀性气体的侵蚀，出现绝缘老化、破裂而引起接地、短路、断线，电流继电器定值整定不当，触点接触不良等，这些都会影响起重机的正常工作。

二、总电源接触器 KM0 不吸合故障

1. 故障现象一

总电源接触器 KM0 不吸合，吊车不能工作。

现场检测：

（1）合上操纵室内配电箱刀闸。

（2）合上开关 SA，总电源接触器 KM0 不吸合。观察到大车栏门关上、舱口门已关上，操纵室的门关上。

桥式吊车总电源接触器 KM0 控制电路，如图 6-15 所示。根据以往的经验，上车后，合上开关 SA，总电源接触器 KM0 不吸合、电笔检测控制回路熔断器 FU1、FU2 下侧有电。这时可转动大车、小车控制器，有时会使之总电源接触器 KM0 吸合，这种现象还是较多的。经几次转动，仍不吸合，就要认真检测其控制线路与各主电源线路。

（1）故障判断。

1）检测配电箱内刀闸 QS1 上侧三相有无缺电或少相，应先检测电源部分。

2）如果三相带电，合上刀闸 QS1，总电源接触器 KM0 电源侧触点带电，控制开关 SA 合上后。总电源接触器 KM0 不吸合，应考虑是控制线路发生故障。如果接触器 KM0 的控制电源一相无电，应考虑是总电源方面的故障。

（2）故障原因。

1）滑触线平面上有积雪、冰层、油污。

2）集电块支架卡住落不下来。

3）集电块从滑线上掉下来。

4）滑触线松动位置移动。

5）集电块与支架连接轴脱落。

（3）处理方法。

1）清除滑触线平面上的积雪、冰层、油污。

2）支架变形要修整，严重时更换支架。能够使集电块随滑触线高低而自由的起落，并且与滑触线接触良好。

3）调整集电块与滑触线的接触面，能够保证在吊车的行走距离中，集电块不从滑触线上掉下即可，调整后瓷瓶固定螺帽要上紧。集电块与支架连接的轴销上的开口销，损坏的要更换，轴销两端要加合适的平垫片，或改为轴销两端为螺丝扣的，用螺母紧固。

2. 故障现象二

合上控制开关 SA 时，控制回路熔断器熔断。

（1）故障原因。

1）控制线路绝缘老化、破损、接地、短路。

2）控制熔断器额定电流选择的太小。

（2）处理方法。

1）用绝缘电阻表检测控制线路，查明接地点、短路点并排除。

2）控制熔断器应选为 5A 以上。

3. 故障现象三

合上控制开关 SA，接触器 KM0 不吸合，测熔断器 FU1、FU2 下侧有电，用万用表检测结果控制回路不接通。

（1）故障原因。

1）电流继电器触点接触不上、接触不良、连接线断线。

2）大车、小车控制器不在零位或在零位其触点接触不良或连接线断。

3）大车栏杆门、操纵室门未关或关上后，安全开关触点 SA 接触不良或线头脱落。

（2）处理方法。

1）合上电源刀闸。

2）取下控制熔断器 L1 相或 L3 相，测 FU1、FU2 两个熔断器下侧，一个有电、一个无电，这说明两点：①有电说明线路接通；②无电时说明线路不接通。

用电笔测电流继电器触点，触点两侧接线端子有电，说明触点接触良好，如果一侧无电，就是这个触点接触不良或接触不上，可用砂纸打磨。压力弹簧失去作用时则应更换，直到接通为止。从这个电流继电器触点到相近的电流继电器触点无电，就是这两个电流继电器触点之间的连接线断，查明断线处并接上。

3）检查大车门、舱口门、操纵室门没有关上的应关上，仍不吸合，可在断电后，从操纵室内的上部接线端子排，按安全开关两端的线头标号，测出安全开关（也称行程开关）的触点接触是否良好，不通时要检查这个安全开关的触点情况，氧化要打磨，线头脱落的要上好。

三、大车与小车控制电路常见与故障处理

1. 故障现象一

大车或小车只能朝一个方向行走，不能进行装车作业。

（1）现场检测。将大车控制器切换到右行位置，大车向右行驶，置于零位时，大车停，控制器切换到左行位置时，大车不动，总电源接触器 KM0 释放。

（2）分析判断。大车行走方向控制线路断路。

（3）故障原因。

1）大车左行终点行程开关动作后未复归。

2）左行终点行程开关内触点接触不良或线头脱落。

3）大车控制器左行控制触点接触不良或闭合不上。

4）大车控制器左行控制触点至大车左行终点行程开关的连接导线断。

（4）处理顺序和方法。大车向左不能行走，要检查大车左行终点行程开关动作后，没有复归时要复位。复归后仍不能行走，那就要检查控制器内左行控制触点和左行行程开关触点接触情况。触点烧伤或有氧化层接触不良要打磨或修理，触点不能使用时要更换，线头脱落、断线时要接好上紧，查明断线在管内时，就要更换新线。

2. 故障现象二

（1）大车或小车只能向一个方向行走。大车或小车只能向一个方向行走的故障处理，如大车不能向右或左行走，小车不能向前或向后行走。故障出现在不能行走方向的控制器，行程开关和线路上。

查看不能行走方向的行程开关动作没有，如果动作复归一下即可，仍不能行走时，要检查：控制器、行程开关的触点接触情况，接触不良或接触不上时，要查出原因排除，使之接触良好。

（2）查明线路断线时接上或更换新线。

1）现场检测。将大车控制器和小车控制器同时切换一个方向时，大小车都不行走，总电源接触器 KM0 释放，吊车不能装车作业。

2）故障分析。从总电源接触器的控制线路图 6-15 中，可以看出现切换大车小车控制器时，总电源接触器 KM0 释放的原因如下。

a）大车和小车终点行程开关中的连接线，49 号线断。

b）总电源接触器 KM0 辅助触点中的 39 号线（线头）或 55 号线（线头）脱落或是断线。

c）总电源接触器 KM0 中的触点闭合不严或虚联接触。

3）处理方法。

a）在总接触器 KM0 辅助触点上找到 39 号线和 55 号线用万用表欧姆档，有阻值时为线路有断路点。

b）打开有三根线进入的行程开关，标有 49 号线的线头，是否从触点端子上脱落下来，如果脱落应重新上好，如果没有脱落，那么就要用表检测 49 号线断线没有，查明断线要接好，不能接时要更换新线。

3. 故障现象三

开大车大车不动，电动机发出"吭吭或嗡嗡"的响声。

（1）现场检测。开大车，大车不动，听到电动机有"吭吭或嗡嗡"的响声。

（2）分析判断。根据经验判断驱动大车行走的两台电动机，同时单相运转。

（3）处理顺序与方法。

1）断开控制开关，总电源接触器 K 释放。

2）拉开电源刀闸。

3）合上大车控制器。

4）在总电源接触器负荷侧测大车三根线，其中 L1、L2 为零，L2、L3 不为零，确定断线。

5）打开大车控制器，查看主回路触点，其中一相动触点烧断，当控制器打向右行时或左行时，这个触点都不能接通，而使之两台电动机同时单相运行。更换一对新触点后，开车正常。

（4）故障点。能够造成大车两台电动机同时单相运行的故障原因（故障点）如下。

1）控制器主回路触点烧断或接触不良。

2）由总电源接触器负荷侧 L2 相至大车电动机的导线断线或接触不良。

3）由总电源接触器负荷侧至控制器主触点的导线断一根线。

4. 故障现象四

开大车或大车停时，车体左右摆动。

（1）现场检测。开大车时，一侧先动，一侧稍后动，停车时左右摆动。

（2）分析判断。驱动大车行走的两台电动机只有一台工作，另一台不工作。

（3）故障原因。

1）其中一台电动机的电磁抱闸不松闸。

2）减速器与电动机轴的连接传动齿轮损坏打秃，造成电动机转，减速器不转。

3）电动机负荷线断。

（4）处理方法。

1）上车检查电磁抱闸不松闸原因：例如电磁铁线圈烧毁、线路断线，抱闸调节过紧。查明原因，更换线圈，接线，适当调整抱闸的制动力。

2）检查电动机与机械连接部位，电动机转，看减速器不转，这属于机械故障，交机械维修工处理。

3）听听电动机运转声音是否正常，检查不转的电动机情况，要打开接线盒，检查断线时或过热氧化烧断重新接好。检测线路时要注意，两台电动机的负荷线分相压在一个触点端子上，为分清属于哪台电动机，线头上有标记 1 号或 2 号。用万用表或绝缘电阻表检测，线头从端子上拆下来后，测 1 号线间为零时电线未断，不为零并有很大阻值说明是断线。

5. 故障现象五

大车行走有异常的噪声和较大的振动。

（1）现场检测。开大车时电动机有较大的"嗡嗡"声，电动机的振动动大，车速慢。

（2）故障原因。根据以往经验，故障原因是大车行走电动机的转子回路接地。

（3）故障点。

1）电动机转子绕组绝缘老化接地。

2）电动机转子引出线绝缘损坏与电动机外壳相碰接地一相。

3）滑环刷架与支持方轴绝缘损坏。

4）电刷架松动脱落与机体相接。

5）电阻器接地或其至转子电缆接地。

6）户外电阻器的防护箱壁与电阻器导电部分相接。

（4）检测方法。

1）用绝缘电阻表检测转子回路，测对地绝缘为0MΩ，转子回路接地。

2）测电动机转子绕组绝缘，应拆去外接导线。

3）测线路对地绝缘拆下电阻器至电动机转子回路的导线，并将其导线一端短接后测出是否接地。

4）测电阻器对地绝缘。

（5）处理方法。

1）转子绕组接地，重新绕线或更换电机。

2）查出转子引出线绝缘损坏要包上绝缘或更换新线。

3）检测电刷架的支持方轴绝缘损坏，烧毁拆下支架轴表面加绝缘。

4）查出因电刷架脱落时将其刷架复位并紧固。

5）查明电阻器接地点设法消除。

6）电阻器防护箱要固定，靠近电阻器导电部分可用1mm厚的电木板隔离，防止箱体活动碰上电阻器的导电部分。

6. 故障现象六

大小车都不能行走，电动机有异常的声音。

（1）现场检测。将大车控制器切换到向左或向右，电动机发生"嗡嗡"声，转动不起来，将小车控制器切换到向前或向后，小车电动机也是"嗡嗡"叫，不能启动。

（2）分析判断。三台电动机同时单相。

（3）故障原因。总过流继电器KL负荷侧"L2"相接线端子，图6-10（b）所示，引出的导线不经控制器，直接与大车和小车电动机绕组相连，如果在图6-10（b）所示的位置，总过流继电器KL的L2相端子上的导线松动、过热、烧断或烧坏，严重虚连接触。使三台电动机绕组同时缺一相电源，电动机单相运转。

（4）处理方法。

1）当得知这种情况下，登上吊车就可直接检查总电源接触器负荷侧的端子接头。有氧化，烧坏的要重新连接。

2）检查接触器KM0主触点L2相触点接触是否良好，不良好时，要清除氧化层或电弧烧伤留下的麻点。

3）检查其动触点至端子的软连片，是否由于经常的折动而断线，断线时更换。

4）检查接触器KM0，电源刀闸QS1上侧三相是否有电，当上侧一相无电时，查明原因。如总电源熔断器熔断，应更换熔断器。

四、抓斗升升降与抓斗开闭方面故障与处理

1. 故障现象一

抓斗上升或闭合速度慢。

（1）现场检测。将抓斗升降或闭合控制器推到上升或闭合位置，看抓斗上升或闭合速度慢（与平时速度相比较）。

（2）分析判断。抓斗工作是由两台电动机执行的，一台用于抓斗升降，一台用于抓斗开闭。两台电动机的速度相同，若其中一台电动机缓慢，主要原因如下。

1）切除电阻用接触器K1～K6其中一个不吸合。

2）直流继电器 KT1～KT6 吸合后其中一个不释放。

上述两点对电动机运转安全没有大的危险，只是影响其速度。

（3）处理方法。

1）查明抓斗控制电路中 K1～K6 接触器，可能原因是线圈端子松动，继电器 KT1 动断触点接触不良。

2）总电源接触器 KM0 送电并吸合。

3）拉开控制箱刀闸。

合上控制回路刀闸时，切除电阻接触器 6 台同时吸动一下释放，直流继电器 6 台同时吸合。

上述现象为正常现象，看图 6-22 就清楚了，说明控制线路接通。查看 6 只直流继电器吸合，人为将抓斗上升接触器 KM1（推动铁芯）闭合，观看直流继电器，电阻切除接触器动作情况。

抓斗上升或下降时。上升时 KM1 吸合。下降时 KM2 吸合→直流继电器 KT1 断电释放→接触器 K1 吸合→直流继电器 KT3 断电释放→接触器 K3 吸合→直流继电器 KT5 断电释放→接触器 K5 吸合。

抓斗打开或抓斗闭合时，打开时 KM3 吸合。闭合时接触器 KM4 吸合→直流继电器 KT2 断电释放→接触器 K2 吸合→直流继电器 KT4 断电释放→接触器 K4 吸合→直流继电器 KT6 断电释放→接触器 K6 吸合。

上述情况表明抓斗电路工作正常，如果将接触器 KM1、KM2、KM3、KM4 分别推到闭合位置 KT1 或 KT2 不释放，拉开控制回路刀闸也需要一定时间后释放，电阻切除接触器受到直流继电器 KT1 触点的控制。

例如：将上升接触 KM3 推到闭合位置，KM3 闭合后，直流继电器 KT1 不释放，接触器 K1 不吸合，说明抓斗升降回路工作不正常，带电阻运转速度慢。

（4）故障点。

1）直流继电器不释放，接触器不吸合。

2）主回路中接触器吸合后，其附属的辅助触点不断开，传动机械失灵。

3）辅助触点的有机玻璃外罩未上，辅助触点支架脱出，但触点仍在闭合中。

4）直流继电器动铁芯表面上的防磁铜片或硬质薄膜损坏、脱落。

（5）处理方法。

1）查明辅助触点不动作原因并排除，使之接触器吸合时，其辅助触点也应随之动作。

2）脱落出来的触点架复归原始位置并保证触点接触良好，防护罩要固定。

3）查明直流继电器不释放原因，消除卡阻，防磁铜片，薄膜损坏应更换，可用 704 胶将塑料片或红铜薄片粘上但不能太厚。

2. 故障现象二

直流继电器释放后，接触器不吸合。

（1）直流继电器 KT～1KT6。

1）动触点脱落。

2）触点位置偏斜、接触不上。

3）触点接触不良。

4）触点不到位。

5）与接触器线圈，进行连接的导线断，线头脱落。

（2）接触器 K1～K6 侧。

1）线圈烧毁。

2）线圈接线端子处断线、线头脱落。

3）线圈电压不足。

（3）处理方法。

1）将脱落的触点重新装好。

2）调整触点位置使之不偏斜并将传动杆与动铁心连接处紧固。

3）检查触点有氧化层、电弧烧伤，用砂纸打磨，严重时更换触点，因压力不足接触虚连应更换压力弹簧。

4）调整其触点行程，使其触点到位并接触良好。

5）观察直流继电器、接触器线圈连接端子处有无断线，此处容易出现断线或线头脱落，线圈烧毁，更换新线圈。

6）接触器线圈另一侧电源跨接线、线头脱落或断线时应重新接上。

3. 故障现象三

推动上升接触器、直流继电器和电阻切除接触器，应按设计要求顺序动作，但电动机转速慢，并有不正常的"嗡嗡"声。

（1）分析判断。转子回路断线，这种故障时间长，将会使电动机的定转子过热甚至烧毁。

（2）故障点。

1）转子绕组断线一相。

2）电阻器（电阻体、丝）断一相。

3）电动机转子开焊。

4）电阻器至电动机转子电缆断线。

5）电磁抱闸未松闸。

（3）处理方法。首先用绝缘电阻表检测电动机定转子绝缘，外观检查移动电缆有无断线处，有则接上。外观检查不出来时，就要使用500V绝缘电阻表或万用表，查明断线。

1）拆下转子外连接导线，测三相间为零，不为零时为断线。

2）测拆下的三根导线（电阻器不断时）为零，不为零时为断线。说明两点：①转子线路电缆断；②电阻器断。

3）将电阻器至转子的电缆拆下，将拆下的电缆三个线头短接，测三相接通为不断线。不通时为断线。

4）测电阻器至电动机转子的三个连接端子为零，说明电阻没断，不为零说明电阻器有断线的地方。

处理方法：

1）电动机转子断线，送专业检修班重绕。

2）电动机转子出线与滑环连接处开焊，可现场焊接上。

3）电缆断线时，查明在何位置断线，重新接上，查不出具体位置，应更换新线。

4）查明电阻器断，应更换烧断的电阻片。

5）查明在连接端子，接线端子排处断线，重新接上并保证接触良好。

4. 故障现象四

抓斗升降和抓斗开闭速度快。

（1）现场检测。操纵抓斗升降和开闭控制器，看抓斗上升速度和闭合速度比往常快。打开控制箱（XQR6-100S）的门，看动作情况。

1）直流继电器 KT1～KT6 在断开位置。

2）电阻切除接触器 K1～K6 在吸合中。

（2）故障原因。抓斗在工作中，直流继电器和接触器不工作，根据以往经验，故障原因如下。

1）整流二极管两端线头开焊或管损坏。

2）直流继电器 KT1 或直流继电器 KT2 不吸合。

3）直流继电器电路断线。

（3）处理方法。

1）6 只直流继电器同时不吸合，查整流二极管 V1、V2，用万用表检测、损坏的要更换，一般用 CZ-600V/5A 即可。

2）二极管 V1、V2 的交流侧连接线断或直流侧断线要接上，线头开焊时重新焊接上。

3）查明直流继电器不吸合的原因。

a）直流继电器线圈烧毁。

b）连接线路断线。

c）串接的电阻器 R_1 烧断或外接线头脱落。

处理方法：①更换直流继电器线圈。②查出断线处重接。③电阻器烧坏要更换，线头开焊需重新焊接上。

5. 故障现象五

抓斗升降和抓斗开闭都不能进行工作。

（1）现场检测。操纵升降与开闭控制器，抓斗不动作，开大车与小车运行正常。

（2）故障原因。根据以往经验，原因如下。

1）控制箱内主回路刀闸 QS2 未合。

2）控制回路刀闸未合。

3）控制回路熔断器 FU3、FU4 熔断。

4）控制回路断线。

5）控制器内零位触点闭合不良，接触不上。

6）上升行程开关动作未复归或触点接触不良。

（3）分析与处理方法。

1）遇到抓斗上升与抓斗闭合同时不能动作的主要原因，图 6-20 中控制继电器 KA1 未吸合，控制回路没有电源。

2）检查控制箱主回路刀闸，控制刀闸未合时应合上。

这两项主要是刀闸拉开后忘记合上。若合上上述两刀闸后仍不能工作，用电笔检测控制熔断器是否熔断，断时查明原因，消除故障点，更换熔断器。仍不能操作时，如下处理。

a）四个电流继电器触点接触情况，接触不良时应用砂纸打磨。

b）检查控制继电器线圈是否烧毁，继电器触点接触情况，损坏时应更换。

c）检测控制线路有无断线。

d）检查抓斗升降和抓斗开闭控制器内的零位触点接通情况，烧伤较重时，要打磨或更换。

e）检查上升行程开关触点未闭合，查明原因，消除接触不上或接触不良使之接触良好。

6. 故障现象六

操纵升降控制器的抓斗动一下（或不动作），不能连续转动。

（1）现场检测。将升降控制器切换到上升位置，抓斗动一下，电流继电器动作，不能连续运转，不能进行装车作业。

（2）故障原因。根据以往经验，原因如下。

1）电流继电器整定电流定值太小，电动机一启动就动作。

2）电动机负荷（移动电缆）导线刮、折断，短路，接地。

3）电动机绕组烧毁。

（3）处理方法。

1）检查控制箱内设备情况无异常现象，检查电流继电器整定范围，外观上有明显的标志，太小时应调节到能满足电动机启动，运转要求，并能起到短路保护作用。

调节前必须用绝缘电阻表检测定子绕组，转子绕组绝缘合格，查明电动机和线路没有断线时，方能调节电流继电器的定值。

2）首先外观检查电动机的负荷电缆，发现刮断后芯线短路，应分相连接并包好绝缘。电缆由于移动回折断线，外观上不易看出。在主接触器下侧，万用表检测不为零时为断线。断线无法查出时，就要更换电缆。

3）测定电动机绕组对地绝缘不合格时，打开接线盒和滑环外罩，查看绕组情况，能够看出故障的，电动机绕组过热烧毁，出现冒烟，难闻的焦煳味，应重新绕线或更换新的电动机。